高等学校新工科应用型人才培养系列教材

电工电子技术基础及应用实践

主　编　郑婷一　　韩建萍

副主编　郑锁珍　　张文芳　　乔凌霄　　蒋卫东

U0277856

西安电子科技大学出版社

内 容 简 介

本书主要由电工技术、模拟电子技术和数字电子技术三大部分组成，共 11 章，具体内容包括电路基础、直流电路、正弦交流电路、三相交流电路、变压器与电动机、半导体器件、放大电路、集成运算放大器及其应用、数字电路基础、组合逻辑电路、触发器和时序逻辑电路。本书在章节的设置上，以"章节导读－知识情景化－内容详解－实战演练－知识小结－课后练习"为主线，既注重理论基础，又注重实践应用。通过对本书的学习，学生可掌握电工电子技术必要的理论知识和电路的分析与设计技能。

本书可作为高等院校工科非电类专业电工电子技术课程的教材，也可作为高职高专院校相关专业的教材。

图书在版编目(CIP)数据

电工电子技术基础及应用实践/郑婷一，韩建萍主编. --西安：西安电子科技大学出版社，2023.11
ISBN 978 - 7 - 5606 - 7002 - 7

Ⅰ. ①电… Ⅱ. ①郑… ②韩… Ⅲ. ①电工技术—高等学校—教材②电子技术—高等学校—教材 Ⅳ. ①TM②TN

中国国家版本馆 CIP 数据核字(2023)第 167779 号

策　　划　薛英英
责任编辑　马晓娟
出版发行　西安电子科技大学出版社(西安市太白南路 2 号)
电　　话　(029)88202421　88201467　　邮　　编　710071
网　　址　www. xduph. com　　　　电子邮箱　xdupfxb001@163.com
经　　销　新华书店
印刷单位　陕西精工印务有限公司
版　　次　2023 年 11 月第 1 版　2023 年 11 月第 1 次印刷
开　　本　787 毫米×1092 毫米　1/16　印张　16.5
字　　数　389 千字
印　　数　1～2000 册
定　　价　48.00 元
ISBN 978 - 7 - 5606 - 7002 - 7/TM
XDUP 7304001 - 1

前　言

　　本书是与高等院校工科非电类专业"电工电子技术"课程相配套的教材。通过本书的学习，学生既可掌握电工技术、电子技术的基本知识，又可提高实践动手能力，为后续相关课程的学习奠定基础。

　　本书合理选材，强调内容的基础性和知识的实用性，淡化定理的推导，降低理论的难度。本书共 11 章，内容包括电路基础、直流电路、正弦交流电路、三相交流电路、变压器与电动机、半导体器件、放大电路、集成运算放大器及其应用、数字电路基础、组合逻辑电路、触发器和时序逻辑电路。每章开头有"章节导读""知识情景化"，章末有"实战演练""知识小结""课后练习"。"章节导读"提出了本章学习的重点和难点；"知识情景化"可以让学生了解知识的应用场景，明确学习目的；"实战演练"和"知识小结"可以帮助学生加深对所学知识的理解；"课后练习"有利于发挥学生的主观能动性，提高学生分析和解决实际问题的能力。

　　本书由郑婷一、韩建萍担任主编并统稿。本书的编写分工如下：第 1、2 章由蒋卫东编写，第 3、4 章由乔凌霄编写，第 5、6 章由张文芳编写，第 7、8 章由郑锁珍编写，第 9、10 章由郑婷一编写，第 11 章由韩建萍编写。

　　在本书的编写过程中，编者参考了一些优秀教材，受益匪浅。西安电子科技大学出版社的编辑及工作人员为此书的出版也付出了许多努力，在此一并致以诚挚的谢意。由于编者水平所限，书中难免有不妥之处，敬请广大读者批评指正，编者电子邮箱为 tyut66666@163.com。

编　者

2023 年 6 月

课后练习参考答案

目 录

第1章　电路基础

 章节导读

在涉及电子技术的相关领域内，通常会采用电路来完成各种任务。例如，采用供电电路来传输电能，采用整流电路将交流电变为直流电。不同的电路，其结构、功能都会存在差异。然而，无论电路的结构如何设计，它们都遵循共同的基本规律。本章将主要介绍电路的组成与作用、电路模型、欧姆定律、基尔霍夫定律、电路中电位的概念及计算等相关内容。

知识情景化

（1）生活中常用的手电筒，其电路应具备什么条件才能使手电筒持续发光呢？用电路如何分析手电筒亮度的变化？

（2）电话机的工作原理是什么？

（3）电力系统中输电线路的作用是什么？

 内容详解

1.1　电路的组成与作用

电路是电流的通路，是为了实现某种功能，由电气元件或电气设备按一定方式连接而成的。电路主要包括电源、负载和中间环节。根据电路的作用，电路可分为"强电"系统和"弱电"系统。其中，"强电"系统主要用于电能的传输和转换，如发电和供电系统、电力拖动系统、照明系统等。"弱电"系统主要用于信号的传递、处理与运算，如计算机、电视机、通信设备等。

1. 电路的组成

1）电源

电源是提供电能的设备。电源的功能是把非电能转变成电能。例如，电池能够把化学能转变成电能，发电机能够把机械能转变成电能。由于非电能的种类很多，因此非电能转变成电能的方式也很多。电源可分为电压源与电流源两种。

2）负载

负载是电路中使用电能的设备。负载的功能是把电能转变为其他形式的能量。例如，电炉能够把电能转变为热能，电动机能够把电能转变为机械能，等等。通常使用的照明器具、家用电器、机床等都可称为负载。

3）中间环节

中间环节用于把电源、负载和其他辅助设备连接成一个闭合回路，起传输和分配电能或对电信号进行传递和处理的作用。

2. 电路的作用

1）传输和转换电能

我们通常见到的电路是通过导线把电源和用电设备连接起来所构成的系统。从能量传输的角度分析，导线起到传输电能的作用；从能量转化关系的角度分析，电源的作用是把不便于直接利用的其他形式的能量（如化学能、机械能等）转化为电能，而用电设备则把电能转化为能直接利用的其他形式的能量。

电力系统输电线路是一种传送电能的装置。该系统用变压器将发电机发出的电能升压后，经输电线传输，再经降压变压器等装置和设备接入用电设备，如图 1-1 所示。

图 1-1　电力系统输电线路

2）传递和处理信号

电路的另一个作用是传递和处理信号。例如，电话机的工作原理是通过声能与电能的相互转换，并利用"电"这个媒介来传输语音。两个用户要进行通信，最简单的形式就是将两部电话机用一对线路连接起来。当发话者拿起电话机对着送话器讲话时，声带的振动激励空气振动，形成声波。声波作用于送话器上，使之产生电流，这种电流称为话音电流。话音电流沿着线路传送到对方电话机的受话器内。而受话器的作用与送话器的作用刚好相反，即受话器把电流转化为声波，声源通过空气传至人的耳朵中。

1.2　电路模型

实际电路是由各种电气设备和元件组成的，如发电机、变压器、电动机、电阻器、电容器、电感器、晶体管等。电路的形式和种类是多样的，且有些元件的电磁性质较为复杂，为了找出它们的共同规律，便于我们对实际电路进行分析和数学描述，可以将实际电路元件理想化，即将实际电路元件用表征其主要物理性质的理想电路元件来代替，这种由理想电路元件组成的电路，就是实际电路的电路模型。

电路模型是实际电路的抽象形式，由一些理想电路元件用理想导线连接而成，它能够近似地反映实际电路的电气特性。

图 1-2 为电灯泡的实际电路，其电路模型如图 1-3 所示。

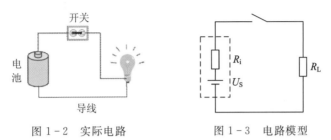

图 1-2　实际电路　　　　　　　图 1-3　电路模型

为了便于分析和计算实际电路，在一定条件下常常忽略实际电路元件的次要因素而突出其主要电磁性质，即把它抽象为理想电路元件。理想电路元件是用数学关系式严格定义的假想元件。每一种理想电路元件都可以表示实际电路元件所具有的一种主要电磁性能。理想电路元件的数学关系可以反映实际电路元件的基本物理规律。

常见的理想电路元件有电阻器、电感器、电容器、理想电压源、理想电流源等。

1. 电阻器

电阻器是表征电路中消耗电能的元件，常用符号 R 表示。电阻两端的电压与电流关系为 $U=RI$（其中，U 表示电压，I 表示电流）。电阻消耗的有功功率为 $P=UI=I^2R=U^2/R$（其中，P 表示功率）。

2. 电感器

电感器是表征电路中储存磁场能的元件，常用符号 L 表示。电路在稳态情况下，理想电感元件在直流电路中相当于短路。电感储存的能量为 $W=0.5LI^2$（I 表示电流）。

3. 电容器

电容器是表征电路中储存电场能的元件，常用符号 C 表示。电路在稳态情况下，理想电容元件在直流电路中相当于开路。电容储存的能量为 $W=0.5CU^2$（U 表示电压）。

4. 理想电压源

如果一个二端元件的电流无论为何值，其电压总能保持为常量或按给定的时间函数变化，则称此二端元件为理想电压源，简称电压源，其模型如图 1-4 所示。若 u_S 为直流电压源，则其伏安特性曲线为平行于电流轴的直线，如图 1-5 所示，即电压与电源中的电流无关。

图 1-4　理想电压源模型　　　　图 1-5　理想直流电压源伏安特性曲线

理想电压源的特点为：电压源两端的电压由电压源本身决定，与外电路无关，通过电压源的电流由外电路决定。理想电压源不允许短路。

实际电压源可以用一个理想电压源和内阻相串联的电路模型来表示，如图 1-6 中的虚线框内所示，其端电压随电流的变化而变化。实际电压源的伏安特性曲线可表示为 $U = U_S - IR_0$，如图 1-7 所示。

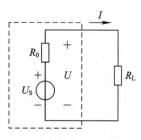
图 1-6　实际电压源模型

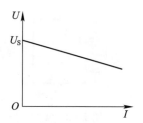
图 1-7　实际电压源伏安特性曲线

5. 理想电流源

如果一个二端元件的电压无论为何值，其电流总能保持为常量或按给定的时间函数变化，则称此二端元件为理想电流源，简称电流源，其模型如图 1-8 所示。理想直流电流源伏安特性曲线如图 1-9 所示。

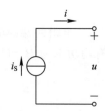
图 1-8　理想电流源模型

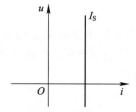
图 1-9　理想直流电流源伏安特性曲线

理想电流源的特点为：电流由电流源的特性确定，与电流源在电路中的位置无关；理想电流源的电压与连接理想电流源的外电路有关，由理想电流源的电流和外电路共同确定；直流等效电阻和交流等效电阻均为无穷大。理想电流源不允许开路。

实际电流源可用一个理想电流源和内电阻相并联的电路模型来表示。实际电流源的电路模型如图 1-10 中的虚线框内所示。实际电流源的伏安特性曲线可表示为 $I = I_S - U/R_0$，如图 1-11 所示。

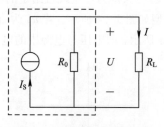
图 1-10　实际电流源模型

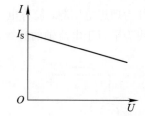
图 1-11　实际电流源伏安特性曲线

6. 受控电压源、受控电流源

理想电压源的端电压和理想电流源的电流都是由电源本身决定的，与电源以外的其他电路无关。而受控源是非独立电源，受控源的输出电压或电流受到电路中某部分的电压或电流的控制。受控源是由电子元件抽象而来的一种模型。例如，晶体管具有输入端的电压（电流）能控制输出端的电压或电流的特点。

受控源是一种具有四个端钮的元件，它有两个控制端钮（又称为输入端）、两个受控端钮（又称为输出端）。受控源可分为如下四种：电压控制电压源（Voltage Controlled Voltage Source，VCVS）、电压控制电流源（Voltage Controlled Current Source，VCCS）、电流控制电压源（Current Controlled Voltage Source，CCVS）和电流控制电流源（Current Controlled Current Source，CCCS）。

电压控制电压源（VCVS）的模型如 1-12 所示，$u_2 = \mu u_1$，其中 μ 为电压放大倍数。

电流控制电压源（CCVS）的模型如 1-13 所示，$u_2 = r i_1$，其中 r 为转移电阻。

图 1-12　VCVS 模型　　　　　　图 1-13　CCVS 模型

电压控制电流源（VCCS）的模型如 1-14 所示，$i_2 = g u_1$，其中 g 为转移电导。

电流控制电流源（CCCS）的模型如图 1-15 所示，$i_2 = \beta i_1$，其中 β 为电流放大倍数。

图 1-14　VCCS 模型　　　　　　图 1-15　CCCS 模型

1.3　欧姆定律

欧姆定律是关于导体两端电压与导体中电流关系的定律。它是由德国物理学家欧姆在 1826 年提出的。其内容是：在同一电路中，导体中的电流 i 与导体两端的电压 u 成正比，跟导体的电阻阻值 R 成反比。

1. 电阻

导体对电流的阻碍作用就叫作该导体的电阻。电阻是一个物理量，在物理学中表示导体对电流阻碍作用的大小。电阻是导体本身的一种性质，不同的导体，其电阻一般也不同。导体的电阻越大，表示导体对电流的阻碍作用越大。导体的电阻通常用字母 R 表示，电阻的单位是欧姆（Ω）。

电导表示某一种导体传输电流能力的强弱程度，通常用字母 G 表示。电导的单位是西门子（Siemens，S）。对于纯电阻线路，电导与电阻的关系方程为

$$G = \frac{1}{R}$$

2. 电流、电压的定义及其参考方向

1）电流的定义

电流的强弱用电流强度来描述。电流强度是单位时间内通过导体某一横截面的电量，

简称电流,用 i 表示,其计算表达式为

$$i = \frac{\mathrm{d}q}{\mathrm{d}t}$$

其中 q 为电荷量,t 为时间。

电流的单位是安培(A),简称安,常用的单位还有毫安(mA)、微安(μA)。

电流强度是标量。电学上规定:正电荷定向流动的方向为电流方向。工程中也以正电荷定向流动的方向为电流方向。

2)电压的定义

电压也称作电势差或电位差,是衡量单位电荷在静电场中由于电势不同所产生的能量差的物理量。电压的国际单位制为伏特(V),简称伏,常用的单位还有毫伏(mV)、微伏(μV)、千伏(kV)等。

电荷 q 在电场中从 A 点移动到 B 点,电场力所做的功 w 与电荷量 q 的比值,叫作 A、B 两点间的电势差(也称为电位差),用 u 表示,其计算表达式为

$$u = \frac{\mathrm{d}w}{\mathrm{d}q}$$

3)电流、电压的参考方向

在复杂直流电路中,某一段电路中电流的真实方向很难预先确定;在交流电路中,电流的大小和方向都是随时间变化的。这时,为了分析和计算电路,引入了电流参考方向的概念,参考方向又叫作假定正方向,简称正方向。

在一段电路中,电流可能有两种真实方向,可以任意选择一个方向作为参考方向(即假定正方向)。当实际的电流方向与假定正方向相同时,电流为正值;当实际的电流方向与假定正方向相反时,电流就为负值,如图 1-16 所示。

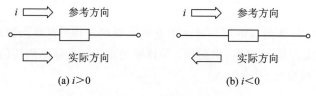

(a) $i>0$ (b) $i<0$

图 1-16   电流实际方向与参考方向

在电路中,如果指定流过元件的电流参考方向是从标以电压正极性的一端指向负极性的一端,即两者的参考方向一致,那么把电流和电压的这种参考方向称为关联参考方向,如图 1-17 所示。

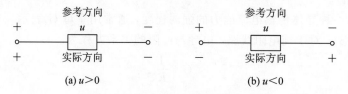

(a) $u>0$ (b) $u<0$

图 1-17   电压实际方向与参考方向

反之,如果指定流过元件的电流参考方向是从标以电压负极性的一端指向正极性的一端,即两者的参考方向不一致,则把电流和电压的这种参考方向称为非关联参考方向。

3. 欧姆定律

当电压与电流的参考方向设定为关联的方向时，欧姆定律的表达式为

$$u = iR$$

4. 功率

功率是表示物体做功快慢的物理量。物体在单位时间内所做的功叫作功率，用符号 p 表示，功率的单位为瓦（W），其计算表达式为

$$p = \frac{\mathrm{d}w}{\mathrm{d}t}$$

计算一段电路的功率时会有以下两种情况：

（1）当电压、电流选用关联参考方向时，$p = ui$；

（2）当电压、电流选用非关联参考方向时，$p = -ui$。

当 $p > 0$ 时，电路实际上是在吸收功率；当 $p < 0$ 时，电路实际上是在发出功率。

1.4　基尔霍夫定律

基尔霍夫定律是电路中电压和电流所遵循的基本规律，是分析和计算较为复杂的电路的基础，由德国物理学家 G. R. 基尔霍夫（Gustav Robert Kirchhoff，1824—1887）在 1845 年提出。基尔霍夫（电路）定律包括基尔霍夫电流定律（Kirchhoff Current Law，KCL）和基尔霍夫电压定律（Kirchhoff Voltage Law，KVL）。

在电路理论中，电路中的电压、电流除了要满足元件本身的伏安关系，还必须同时满足电路结构加给各元件的电压和电流约束关系（即结构约束或拓扑约束）。结构约束体现为适用于回路的基尔霍夫电压定律和适用于节点的基尔霍夫电流定律。

基尔霍夫定律建立在电荷守恒定律、欧姆定律及电压环路定理的基础之上，能够迅速地求解复杂电路，基尔霍夫定律除了可以用于直流电路和似稳电路的分析，还可以用于含有电子元件的非线性电路的分析。运用基尔霍夫定律进行电路分析时，仅考虑电路的连接方式，而不考虑构成该电路的元器件具有什么样的性质。

1. 拓扑约束相关的名词

（1）支路：电路中通过同一电流的每个分支称为支路。支路是由单个或多个电路元件串联构成的，一个分支上的电流为同一个电流。支路分为有源支路（电路中含有电源）和无源支路。

（2）节点：电路中支路与支路的连接点、两条以上的支路的连接点均为节点。另外，任意闭合面也称为广义节点。

（3）回路：闭合的支路称为回路。换言之，一个回路为一个电路，在该电路中电流从正极出发经过整个电路的所有的电路元件回到负极，形成一个闭合回路。

（4）网孔：网孔是指电路中不包含分支的回路，即不可再分的回路。在同一电路中，网孔个数小于或等于回路个数。

2. 基尔霍夫电流定律（KCL）

基尔霍夫电流定律又称为基尔霍夫第一定律，是电流的连续性在集总参数电路上的体

现,其物理背景是电荷守恒定律。基尔霍夫电流定律是确定电路中任意节点处各支路电流之间关系的定律,因此又称为节点电流定律。

基尔霍夫电流定律表明,所有进入某节点的电流的总和等于所有离开该节点的电流的总和。或者描述为:假设进入某节点的电流为正值,离开该节点的电流为负值,那么所有涉及该节点的电流的代数和等于零。

基尔霍夫电流定律的数学表达式为

$$\sum_{k=1}^{n} i_k = 0$$

其中,n 为电路中支路的总数;i_k 是第 k 个进入或离开某节点的电流,是流过与该节点相连接的第 k 个支路的电流,它可以是实数或复数。

基尔霍夫电流定律不仅适用于电路中的节点,还可以推广应用于电路中的任一不包含电源的假设的封闭面。即在任一瞬间,通过电路中任一不包含电源的假设封闭面的电流代数和为零。

3. 基尔霍夫电压定律(KVL)

基尔霍夫电压定律又称为基尔霍夫第二定律,是电场为位场时电位的单值性在集总参数电路上的体现,其物理背景是能量守恒定律。基尔霍夫电压定律是确定电路中任意回路内各电压之间关系的定律,因此又称为回路电压定律。

基尔霍夫电压定律表明,沿着闭合回路的所有元件两端的电势差(电压)的代数和等于零。或者描述为:沿着闭合回路的所有电动势的代数和等于所有电压降的代数和。

基尔霍夫电压定律的数学表达式为

$$\sum_{k=1}^{n} u_k = 0$$

其中,n 是闭合回路中元件的数目;u_k 是元件两端的电压,它可以是实数或复数。

基尔霍夫电压定律不仅可以应用于闭合回路,还可以推广应用于假想回路。

1.5　电路中电位的概念及计算

在分析电路问题时,常在电路中选一个点作为参考点,把任一点到参考点的电压(降)称为该点的电位。若参考点的电位为零,则称该参考点为零电位点。电位用 V 表示,其单位与电压的单位相同,也是伏(V)。

图 1-18 所示的电路中,设 c 点为电位参考点,则 $V_c = 0$。从而有

$$V_a = U_{ac}, \; V_b = U_{bc}, \; V_d = U_{dc}$$

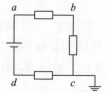

图 1-18　电位参考点的选择示例

电路中任意两点间的电压等于该两点间的电位差。

电位计算的基本思路：先选择合适的节点作为电路的参考点，再计算某点到参考点的电压。

 实战演练

综合实战演练 1： 电路如图 1-19 所示，根据已知支路电流求出其他未知支路电流。

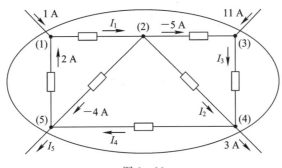

图 1-19

解 对于节点(1)，应用 KCL 可得

$$I_1 = 1 + 2 = 3 \text{ A}$$

对于节点(2)，有

$$I_2 = I_1 + 4 + 5 = 12 \text{ A}$$

对于节点(3)，有

$$I_3 = 11 - 5 = 6 \text{ A}$$

对于节点(4)，有

$$I_4 = I_2 + I_3 - 3 = 12 + 6 - 3 = 15 \text{ A}$$

对于节点(5)，流入闭合面的电流代数和恒等于零，所以

$$I_5 = 1 + 11 - 3 = 9 \text{ A}$$

综合实战演练 2： 电路如图 1-20 所示，根据已知元件两端的电压，求出其他未知元件两端的电压。

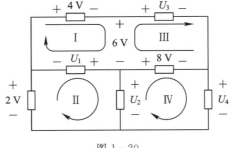

图 1-20

解 对于假想的闭合回路 I，应用 KVL 可得

$$U_1 = -4 - 6 = -10 \text{ V}$$

对于闭合回路 II，有

$$U_2 = U_1 + 2 = -8 \text{ V}$$

对于假想的闭合回路Ⅲ，有

$$U_3 = 6 + 8 = 14 \text{ V}$$

对于假想的闭合回路Ⅳ，有

$$U_4 = U_2 - 8 = -16 \text{ V}$$

综合实战演练3：在图1-21所示的部分电路中，已知$I_1 = 3$ A，$I_4 = -5$ A，$I_5 = 8$ A。试求I_2、I_3和I_6。

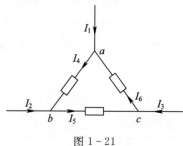

图1-21

解 应用KCL可得

对于节点a：　　　　　　　　　$I_6 = I_4 - I_1 = -5 - 3 = -8 \text{ A}$

对于节点b：　　　　　　　　　$I_2 = I_5 - I_4 = 13 \text{ A}$

对于节点c：　　　　　　　　　$I_3 = I_6 - I_5 = -16 \text{ A}$

或由广义节点得

$$I_3 = -I_1 - I_2 = -16 \text{ A}$$

综合实战演练4：在图1-22中，已知$U_{ab} = 1.5$ V，$U_{bc} = 1.5$ V。

(1) 以a点为参考点，求V_a、V_b、V_c、U_{ac}。

(2) 以b点为参考点，求V_a、V_b、V_c、U_{ac}。

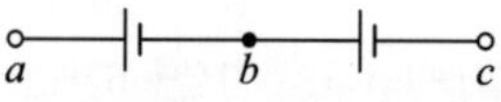

图1-22

解 (1) 以a点为参考点，$V_a = 0$。

由$U_{ab} = V_a - V_b$，得

$$V_b = V_a - U_{ab} = -1.5 \text{ V}$$

由$U_{bc} = V_b - V_c$，得

$$V_c = V_b - U_{bc} = -1.5 - 1.5 = -3 \text{ V}$$

易知：

$$U_{ac} = V_a - V_c = 3 \text{ V}$$

(2) 以b点为参考点，$V_b = 0$。

由$U_{ab} = V_a - V_b$，得

$$V_a = V_b + U_{ab} = 1.5 \text{ V}$$

由$U_{bc} = V_b - V_c$，得

$$V_c = V_b - U_{bc} = -1.5 \text{ V}$$

易知：

$$U_{ac} = V_a - V_c = 3 \text{ V}$$

结论：电路中电位参考点可任意选择；当选择不同的电位参考点时，电路中各点电位将改变，但任意两点间的电压保持不变。

 知识小结

1. 电路的作用主要包括：传输和转换电能；传递和处理信号。

2. 电路由电源、负载和中间环节组成，其中中间环节起控制电路和传递能量的作用。

3. 电路模型是实际电路的抽象形式，由一些理想电路元件用理想导线连接而成，它能够近似地反映实际电路的电气特性。需要掌握理想电阻器的伏安特性关系及耗能公式，理想电感器、电容器的特征及储能公式，以及理想电压源、理想电流源的特征。

理想电压(或电流)由电源本身决定，与电路中其他电压、电流无关，而受控源电压(或电流)由控制量决定。

理想源在电路中起"激励"作用，在电路中产生电压、电流，而受控源反映电路中某处的电压或电流对另一处的电压或电流的控制关系，在电路中不能作为"激励"。

4. 欧姆定律。

(1) 分析电路时，首先必须选定电压和电流的参考方向。

(2) 参考方向一经选定，必须在图中相应位置标注(包括方向和符号)，在计算过程中不得任意改变。

(3) 参考方向选择不同，其表达式符号也不同，但实际方向不变。例如，图 1-23 中，$u=iR$；图 1-24 中，$u=-iR$。

图 1-23　　　　　　　　　　图 1-24

(4) 元件或支路的 u、i 通常采用关联参考方向，以减少公式中的负号。

(5) 参考方向也称为假定正方向、正方向，以后的讨论均在参考方向下进行。

5. 基尔霍夫定律包括基尔霍夫电流定律(KCL)和基尔霍夫电压定律(KVL)。KCL 与元件性质无关，与电流和电压随时间的变化规律无关；KCL 源于电流的连续性这一电磁学普遍规律。KVL 与元件性质无关，与电压随时间的变化规律无关；KVL 源于电场力做功与路径无关这一电磁学普遍规律。

应用基尔霍夫电流定律解题时需注意以下问题：

(1) 列写 KCL 方程前必须先标出各支路电流的参考方向。

(2) KCL 是对节点处支路电流所加的约束，它具有普遍性，与支路上所接元件的特性无关，即适用于任意时刻、任意元件构成的电路。

(3) 注意两套符号问题，运用 KCL 时，时常需要和两套符号打交道。一套是方程中各项前的正、负符号，其正、负取决于电流参考方向与节点的相对关系；另一套是电流本身数值的正、负号，反映了电流参考方向与实际方向是否相同。

应用基尔霍夫电压定律解题时需注意以下问题：

（1）列写 KVL 方程前应标明回路中各元件电压的参考方向。

（2）选定回路绕行方向时，顺时针或逆时针都可以。

（3）在列方程时，元件的电压方向与路径绕行方向一致时取正号，相反时取负号。

6. 电路中电位的概念及计算。

（1）电位的概念：在分析电路问题时，常在电路中选一个点作为参考点，把任一点到参考点的电压（降）称为该点的电位。

（2）电位计算的基本思路：先选择合适的节点作为电路的参考点，再计算某点到参考点的电压。

 课后练习

1. 图 1-25 中的方框泛指元件。设 1A 的电流由 a 向 b 流过图 1-25(a) 中所示的元件，试问如何表示这一电流？

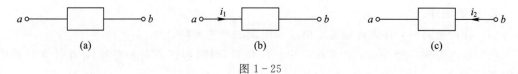

图 1-25

2. 图 1-26(a)、(b)、(c) 为从某一电路中取出的一条支路 AB。试问，电流的实际方向是怎样的？

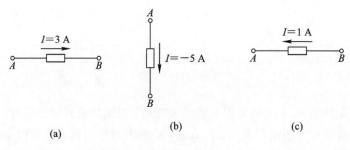

图 1-26

3. 图 1-27 (a)、(b)、(c) 为某电路中一元件两端的电压，问：该元件两端电压的实际方向是怎样的？

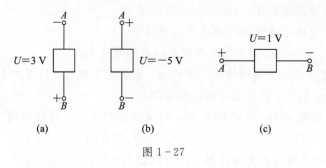

图 1-27

4. 电压、电流的参考方向如图 1-28 所示,问:对 A、B 两部分电路,其电压、电流的参考方向是否关联?

5. 求图 1-29 所示电路中的 U 和 I。

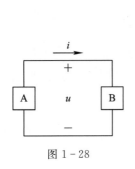

图 1-28

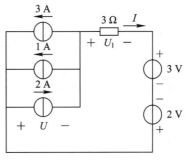

图 1-29

6. 求图 1-30 中电路开关 S 打开和闭合时的 I_1 和 I_2。

7. 如图 1-31 所示,已知 $I_1 = -18$ A,$I_2 = 3$ A,$I_3 = 10$ A,$I_4 = 10$ A,$I_6 = -2$ A,求 I_5 及流过电阻 R 的电流。

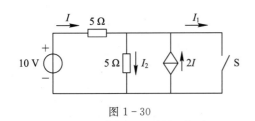

图 1-30

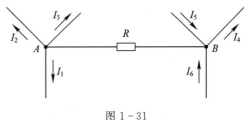

图 1-31

8. 在图 1-32 所示的电路中,根据给定的电流,尽可能多地确定其他各电阻中的未知电流。

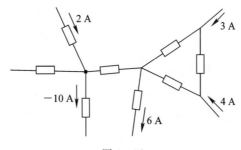

图 1-32

9. 已知各电阻的端电压和电流如图 1-33 所示,求各电阻值。

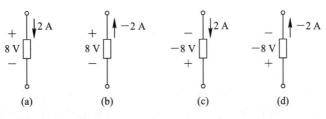

(a)   (b)   (c)   (d)

图 1-33

10. 电路如图 1-34 所示，求电压 U。

11. 求图 1-35 所示电路中 a、b、c、d 这四个点的电位 V_a、V_b、V_c、V_d。

12. 在图 1-36 所示的电路中，计算开关 S 断开和闭合时 A 点的电位 V_A。

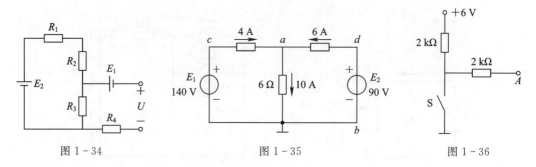

图 1-34　　　　　　　　　图 1-35　　　　　　　　　图 1-36

13. 电路如图 1-37 所示，零电位参考点在哪里？求 V_A 和 V_B。

14. 在图 1-38 中，根据给定的电压 $U_{12}=2\ \text{V}$，$U_{23}=3\ \text{V}$，$U_{25}=5\ \text{V}$，$U_{37}=3\ \text{V}$，$U_{67}=1\ \text{V}$，尽可能多地确定其他各元件的电压。

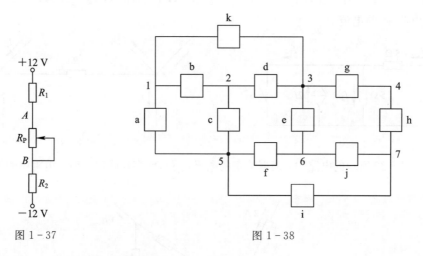

图 1-37　　　　　　　　　　　图 1-38

15. 求图 1-39 所示电路中的电压 U 和电流 I。

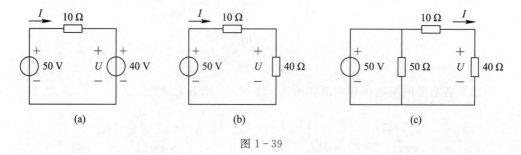

(a)　　　　　　　　　　(b)　　　　　　　　　　(c)

图 1-39

16. 电路如图 1-40 所示，试求：

(1) 图 1-40(a) 中的电压 U 和电流 I；

(2) 串入一个电阻 10 kΩ（如图 1-40(b) 所示），重求电压 U 和电流 I；

(3) 再并接一个 2 mA 的电流源（如图 1-40(c) 所示），重求电压 U 和电流 I。

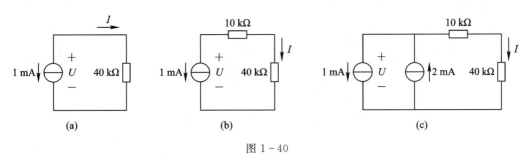

图 1-40

17. 在图 1-41 的电路中，$U_1 = 10$ V，$U_2 = 5$ V，分别求电源、电阻的功率。

18. 求图 1-42 中电压源产生的功率。

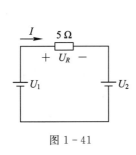

图 1-41

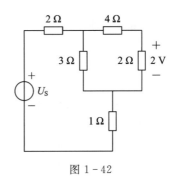

图 1-42

第2章 直流电路

 章节导读

凡是用直流电源供电的电路都是直流电路，如手电筒电路、电动自行车电路等都是直流电路。掌握直流电路的分析方法是今后分析各种电路的基础，在工程实际中也常常会碰到需要研究支路电压、电流或功率的问题。本章主要介绍串并联电路的特点、电源的等效变换、电路的基本分析方法（支路电流法和节点电压法）和电路的基本定理（叠加定理和戴维南定理）。要求理解各种方法和定理的使用条件，熟练掌握列写方程的方法。

知识情景化

（1）如果想测 48 V 的电压，而手头只有内阻为 3 kΩ 和满偏电流为 5 mA 的万用表，急需将其改装为量程为 48 V 的电压表，那么分压电阻应该选多大的呢？

（2）一个太阳能电池板，测得其开路电压为 800 mV，短路电流为 40 mA，若将太阳能电池板与一个阻值为 20 Ω 的电阻相连，组成一个闭合回路，则电阻两端的电压是多少？

（3）惠斯通电桥（又称为单臂电桥）是一种可以精确测量电阻的仪器，其测量原理是什么？

 内容详解

2.1 电阻串并联连接的等效变换

实际电路通常会含有多个电阻元件。这些电阻元件可以根据不同的需要按一定方式连接起来，以便于在各种不同的情况下获得不同的电压、电流和功率。电阻的连接方式有串联、并联、混联三种。若电路中有两个或多个电阻顺次相连，则这种电阻接法称为"电阻串联"，此种情况下通过各电阻的电流是同一电流。若电路中两个或多个电阻都连接在两个公共的节点间，则这种电阻接法称为"电阻并联"，此种情况下各并联电阻两端承受同一电压。

1．二端网络等效

1）端口

端口指电路引出的一对端钮，如图 2-1 所示，从一个端钮（如 a）流入的电流一定等于从另一端钮（如 b）流出的电流。

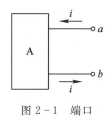

图 2-1　端口

2）二端网络

向外引出两个端钮的电路称为二端网络。

3）二端网络等效

如果结构、元件参数完全不同的两个二端网络具有相同的电压、电流关系，即相同的伏安关系，那么这两个二端网络称为等效网络。在计算中可把一个复杂的二端网络用简单的二端网络代替，从而简化计算过程。

2．串联电阻电路

1）串联电阻电路的特点

在图 2-2 所示的串联电阻电路中，电流处处相等；端口总电压 u 等于各电阻上电压的代数和。

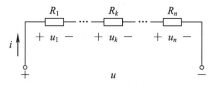

图 2-2　串联电阻电路

2）串联电阻电路的等效电阻

串联电阻电路的等效电阻（即总电阻）等于各电阻阻值之和。

3）串联电阻电路中电压的分配

在串联电阻电路中，各电阻上的电压与其阻值呈正比关系。

4）串联电阻电路的功率关系

在串联电阻电路中，电路消耗的总功率等于各串联电阻消耗的功率之和。

3．并联电阻电路

1）并联电阻电路的特点

在图 2-3 所示的并联电阻电路中，总电流等于通过各个电阻的电流之和；并联电路各支路两端的电压相等，且等于总电压。

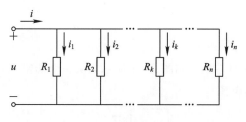

图 2-3　并联电阻电路

2）并联电阻电路的等效电导

在图 2-4 中，$G_k = 1/R_k (k = 1, 2, \cdots)$，则并联电阻电路的总电导等于各并联支路的电导之和。

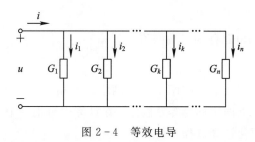

图 2-4　等效电导

3）并联电阻电路的分流

在并联电阻电路中，总电流等于各支路电流之和。

4）并联电阻电路的功率关系

在并联电阻电路中，总功率等于各并联电导消耗的功率之和。

2.2　电阻星形连接与三角形连接的等效变换

向外引出三个端钮的电路称为三端网络。如果结构、元件参数完全不同的两个三端网络具有相同的电压、电流关系，那么这两个三端网络称为等效网络。将三个电阻元件的一端连接在一起，另一端分别接到外部电路的三个节点上，这种接法称为电阻元件的星形连接，简称 Y 形连接，如图 2-5 所示。将三个电阻元件首尾连接，组成一个封闭的三角形，三角形的三个顶点分别接到外部电路的三个节点上，这种接法称为电阻元件的三角形连接，简称△连接，如图 2-6 所示。

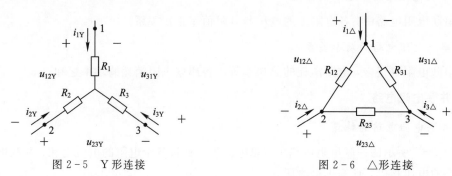

图 2-5　Y 形连接　　　　　　　　　　图 2-6　△形连接

1. Y-△连接电阻等效变换的条件

Y-△连接电阻等效变换的条件如下：

$$i_{1Y}=i_{1\triangle}, \quad i_{2Y}=i_{2\triangle}, \quad i_{3Y}=i_{3\triangle}$$

$$u_{12Y}=u_{12\triangle}, \quad u_{23Y}=u_{23\triangle}, \quad u_{31Y}=u_{31\triangle}$$

2. Y-△连接电阻等效变换的过程及结果

采用 Y 形连接时，由 KVL、KCL 得

$$\left.\begin{array}{l} u_{12Y}=i_{1Y}R_1-i_{2Y}R_2 \\ u_{23Y}=i_{2Y}R_2-i_{3Y}R_3 \\ i_{1Y}+i_{2Y}+i_{3Y}=0 \end{array}\right\} \tag{2-1}$$

采用△形连接时，由 KCL 得

$$\left.\begin{array}{l} i_{1\triangle}=\dfrac{u_{12\triangle}}{R_{12}}-\dfrac{u_{31\triangle}}{R_{31}} \\[2mm] i_{2\triangle}=\dfrac{u_{23\triangle}}{R_{23}}-\dfrac{u_{12\triangle}}{R_{12}} \\[2mm] i_{3\triangle}=\dfrac{u_{31\triangle}}{R_{31}}-\dfrac{u_{23\triangle}}{R_{23}} \end{array}\right\} \tag{2-2}$$

由式(2-1)可得

$$\left.\begin{array}{l} i_{1Y}=\dfrac{u_{12Y}R_3-u_{31Y}R_2}{R_1R_2+R_2R_3+R_3R_1} \\[3mm] i_{2Y}=\dfrac{u_{23Y}R_1-u_{12Y}R_3}{R_1R_2+R_2R_3+R_3R_1} \\[3mm] i_{3Y}=\dfrac{u_{31Y}R_2-u_{23Y}R_1}{R_1R_2+R_2R_3+R_3R_1} \end{array}\right\} \tag{2-3}$$

根据等效条件，比较式(2-3)与式(2-2)，得电阻 Y-△的变换结果，即

$$\left.\begin{array}{l} R_{12}=R_1+R_2+\dfrac{R_1R_2}{R_3} \\[3mm] R_{23}=R_2+R_3+\dfrac{R_2R_3}{R_1} \\[3mm] R_{31}=R_3+R_1+\dfrac{R_3R_1}{R_2} \end{array}\right\} \quad 或 \quad \left.\begin{array}{l} G_{12}=\dfrac{G_1G_2}{G_1+G_2+G_3} \\[3mm] G_{23}=\dfrac{G_2G_3}{G_1+G_2+G_3} \\[3mm] G_{31}=\dfrac{G_3G_1}{G_1+G_2+G_3} \end{array}\right\}$$

类似可得到△-Y的变换结果，即

$$\left.\begin{array}{l} G_1=G_{12}+G_{31}+\dfrac{G_{12}G_{31}}{G_{23}} \\[3mm] G_2=G_{23}+G_{12}+\dfrac{G_{23}G_{12}}{G_{31}} \\[3mm] G_3=G_{31}+G_{23}+\dfrac{G_{31}G_{23}}{G_{12}} \end{array}\right\} \quad 或 \quad \left.\begin{array}{l} R_1=\dfrac{R_{12}R_{31}}{R_{12}+R_{23}+R_{31}} \\[3mm] R_2=\dfrac{R_{23}R_{12}}{R_{12}+R_{23}+R_{31}} \\[3mm] R_3=\dfrac{R_{31}R_{23}}{R_{12}+R_{23}+R_{31}} \end{array}\right\}$$

若 $R_1=R_2=R_3$，$R_{12}=R_{23}=R_{31}$，则 $R_{\triangle}=3R_Y$。

2.3　电源的等效变换

若几个理想电压源串联，则对外可等效成一个理想电压源，该等效电压源的电压等于相串联理想电压源的端电压的代数和。若几个理想电流源并联，则可等效成一个理想电流源，该等效电流源的输出电流等于相并联理想电流源的输出电流的代数和。

在图 2-7 的实际电压源模型中，$U = U_s - R_i I$；在图 2-8 的实际电流源模型中，$I = I_s - U G_i$。一个实际的电源，就其外特性而言，既可以看成一个电压源，又可以看成一个电流源。若视为电压源，则可用一个电压源 U_s 与一个电阻 R_i 相串联来表示；若视为电流源，则可用一个电流源 I_s 与一个电导 G_i 相并联来表示。若它们给同样大小的负载提供同样大小的电流和端电压，则称这两个电源是等效的，即具有相同的外特性。

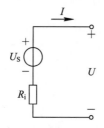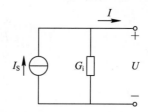

图 2-7　实际电压源模型　　　　图 2-8　实际电流源模型

因此，由电压源模型的伏安特性可知，$I = \dfrac{U_s - U}{R_i}$。将电压源模型与电流源模型相比较可得，$I_s = U_s / R_i$，$G_i = 1/R_i$。

2.4　支路电流法

对于支路电流法，首先通过直接应用 KCL 和 KVL 分别对节点和回路列出所需要的方程，然后从所列方程中求解出各支路电流。

对于有 n 个节点、b 条支路的电路，要求解支路电流时，未知量共有 b 个。只要列出 b 个独立的电路方程，就可以求解这 b 个未知量。

在图 2-9 所示的电路中，各支路电流 i_1、i_2、i_3、i_4、i_5、i_6 为未知量，支路数为 6，节点数为 4，采用支路电流法进行求解的步骤如下。

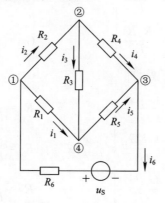

图 2-9　支路电流法示例

（1）在图中标出流过电阻 R_1、R_2、R_3、R_4、R_5、R_6 的各支路电流的参考方向，支路电压 u_1、u_2、u_3、u_4、u_5、u_6 与支路电流取关联参考方向。

（2）应用 KCL 列出 $n-1=4-1=3$ 个独立的节点电流方程，以出节点的电流方向为正，入节点的电流方向为负。

节点①：
$$i_1+i_2-i_6=0 \tag{2-4}$$

节点②：
$$i_3+i_4-i_2=0 \tag{2-5}$$

节点③：
$$-i_4-i_5+i_6=0 \tag{2-6}$$

（3）应用 KVL 列出 $b-(n-1)=6-(4-1)=3$ 个独立的回路电压方程，所选回路如图 2-10 所示。

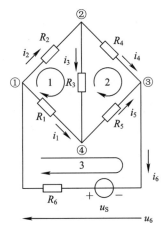

图 2-10 支路电流法说明电路

回路 1：
$$-u_1+u_2+u_3=0 \tag{2-7}$$

将各支路电压、电流关系代入式(2-7)得
$$-i_1R_1+i_2R_2+i_3R_3=0 \tag{2-8}$$

回路 2：
$$-u_3+u_4-u_5=0 \tag{2-9}$$

将各支路电压、电流关系代入式(2-9)得
$$-i_3R_3+i_4R_4-i_5R_5=0 \tag{2-10}$$

回路 3：
$$u_1+u_5+u_6-u_S=0 \tag{2-11}$$

将各支路电压、电流关系代入式(2-11)得
$$i_1R_1+i_5R_5+i_6R_6-u_S=0 \tag{2-12}$$

（4）联立 3 个节点电流方程和 3 个回路电压方程，求出 6 个支路电流，进一步求出各个支路的电压。

2.5 节点电压法

电路中任选一个节点作为参考点，其余的每个节点到参考点之间的电压降，称为相应各节点的节点电压或节点电位。

节点电压法是以电路中的节点电压为未知量，用节点电压表示各支路电流，首先应用 KCL 列写独立节点电流方程，然后从所列方程中求出节点电压，进而求解电路中各支路的电压、电流和功率。节点电压法适用于支路较多、节点较少的电路。

选节点电压为未知量，则 KVL 自动满足，无须列写 KVL 方程。节点电压法与支路电流法相比，方程数减少 $b-(n-1)$ 个，其中 n 表示节点数，b 表示支路数。各支路电流、电压可视为节点电压的线性组合，求出节点电压后，便可方便地得到各支路电压、电流。在图 2-11 所示的电路中，节点数为 4，采用节点电压法可列 $n-1=4-1=3$ 个 KCL 方程，从而求出各个节点的电压，步骤如下。

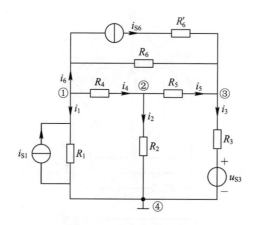

图 2-11 节点电压法示例

（1）选定④为参考节点，标定独立节点①、②、③的节点电压分别为 u_1、u_2、u_3。

（2）对独立节点①、②、③，以节点电压为未知量，列写其 KCL 方程。

节点①：

$$\underbrace{(G_1+G_4+G_6)}_{G_{11}}u_1\underbrace{-G_4}_{G_{12}}u_2\underbrace{-G_6}_{G_{13}}u_3=\underbrace{i_{S1}-i_{S6}}_{i_{S11}}$$

节点②：

$$\underbrace{-G_4}_{G_{21}}u_1+\underbrace{(G_4+G_2+G_5)}_{G_{22}}u_2\underbrace{-G_5}_{G_{23}}u_3=\underbrace{0}_{i_{S22}}$$

节点③：

$$\underbrace{-G_6}_{G_{31}}u_1\underbrace{-G_5}_{G_{32}}u_2+\underbrace{(G_6+G_5+G_3)}_{G_{33}}u_3=\underbrace{i_{S6}+G_3u_{S3}}_{i_{S33}}$$

（3）求解上述方程，得到 3 个节点电压。

上述节点方程中各项的物理意义如下：

（1）G_{11}——连于节点①的各支路电导之和，叫作节点①的自电导。

G_{22}——连于节点②的各支路电导之和，叫作节点②的自电导。

G_{33}——连于节点③的各支路电导之和，叫作节点③的自电导。

所有自电导都大于 0，与电流源相串联的电阻 R_6' 不计入自电导。

（2）$G_{12}=G_{21}<0$——节点①②间直接相连支路的电导之和的负值，叫作节点①②间共导。

$G_{23}=G_{32}<0$——节点②③间直接相连支路的电导之和的负值，叫作节点②③间共导。

$G_{13}=G_{31}<0$——节点①③间直接相连支路的电导之和的负值，叫作为节点①③间共导。

（3）i_{S11}——连于节点①的各激励源流入节点①的电激流代数和。

i_{S22}——连于节点②的各激励源流入节点②的电激流代数和。

i_{S33}——连于节点③的各激励源流入节点③的电激流代数和。

（4）设 u_1、u_2、u_3 均大于零，则

$G_{11}u_1$——u_1 单独作用引起的流出节点①的电流；

$G_{12}u_2$——u_2 单独作用引起的流出节点②的电流；

$G_{13}u_3$——u_3 单独作用引起的流出节点③的电流。

2.6 叠加定理

齐次性与叠加性是线性电路中非常重要的特性。齐次性是指当一个激励作用于线性电路时，电路中任意的响应与该激励呈正比。而叠加性是由叠加定理反映的。

叠加定理是指：当线性电路中有几个独立源（激励）共同作用时，电路中任意支路的电流或电压（响应）等于电路中各个独立源单独作用时，在该支路产生的电流或电压的代数和。

所谓各个独立源单独作用，是指其他独立源不作用，即理想电压源相当于短路，理想电流源相当于开路。图 2-12 所示的电路有 3 个独立电压源 u_{S1}、u_{S2}、u_{S3}，响应 i_1 可以看作是由 3 个独立电压源分别激励的电流 i_1'、i_1''、i_1''' 的代数和；响应 i_2 可以看作是由 3 个独立电压源分别激励的电流 i_2'、i_2''、i_2''' 的代数和；响应 i_3 可以看作是由 3 个独立电压源分别激励的电流 i_3'、i_3''、i_3''' 的代数和。

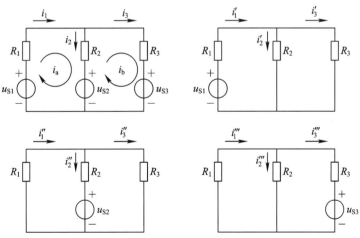

图 2-12　叠加定理示例

2.7 戴维南定理

工程实际中，常常碰到只需研究某一支路的电压、电流或功率的问题。对所研究的支

路来说，电路的其余部分就相当于一个有源二端网络，可等效变换为较简单的含源支路（如电压源与电阻串联支路或电流源与电阻并联支路），从而使分析和计算简化。戴维南定理正是给出了等效含源支路及其计算方法。

1. 戴维南定理

图 2-13 是一个线性含源一端口网络，对外电路来说，其等效电路总可以用一个电压源和电阻相串联表示，如图 2-14 所示。此电压源的电压等于外电路断开时端口处的开路电压 U_{oc}，而电阻等于一端口的输入电阻（或等效电阻 R_{eq}）。

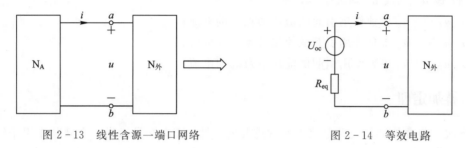

图 2-13　线性含源一端口网络　　　　　　图 2-14　等效电路

2. 开路电压 U_{oc} 的计算

戴维南等效电路中电压源电压等于将外电路断开时的开路电压 U_{oc}，电压源方向与所求开路电压方向有关。计算 U_{oc} 可根据电路形式选择前面学过的任意方法。

3. 等效电阻的计算

等效电阻是将一端口网络内部独立电源全部置零（电压源短路，电流源开路）后，所得无源一端口网络的输入电阻。常用下列方法计算。

（1）当网络内部不含有受控源时，可采用电阻串并联和 Y-△互换的方法计算等效电阻。

（2）外加电源法：加电压源求电流或加电流源求电压（内部独立电源置零）。

（3）开路电压、短路电流法：等效电阻等于端口的开路电压与短路电流的比（内部独立电源保留）。

 实战演练

综合实战演练 1： 电路如图 2-15 所示，求 I_1、I_4、U_4。

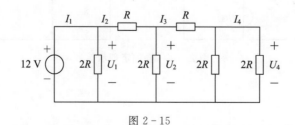

图 2-15

解 根据并联电路的分流，可得

$$I_1 = \frac{12}{R}$$

$$I_4 = \frac{1}{2} I_3 = \frac{1}{4} I_2 = \frac{1}{8} I_1 = \frac{1}{8} \times \frac{12}{R} = \frac{3}{2R}$$

$$U_4 = I_4 \times 2R = 3 \text{ V}$$

综合实战演练 2：计算图 2-16 所示电路中 90 Ω 电阻吸收的功率。

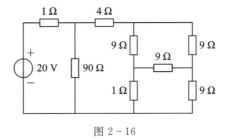

图 2-16

解 对于 3 个 9 Ω 的电阻组成的△部分的电路，采用△-Y 等效变换得到的电路如图 2-17 所示，继续根据电阻串并联关系化简电路，得到的电路如图 2-18 所示。

$$i = \frac{20}{1 + \frac{90 \times 10}{90 + 10}} = 2 \text{ A}$$

$$i_1 = \frac{10}{10 + 90} \times 2 = 0.2 \text{ A}$$

$$P = i_1^2 R = 0.2^2 \times 90 = 3.6 \text{ W}$$

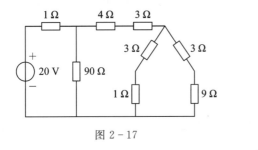

图 2-17

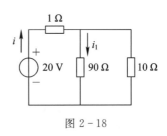

图 2-18

综合实战演练 3：分析图 2-19 所示直流电桥电路平衡的条件。

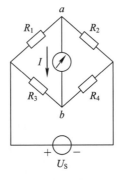

图 2-19

解　当 4 个电阻的关系满足 $\dfrac{R_1}{R_2}=\dfrac{R_3}{R_4}$ 时，a 与 b 等电位，检流计中无电流，即 $I=0$，电桥处于平衡状态。

因此 $\dfrac{R_1}{R_2}=\dfrac{R_3}{R_4}$ 为电桥平衡条件，利用电桥平衡可以测量未知电阻。

综合实战演练 4：求图 2-20 所示电路中的电流 I。

解　根据电源等效变换思想，化简电路得到如图 2-21 所示的电路，$I=0.5\ \text{A}$。

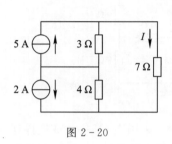　　　　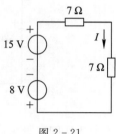

图 2-20　　　　　　　　　　　　　　　图 2-21

综合实战演练 5：求图 2-22 所示电路中各支路电流及各电压源发出的功率。

解　（1）列 $n-1=1$ 个 KCL 方程，各个支路电流方向如图 2-23 所示，节点 a 的 KCL 方程：

$$-I_1-I_2+I_3=0$$

（2）列 $b-(n-1)=2$ 个回路的 KVL 方程，回路的绕行方向如图 2-23 所示。

回路 1：

$$7I_1-11I_2=70-6=64$$

回路 2：

$$11I_2+7I_3=6$$

（3）通过联立以上三个方程，结合行列式运算规则得

$$I_1=6\ \text{A},\ I_2=-2\ \text{A},\ I_3=4\ \text{A}$$

$$P_{70}=6\times70=420\ \text{W}$$

$$P_6=-2\times6=-12\ \text{W}$$

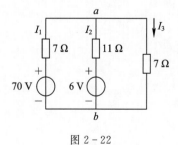　　　　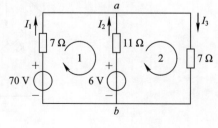

图 2-22　　　　　　　　　　　　　　　图 2-23

综合实战演练 6: 试列写图 2-24 所示电路的节点电压方程。

解 节点①:

$$(G_S+G_1+G_2)U_1-G_1U_2-G_SU_3=G_SU_S$$

节点②:

$$-G_1U_1+(G_1+G_3+G_4)U_2-G_4U_3=0$$

节点③:

$$-G_SU_1-G_SU_2+(G_4+G_5+G_S)U_S=-G_SU_S$$

图 2-24

综合实战演练 7: 试列写图 2-25 所示电路的节点电压方程。

解 (1) 以电压源电流为变量,如图 2-26 所示,列写节点电压方程。

节点①:

$$(G_1+G_2)U_1-G_1U_2=I$$

节点②:

$$-G_1U_1+(G_1+G_3+G_4)U_2-G_4U_3=0$$

节点③:

$$-G_4U_2+(G_4+G_5)U_S=-I$$

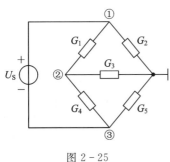

图 2-25

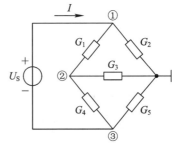

图 2-26

(2) 增补节点电压与电压源间的关系方程,

$$U_1-U_3=U_S$$

电路中不与电阻串联的电压源和不与电阻并联的电流源称为无伴电源,否则称为有伴电源。对于无伴电压电源,需要以电压源电流为变量,增补节点电压与电压源间的关系方程。

综合实战演练 8: 列写图 2-27 所示电路的节点电压方程。

解 (1) 标定节点和参考电位,如图 2-28 所示。

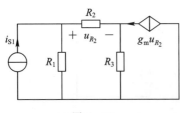

图 2-27

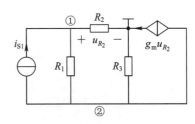

图 2-28

（2）把受控源当作独立源列写节点电压方程。

节点①：

$$(G_1+G_2)U_1-G_1U_2=i_{S1}$$

节点②：

$$-G_1U_1+(G_1+G_3)U_2=-g_mu_{R_2}-i_{S1}$$

（3）用节点电压表示控制量，即

$$U_{R_2}=U_1$$

综合实战演练9：计算如图2-29所示电路中的电压u、电流i。

解　（1）电压源单独作用时，电路如图2-30所示。

$$i^{(1)}=\frac{10-2i^{(1)}}{2+1}$$

$$i^{(1)}=2\text{ A}$$

$$u^{(1)}=1\times i^{(1)}+2i^{(1)}=6\text{ V}$$

（2）电流源单独作用时，电路如图2-31所示。

$$2i^{(2)}+1\times(i^{(2)}+5)+2i^{(2)}=0$$

$$i^{(2)}=-1\text{ A}$$

$$u^{(2)}=-2i^{(2)}=2\text{ V}$$

（3）电压源和电流源同时作用时：

$$u=u^{(1)}+u^{(2)}=6+2=8\text{ V}$$

$$i=i^{(1)}+i^{(2)}=2+(-1)=1\text{ A}$$

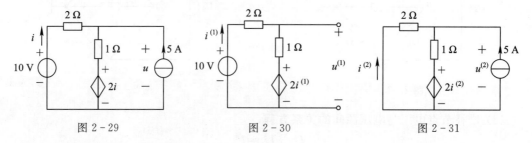

图2-29　　　　　　　　图2-30　　　　　　　　图2-31

综合实战演练10：电路如图2-32所示。

（1）计算R_x为1.2 Ω时的I；

（2）R_x为何值时，其上可获得最大功率？

解　保留R_x支路，将其余端口化为戴维南等效电路，如图2-33所示。

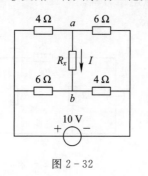

图2-32

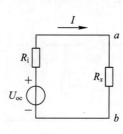

图2-33

（1）求图 2-34 所示电路的开路电压：

$$U_{oc}=U_1+U_2=-10\times\frac{4}{4+6}+10\times\frac{6}{4+6}=2\ V$$

求图 2-35 所示电路的等效电阻 R_i：

$$R_i=4.8\ \Omega$$

当 $R_x=1.2\ \Omega$ 时：

$$I=\frac{U_{oc}}{R_x+R_i}=0.333\ A$$

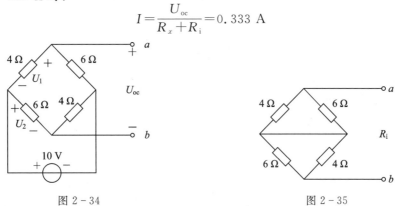

图 2-34   图 2-35

（2）当 $R_x=R_i=4.8\ \Omega$ 时，其上获得最大功率。

 知识小结

1. 等效是指将电路中某一部分比较复杂的结构用一比较简单的结构替代，替代之后的电路与原电路对未变换的部分（或称为外部电路）保持相同的作用效果。因此，等效是对外部电路的等效，而不是对内部电路的等效。

2. 串联电阻电路的特点是电流处处相等，端口总电压等于各电阻上电压的代数和。并联电阻电路的特点是总电流等于通过各个电阻的电流之和，并联电路各支路两端的电压相等，且等于总电压。

3. Y-△电路等效变换的条件是三端的电流和任何两点之间的电压在变换前后保持相同，对外电路的作用是完全一样的。Y 电路与△电路的电阻只有满足一定关系时，才能够相互等效。

4. 理想电压源与理想电流源不能相互转换。实际电压源、实际电流源两种模型可以进行等效变换，所谓的等效是指端口电压、电流在转换过程中保持不变。

电流源的电流方向与电压源的电压方向相反。实际电压源不允许短路，因其内阻小，若短路，电流很大，可能烧毁电源；实际电流源不允许开路，因其内阻大，若开路，电压很高，可能烧毁电源。受控源和独立源一样可以进行电源转换，转换过程中注意不要丢失控制量。

5. n 个节点、b 条支路的电路，独立的 KCL 方程有 $n-1$ 个，KVL 的独立方程数=基本回路数=$b-(n-1)$。

支路电流法列写的是 KCL 和 KVL 方程，所以方程列写方便、直观，但方程数较多，适宜于在支路数不多的情况下使用。支路电流法的一般步骤：

（1）标定各支路电流（电压）的参考方向；

（2）选定 $(n-1)$ 个节点，列写其 KCL 方程；

（3）选定 $b-(n-1)$ 个独立回路，指定回路绕行方向，结合 KVL 和支路方程列写；

（4）求解上述方程，得到 b 个支路电流；

（5）进一步计算支路电压和进行其他分析。

以节点电压为未知量列写电路方程分析电路的方法适用于节点较少的电路。节点电压法的一般步骤：

（1）选定参考节点，标明其余 $n-1$ 个独立节点的电压；

（2）把支路电流用节点电压表示，列 KCL 方程；

（3）求解上述方程，得到 $n-1$ 个节点电压；

（4）通过节点电压求各支路电流和进行其他分析。

无伴电压源支路的处理：以电压源电流为变量，增补节点电压与电压源间的关系方程；对含有受控电源支路的电路，先把受控源看作独立电源列方程，再将控制量用节点电压表示。

6. 叠加定理：当线性电路中有几个独立源（激励）共同作用时，电路中任意支路的电流或电压（响应）等于电路中各个独立源单独作用时，在该支路产生的电流或电压的代数和。

这里各个独立源单独作用，是指其他独立源不作用，即其他电压源的输出电压和电流源的输出电流为零，那么理想电压源相当于短路，理想电流源相当于开路。应用叠加定理时应注意：

（1）此定律只适用于分析、计算线性电路的电压和电流，不适用于直接计算功率；

（2）叠加方式是任意的，可以一次用一个独立源单独作用，也可一次用几个独立源作用；

（3）叠加时应注意电压和电流的参考方向，求其代数和；

（4）若电路中有受控源，应用叠加定理在每次独立源单独作用时，受控源要保留其中，其数值要随每一独立源单独作用时，控制量数值的变化而变化。

7. 戴维南定理求解电路的解题步骤如下：

（1）求网络 N 的开路电压 U_{oc}。计算方法视具体电路而定。前面讲过的串并联等效、分流分压关系、电源的等效变换、叠加定理、节点电压法等都可用。

（2）求等效电阻 R_{eq}。

若一端口内部仅含电阻，则应用电阻的串、并联和 Y-△变换等方法求它的等效电阻；对含有受控源和电阻的两端电路，用电压、电流法求输入电阻，即在端口加电压源，求得电流，或在端口加电流源，求得电压，得其比值。

（3）画等效电路，求解待求量。

 课后练习

1. 求图 2-36 所示电路中的 i_1、i_2。

2. 求图 2-37 所示电路中的 R_{ab}、R_{cd}。

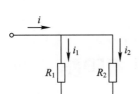

图 2-36

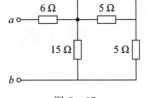

图 2-37

3. 求图 2-38 所示电路中的电流 I。

4. 简化图 2-39 所示的电路。

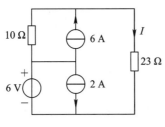

图 2-38

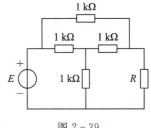

图 2-39

5. 列写图 2-40 所示电路的支路电流方程。

6. 列写图 2-41 所示电路的节点电压方程。

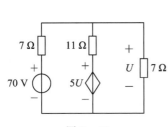

图 2-40

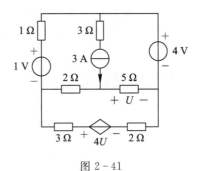

图 2-41

7. 求图 2-42 所示电路的电压 U 和电流 I。

8. 求图 2-43 所示电路中的电压 u。

9. 电路如图 2-44 所示，求电压 U_R。

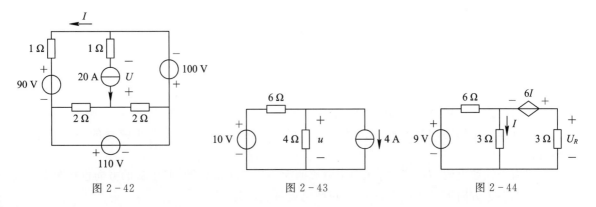

图 2-42　　　　　　　　图 2-43　　　　　　　　图 2-44

第 3 章　正弦交流电路

 章节导读

正弦交流电路在交流电路中占重要地位，在生产和生活中常用到正弦交流电，特别是在三相电路中的应用更为广泛。在许多实际电路中，经常用正弦交流电路来构建电路模型，正弦交流电路是交流电路的一种最基本的形式。正弦交流电路的基本概念包括交流电和正弦量，其中正弦量的三要素为最大值、角频率和初相，这三个物理量决定了交流电的瞬时值。本章将重点介绍正弦交流电路的基础知识，包括正弦电压与电流、正弦量的相量表示法、单一参数的交流电路和电阻、电感与电容元件串联的交流电路，以及节点电压法、阻抗的串联与并联、交流电路的频率特性、功率因数的提高。

 知识情景化

（1）在各类小家电的供电中，如果直接引入交流电，脉动电流将会瞬间烧毁电器，那么交流电需要进行怎样的转换才可以正常地投入实际应用？

（2）汽车的蓄电池在充电时为什么选用正弦交流电？

（3）生活用电需要稳定的电压，但电力传输为什么用的是交流电？

内容详解

3.1　正弦电压与电流

随时间按正弦规律变化的电压称为正弦电压，同样地有正弦电流、正弦磁通等。这些按正弦规律变化的物理量统称为正弦量。下面以正弦电流为例，说明正弦量的一些基本概念。

设有一正弦电流 $i(t)$ 流过某元件，电流的大小随时间在变化，且电流的方向也在改变。在选定的参考方向下（见图 3-1(a)），正弦电流可表示为

$$i(t) = I_m \sin(\omega t + \psi) \qquad (3-1)$$

式(3-1)中，I_m 为正弦电流的最大值，即正弦量的振幅，如图 3-1(b)中所示，通常在大写字母中加下标 m 表示正弦量的最大值，例如 I_m、U_m 等。$(\omega t + \psi)$ 为瞬时幅角，它随时间作直线变化，也称为正弦量的相位。ψ 为 $t=0$ 时刻的相位，称为初相位，常用度(°)表示其单位。图 3-1(b)、(c)分别表示初相位为正值和负值时的正弦电流的波形图，习惯上取 $|\psi| \leqslant 180°$。

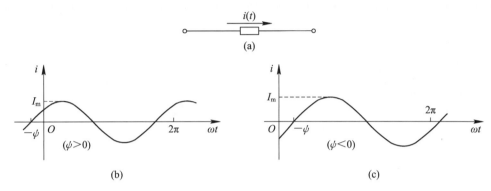

图 3-1　正弦电流的参考方向及波形

从图 3-1(b)、(c)中所示的波形图可看到，电流在不同时刻有不同的数值。电流在任一瞬时的值称为电流在该时刻的瞬时值，式(3-1)即为电流瞬时值的表达式。瞬时值用小写字母表示，例如瞬时电流 $i(t)$、瞬时电压 $u(t)$。电流值有正有负，当电流值为正时，表示电流的实际方向和参考方向一致；当电流值为负时，表示电流的实际方向和参考方向相反。

正弦电流每重复变化一次所经历的时间即为它的周期，用 T 表示，周期的单位为秒(s)。正弦电流每经过一个周期 T，对应的角度变化了 2π 弧度，所以

$$\omega T = 2\pi \qquad (3-2)$$

$$\omega = \frac{2\pi}{T} = 2\pi f \qquad (3-3)$$

式中，ω 为角频率，表示正弦量在单位时间内变化的角度，用弧度/秒(rad/s)作为角频率的单位；f 是频率，表示单位时间内正弦量变化的循环次数，用 1/秒(1/s)作为频率的单位，称为赫[兹](Hz)。我国电力系统用的交流电的频率为 50 Hz。在电子技术中，频率的常用单位还有千赫(kHz)($1\text{kHz} = 10^3 \text{Hz}$)、兆赫(MHz)($1 \text{ MHz} = 10^6 \text{Hz}$)和吉赫(GHz)($1 \text{ GHz} = 10^9 \text{ Hz}$)。

本章讨论的是处于稳定工作状态的电路中的正弦电流，因此式(3-1)中的 t 是指从 $-\infty$ 到 $+\infty$ 的整个延续时间，$t=0$ 只表示计时的起始点，并不意味着电流是从 $t=0$ 才开始出现的。

最大值、角频率和初相位称为正弦量的三要素。只要知道了这三个量，就可确定该正弦量。例如，若已知一个正弦电流的 $I_m = 10$ A，$\omega = 314$ rad/s，$\psi = 60°$，该正弦电流就可以写为

$$i(t) = 10\sin(314t + 60°)\text{A}$$

设有两个同频率的正弦量 $u(t)$、$i(t)$，它们的波形如图 3-2 所示，此电压 $u(t)$ 和电流 $i(t)$ 的表达式分别为

$$u(t) = U_m \sin(\omega t + \psi_u)$$

$$i(t) = I_m \sin(\omega t + \psi_i)$$

若以 φ 表示电压 u 和电流 i 之间的相位差，则

$$\varphi = (\omega t + \psi_u) - (\omega t + \psi_i) = \psi_u - \psi_i \tag{3-4}$$

可见，频率相同的正弦电压和正弦电流的相位都是时间的函数，但由于它们的角频率相同，所以它们的相位差是一个常数，即为初相位之差。两个同频率的正弦量之间的相位差与计时起点无关。如图 3-2 所示，若将计时起点选为 O'，则电压 u 和电流 i 的初相位要随之改变，但它们之间的相位差是不会改变的，仍为 φ，这从图 3-2 中可以明显地看出。

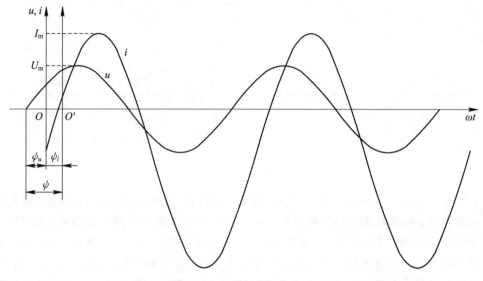

图 3-2　正弦量的相位关系

当两个同频率正弦量的相位差为 0 时，称这两个正弦量同相；当相位差为 180° 时，称这两个正弦量反相；当相位差 $\varphi = \psi_u - \psi_i$ 为正时，称电压 u 领先电流 i，领先角度为 φ，或称电流 i 落后电压 u，落后角度为 φ。

周期性电流、电压的瞬时值是随时间变化的。如果要完整地描述它们，就需要利用它们的表达式画波形图。为表征它们的做功能力并度量其"大小"，用以下定义的有效值是更为方便的。将一个周期性电流的做功能力和直流电流的做功能力相比，作出有效值定义如下：若周期性电流 $i(t)$ 流过电阻 R 在一个周期 T 内所做功与直流电流 I 流过电阻 R 在时间 T 内所做功相等，则称此直流电流的量值为此周期性电流的有效值。

周期性电流 $i(t)$ 流过电阻 R，电流 $i(t)$ 在时间 T 内所做的功为

$$W_1 = \int_0^T i^2(t) R \, dt$$

直流电流 I 流过电阻 R，在时间 T 内所做的功为

$$W_2 = I^2 R T$$

当两个电流在一个周期 T 内所做的功相等时，有

$$I^2 R T = \int_0^T i^2(t) R \, dt$$

于是，得

$$I = \sqrt{\frac{1}{T} \int_0^T i^2(t) \, dt} \tag{3-5}$$

式(3-5)就是周期性电流 $i(t)$ 的有效值的定义式。此式表明，周期性电流 $i(t)$ 的有效值等于它的瞬时电流 $i(t)$ 的平方在一个周期内的平均值的平方根，故又称有效值为方均根值。

对于其他周期性的量，同样可以给出其有效值的定义。例如，周期性电压 $u(t)$ 的有效值定义为

$$U=\sqrt{\frac{1}{T}\int_0^T u^2(t)\,\mathrm{d}t}$$

依照惯例，可采用大写字母表示正弦量的有效值，例如用 U 表示正弦电压的有效值。

下面导出正弦电流 i 的最大值 I_m 和有效值 I 之间的关系。

将正弦电流 $i(t)=I_\mathrm{m}\sin(\omega t+\psi)$ 代入式(3-5)，得

$$I=\sqrt{\frac{1}{T}\int_0^T I_\mathrm{m}^2\sin^2(\omega t+\psi)\,\mathrm{d}t}=\sqrt{\frac{1}{T}\int_0^T \frac{1}{2}I_\mathrm{m}^2\left[1-\cos 2(\omega t+\psi)\right]\mathrm{d}t}$$

$$=\frac{I_\mathrm{m}}{\sqrt{2}}\approx 0.707 I_\mathrm{m} \tag{3-6}$$

同理可得

$$U=\frac{U_\mathrm{m}}{\sqrt{2}}$$

由上可见，正弦量的最大值与有效值之比为 $\sqrt{2}$。

引入有效值的概念以后，正弦电压和正弦电流的一般表达式又可写作

$$u(t)=\sqrt{2}U\sin(\omega t+\psi_u)$$

$$i(t)=\sqrt{2}I\sin(\omega t+\psi_i)$$

一般电气设备铭牌上所标明的额定电压和电流值都是指有效值，但是通常用最大值衡量电气设备的绝缘耐压能力。大多数交流电流表或交流电压表都是测量有效值的，其表盘上的刻度值也都是正弦电流或正弦电压的有效值。

3.2　正弦量的相量表示法

正弦量的相量表示法是指一个正弦量的瞬时值可以用一个旋转矢量在纵轴上的投影值来表示，即将正弦量以角度为单位表示出来，而不是用极坐标表示法表示。换言之，正弦量的相量表示，实质上就是用复数表示正弦量，即正弦量对应的相量是一个复数。

如何用复数表示正弦量？将正弦电压 $u=U_\mathrm{m}\sin(\omega t+\psi)$ 转换为复值函数 $U_\mathrm{m}\mathrm{e}^{\mathrm{j}(\omega t+\psi)}$，该复值函数表示复平面上的一个旋转矢量。此相量的模为 U_m，$t=0$ 时相量的幅角为 ψ，相量以恒定的角频率 ω 依照逆时针方向旋转，在 t 时刻其幅角为 $\omega t+\psi$，如图 3-3 所示。

由欧拉公式得

$$U_\mathrm{m}\mathrm{e}^{\mathrm{j}(\omega t+\psi)}=U_\mathrm{m}\cos(\omega t+\psi)+\mathrm{j}U_\mathrm{m}\sin(\omega t+\psi) \tag{3-7}$$

从上式可以看出，该复值函数的虚部恰好是正弦电压 u 的表示式，即

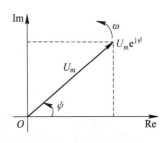

图 3-3　旋转矢量

$$u(t) = U_m \sin(\omega t + \psi) = I_m [U_m e^{j(\omega t + \psi)}] = I_m [U_m e^{j\psi} e^{j\omega t}]$$

$$= I_m [\sqrt{2} U e^{j\psi} e^{j\omega t}] = U_m [\sqrt{2} \dot{U} e^{j\omega t}] \tag{3-8}$$

式中，

$$\dot{U} = U e^{j\psi}$$

$U e^{j\psi}$ 是一个复常数，称该复数为正弦电压 u 的相量。简写为

$$\dot{U} = U \angle \psi$$

按照惯例，可采用大写字母上加一小圆点来表示相量。加小圆点的目的是将相量和一般复数加以区别，强调相量是代表一个正弦时间函数的复数。

下面讨论式(3-8)的几何解释。式(3-8)中 $e^{j\omega t}$ 是一个复数，其模为 1，幅角为 ωt。因为 ωt 是 t 的函数，所以 $j\omega t$ 是以角速度 ω 逆时针方向旋转的单位长度的有向线段，称 $e^{j\omega t}$ 为旋转因子。相量 $\dot{U}$ 乘以 $\sqrt{2}$，再乘以旋转因子，即 $\sqrt{2} \dot{U} e^{j\omega t}$ 就成为一个旋转相量。该旋转相量是以角速度 ω 逆时针方向旋转的长度为 U_m 的有向线段，如图 3-4(a)所示。从几何图形来看，$U_m e^{j(\omega t + \psi)}$ 的虚部就是旋转相量在纵轴上的投影。若以 ωt 为横轴，以该投影为纵轴，可得正弦电压波形如图 3-4(b)所示。

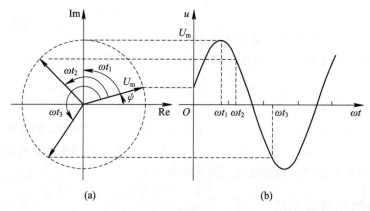

图 3-4　旋转相量和正弦量

在确定的频率下，正弦量和相量之间存在一一对应关系。只要给定了正弦量，就可以得出表示它的相量；反之，由已知的相量及其所代表的正弦量的频率，也可以写出它所代表的正弦量。正弦电压 $u(t)$ 与相量 $\dot{U}$ 间的对应关系为

$$u(t) = \sqrt{2} U \sin(\omega t + \psi) \Leftrightarrow \dot{U} = U \angle \psi \tag{3-9}$$

式中，左边表达式中的电压是时间变量 t 的函数，称为时域表达式，右边的表达式称为频域表达式。虽然该表达式以复数的模和幅角的形式表示，没有出现 ω 的字样，但是它隐含着旋转因子 $e^{j\omega t}$，其中角频率 ω 是常量，而电路的响应与角频率有着密切的关系。

一个相量作为一个复数，可以在复平面上用一个有向线段来表示，此有向线段的长度为相量的模，它和实轴的夹角为相量的幅角。在复平面上用有向线段表示的相量图形称为相量图。

若在一复平面上有多个同频的正弦量，则由于表示它们的各旋转相量的旋转角速度相

同，任何时刻它们之间的 U 相对位置保持不变。因此，当考虑它们的大小和相位时，就可以不考虑它们在旋转，而只需指明它们的初始位置，画出各正弦量的相量就够了，这样画出的图就是图 3-5 中所示的相量图。从相量图上可以十分清晰地看出各相量的大小和相位关系。

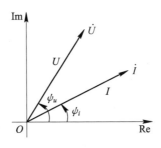

图 3-5　电压、电流相量图

3.3　单一参数的交流电路

1. 电阻元件的交流电路

设有电阻 R，通过它的正弦电流为 $i(t)$，如图 3-6 所示，若

$$i(t)=\sqrt{2}\,I\sin\,(\omega t+\psi_i)$$

则电阻两端的电压为

$$u(t)=Ri=\sqrt{2}\,RI\sin\,(\omega t+\psi_i)=\sqrt{2}\,U\sin\,(\omega t+\psi_u) \tag{3-10}$$

由此可见，电阻两端的电压是和流过电阻的电流同频率的正弦量，且它们的相位相同。图 3-7 是电压、电流的波形图（图中 ψ_i 为 0）。

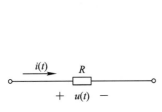

图 3-6　电阻元件

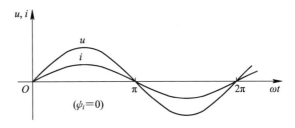

图 3-7　电阻元件上正弦电压、电流波形图

设电流 $i(t)$ 对应的相量为 $\dot{I}$，则电压为

$$u(t)=Ri(t)=\sqrt{2}\,RI\sin\,(\omega t+\psi_i)$$

对应的相量为

$$\dot{U}=R\dot{I} \tag{3-11}$$

式（3-11）就是频域中电阻元件上电压和电流的相量关系式，它和欧姆定律的形式相同。将式（3-11）改写为

$$U\angle\psi_u=RI\angle\psi_i$$

比较上式等号两边，可得

$$U=RI,\ \psi_u=\psi_i$$

由此得出结论：电阻元件上电压的有效值 U 等于电阻 R 和其中的电流的有效值 I 的乘积，电压和电流的相位相同。图 3-8 表示电阻元件的相量模型。电阻上电压和电流的相量图如图 3-9 所示。

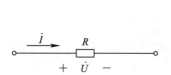

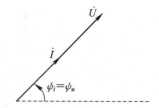

图 3-8　电阻元件的相量模型　　　　图 3-9　电阻元件电压、电流相量图

2. 电感元件的交流电路

设一电感 L 中有正弦电流 $i(t)$ 流过（见图 3-10），$\psi_i=\psi_u$，电流的表达式为

图 3-10　电感元件

$$i(t)=\sqrt{2}\,I\sin\,(\omega t+\psi_i)$$

则电感两端的电压为

$$u(t)=L\,\frac{\mathrm{d}i(t)}{\mathrm{d}t}=\sqrt{2}\,IL\,\frac{\mathrm{d}}{\mathrm{d}t}\sin\,(\omega t+\psi_i)$$

$$=\sqrt{2}\,I\omega L\cos\,(\omega t+\psi_i)=\sqrt{2}\,I\omega L\sin\,\left(\omega t+\psi_i+\frac{\pi}{2}\right) \qquad (3-12)$$

将上式写为

$$u(t)=\sqrt{2}\,U\sin\,(\omega t+\psi_u)$$

由此可见，电感元件两端的电压是与电流同频率的正弦量，且电压的有效值 U 等于电流的有效值乘以 ωL，电压的初相位 ψ_u 领先于电流的初相位 ψ_i，领先量为 $\pi/2$。图 3-11 是电感两端的电压与其中电流的波形图（图中 ψ_i 为 0）。

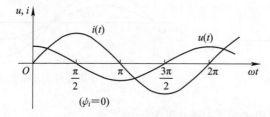

图 3-11　电感元件上正弦电压、电流波形图

下面讨论电感 L 上电压、电流的相量关系。设流过电感元件 L 的电流 $i(t)$ 对应的相量为 $\dot{I}$，电感电压为

$$u(t)=L\,\frac{\mathrm{d}i(t)}{\mathrm{d}t}$$

对应的相量为

$$\dot{U}=\mathrm{j}\omega L\dot{I}=\mathrm{j}X_L\dot{I} \qquad (3-13)$$

式（3-13）就是频域中电感元件上电压和电流的相量关系式。X_L 称为电感的感抗。感

抗的单位与电阻的单位相同。将式(3-13)改写为

$$U\angle\psi_u=\omega LI\angle(\psi_i+90°)$$

比较上面等式两边，得

$$U=\omega LI,\ \psi_u=\psi_i+90° \tag{3-14}$$

电感上电压与电流的有效值的关系和相位间关系表现在式(3-14)中。图 3-12 表示电感元件的相量模型。电感元件上电压和电流的相量图如图 3-13 所示(图中 ψ_i 为 0)。

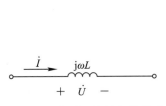

图 3-12　电感元件的相量模型

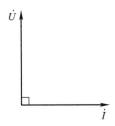

图 3-13　电感元件电压、电流相量图

由式(3-13)可得电感元件的电流与电压的相量关系为

$$\dot{I}=\frac{1}{j\omega L}\dot{U}=jB_L\dot{U}$$

上式中，B_L 称为电感的电纳，简称感纳，它的单位与电导的单位相同，它的表达式为

$$B_L=-\frac{1}{\omega L}$$

3. 电容元件的交流电路

设一电容 C 两端加有正弦电压 $u(t)$(见图 3-14)，表达式如下：

$$u(t)=\sqrt{2}U\sin(\omega t+\psi_u)$$

则电容中流过的电流 $i(t)$ 为

$$i(t)=C\frac{du(t)}{dt}=\sqrt{2}\omega CU\cos(\omega t+\psi_u)$$

$$=\sqrt{2}\omega CU\sin\left(\omega t+\psi_u+\frac{\pi}{2}\right) \tag{3-15}$$

将电容中的电流记为

$$i(t)=\sqrt{2}I\sin(\omega t+\psi_i)$$

由此可见，电容中的电流与其两端的电压是同频率的正弦量，电流的有效值 I 等于电压有效值 U 乘以 ωC，且电流 $i(t)$ 的相位领先于电压 $u(t)$，领先量为 $\pi/2$。图 3-15 是电容上的正弦电压与其中的电流的波形图(图中 ψ_u 为 0)。

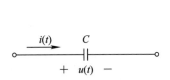

图 3-14　电容元件

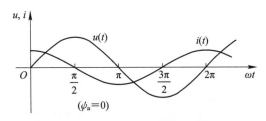

图 3-15　电容元件上正弦电压、电流波形图

下面讨论电容上电流与电压之间的相位关系。设电容中电流 $i(t)$ 对应的相量为 $\dot{I}$，电容两端电压为

$$u(t) = \frac{1}{C}\int i(t)\,\mathrm{d}t$$

其对应的相量为

$$\dot{U} = \frac{1}{\mathrm{j}\omega C}\dot{I} = \mathrm{j}\left(-\frac{1}{\omega C}\right)\dot{I} = \mathrm{j}X_C\dot{I} \tag{3-16}$$

式(3-16)就是频域中电容元件上电压和电流的相量关系式。X_C 称为电容的容抗。它的单位与电阻的单位相同。将式(3-16)改写为

$$U\angle\psi_u = -\mathrm{j}\frac{1}{\omega C}I\angle\psi_i = \frac{1}{\omega C}I\angle(\psi_i - 90°)$$

比较等式两边，可得

$$U = \frac{1}{\omega C}I, \quad \psi_u = \psi_i - 90°$$

图 3-16 表示电容元件的相量模型。电容元件上电压、电流相量图如图 3-17 所示(图中 ψ_i 为 0)。

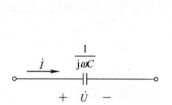

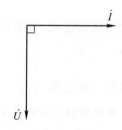

图 3-16　电容元件的相量模型　　　图 3-17　电容元件电压、电流相量图

根据式(3-16)，可将电容元件的电流与电压的相量关系表示为

$$\dot{I} = \mathrm{j}\omega C\dot{U} = \mathrm{j}B_C\dot{U}$$

式中，B_C 称为电容的电纳，简称容纳，它的单位与电导的单位相同，它的表达式为

$$B_C = \omega C$$

3.4　电阻、电感与电容元件串联的交流电路

通过 RLC 串联电路(见图 3-18)的放电过程来研究二阶电路的零输入响应。设开关闭合前电容已带有荷电，$u_C(0^-) = U_0$，$i_L(0^-) = 0$，$t = 0$ 时开关闭合，电容就将通过电阻和电感放电。由 KVL 可得：$-u_C + u_R + u_L = 0$。

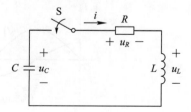

图 3-18　零输入 RLC 串联电路

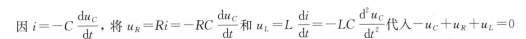

因 $i=-C\dfrac{\mathrm{d}u_C}{\mathrm{d}t}$，将 $u_R=Ri=-RC\dfrac{\mathrm{d}u_C}{\mathrm{d}t}$ 和 $u_L=L\dfrac{\mathrm{d}i}{\mathrm{d}t}=-LC\dfrac{\mathrm{d}^2u_C}{\mathrm{d}t^2}$ 代入 $-u_C+u_R+u_L=0$

中，得此电路中变量 u_C 的微分方程为

$$\frac{\mathrm{d}^2 u_C}{\mathrm{d}t^2}+\frac{R}{L}\frac{\mathrm{d}u_C}{\mathrm{d}t}+\frac{1}{LC}u_C=0 \tag{3-17}$$

或写成标准形式：

$$\frac{\mathrm{d}^2 y}{\mathrm{d}t^2}+2\alpha\frac{\mathrm{d}y}{\mathrm{d}t}+\omega_0^2 y=0 \tag{3-18}$$

式中，

$$\alpha=\frac{R}{2L},\ \omega_0=\frac{1}{\sqrt{LC}}$$

式(3-18)为线性二阶常系数齐次微分方程，它的通解具有指数形式。设 $u_C=A\mathrm{e}^{pt}$，代入式(3-18)中得

$$A\mathrm{e}^{pt}(p^2+2\alpha p+\omega_0^2)=0$$

可得特征方程：

$$p^2+2\alpha p+\omega_0^2=0 \tag{3-19}$$

特征方程的根，即特征根为

$$p_{1,2}=-\alpha\pm\sqrt{\alpha^2-\omega_0^2}=\begin{cases}-\alpha\pm\alpha_{\mathrm{d}} & \text{若 } \alpha>\omega_0>0 \\ -\alpha & \text{若 } \alpha=\omega_0>0 \\ -\alpha\pm\mathrm{j}\omega_{\mathrm{d}} & \text{若 } 0<\alpha<\omega_0 \\ \pm\mathrm{j}\omega_0 & \text{若 } \alpha=0,\ \omega_0>0 \end{cases} \tag{3-20}$$

在上式的"$\pm$"号中，对 p_1 取"$+$"号，对 p_2 取"$-$"号。式中，

$$\alpha_{\mathrm{d}}\stackrel{\text{def}}{=}\sqrt{\alpha^2-\omega_0^2},\ \omega_{\mathrm{d}}\stackrel{\text{def}}{=}\sqrt{\omega_0^2-\alpha^2}$$

当 α 和 ω_0 取不同的数值时，特征根 p_1、p_2 可以有式(3-20)中所示的四种不同情况。

(1) 过阻尼情况（$\alpha>\omega_0>0$），在该情况下，p_1、p_2 为两个不相等负实根，有

$$p_1=-\alpha+\alpha_{\mathrm{d}},\ p_2=-\alpha-\alpha_{\mathrm{d}}$$

$$y(t)=A_1\mathrm{e}^{p_1 t}+A_2\mathrm{e}^{p_2 t}$$

(2) 欠阻尼情况（$0<\alpha<\omega_0$），在该情况下，p_1、p_2 为一对共轭复数，有

$$p_1=-\alpha+\mathrm{j}\omega_{\mathrm{d}},\ p_2=-\alpha-\mathrm{j}\omega_{\mathrm{d}}$$

$$y(t)=k\mathrm{e}^{-\alpha t}\sin(\omega_{\mathrm{d}}t+\theta)$$

(3) 临界阻尼情况（$\alpha=\omega_0>0$），在该情况下，p_1、p_2 为两个相等负实根，有

$$p_1=p_2=-\alpha$$

$$y(t)=(A_1+A_2 t)\mathrm{e}^{-\alpha t}$$

(4) 无阻尼情况（$\alpha=0$，$\omega_0>0$），在该情况下，p_1、p_2 为一对共轭虚数，有

$$p_1=\mathrm{j}\omega_0,\ p_2=-\mathrm{j}\omega_0$$

$$y(t)=k\sin(\omega_0 t+\theta)$$

1. 过阻尼情况

由上可知，在这一情况下特征根为

$$p_1 = -\alpha + \alpha_d, \quad p_2 = -\alpha - \alpha_d$$

其中 $\alpha_d = \sqrt{\alpha^2 - \omega_0^2}$。零输入响应为

$$u_C = A_1 e^{p_1 t} + A_2 e^{p_2 t} \tag{3-21}$$

由给定的起始状态知 $u_C(0^+) = u_C(0^-) = U_0$ 和 $i_L(0^+) = i_L(0^-) = 0$，由于 $i = -C \dfrac{du_C}{dt}$，有 $\left. \dfrac{du_C}{dt} \right|_{t=0^+} = -\dfrac{i(0^+)}{C} = 0$，代入式(3-21)，可得

$$\left. \begin{array}{l} A_1 + A_2 = U_0 \\ p_1 A_1 + p_2 A_2 = 0 \end{array} \right\} \tag{3-22}$$

由以上方程解得

$$\left. \begin{array}{l} A_1 = \dfrac{p_2 U_0}{p_2 - p_1}, \quad A_2 = \dfrac{p_1 U_0}{p_1 - p_2} \\[2mm] u_C = \dfrac{U_0}{p_2 - p_1}(p_2 e^{p_1 t} + p_1 e^{p_2 t}) \end{array} \right\} \tag{3-23}$$

2. 欠阻尼情况

由上可知，在这一情况下特征根为

$$p_1 = -\alpha + j\omega_d, \quad p_2 = -\alpha - j\omega_d$$

其中 $\omega_d = \sqrt{\omega_0^2 - \alpha^2}$。零输入响应为

$$u_C = k e^{-\alpha t} \sin(\omega_d t + \theta) \tag{3-24}$$

现在需要决定常数 k 及 θ。将起始条件 $u_C(0^-) = U_0$，$\left. \dfrac{du_C}{dt} \right|_{t=0^+} = 0$ 代入式(3-24)，得

$$\left. \begin{array}{l} k \sin\theta = U_0 \\[2mm] \tan\theta = \dfrac{\omega_d}{\alpha} \end{array} \right\} \tag{3-25}$$

考虑到 α、ω_d、ω_0 三者的关系可以用图 3-19 中的直角三角形表示，由式(3-25)解得

$$k = \frac{\omega_0}{\omega_d} U_0, \quad \theta = \arctan\frac{\omega_d}{\alpha} = \beta$$

代入式(3-24)，得电容电压的表达式：

$$u_C = \frac{\omega_0}{\omega_d} U_0 e^{-\alpha t} \sin(\omega_d t + \beta) \tag{3-26}$$

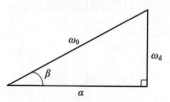

图 3-19 表示 α、ω_d 和 ω_0 关系的直角三角形

3. 临界阻尼情况

由上可知，在这一情况下特征根为

$$p_1 = p_2 = -\alpha$$

零输入响应为

$$u_C = (A_1 + A_2 t) e^{-\alpha t} \tag{3-27}$$

代入起始条件 $u_C(0^+) = U_0$ 和 $\left. \dfrac{\mathrm{d}u_C}{\mathrm{d}t} \right|_{t=0^+} = 0$，得

$$A_1 = U_0, \quad A_2 = \alpha U_0$$

可得解：

$$u_C = U_0(1 + \alpha t)\mathrm{e}^{-\alpha t}$$

$$i = -C\frac{\mathrm{d}u_C}{\mathrm{d}t} = \frac{U_0}{L}t\mathrm{e}^{-\alpha t}$$

$$u_L = L\frac{\mathrm{d}i}{\mathrm{d}t} = U_0(1 - \alpha t)\mathrm{e}^{-\alpha t}$$

其中，u_L、i、u_C 的波形与非振荡情况下的相应波形相似。

4. 无阻尼情况

由上可知，在这一情况下特征根为

$$p_1 = \mathrm{j}\omega_0, \quad p_2 = -\mathrm{j}\omega_0$$

零输入响应为

$$u_C = k\sin(\omega_0 t + \theta) \tag{3-28}$$

代入起始条件 $u_C(0^+) = U_0$，$\left. \dfrac{\mathrm{d}u_C}{\mathrm{d}t} \right|_{t=0^+} = 0$，得

$$k = U_0, \quad \theta = \frac{\pi}{2}$$

可得解：

$$u_C = U_0\sin\left(\omega_0 t + \frac{\pi}{2}\right) = U_0\cos\omega_0 t$$

$$i = -C\frac{\mathrm{d}u_C}{\mathrm{d}t} = \frac{U_0}{\omega_0 L}\sin\omega_0 t$$

$$u_L = u_C = U_0\cos\omega_0 t$$

由于电路无阻尼，因此零输入响应是不衰减的正弦振荡，如图 3-20 所示。

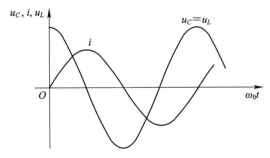

图 3-20　不衰减振荡过程中的波形

3.5　节点电压法

节点电压法是一种用来分析电路的基本方法，运用这一方法，常可以用数目较少的方程解得电路中的电压、电流。

在节点电压法中，对每一节点设一电位。在有 n 个节点的电路中，有一个节点可取为参考点，其电位可设为零；其他的节点至参考点的电压降即为该节点的电位。这一假设是符合或满足基尔霍夫电压定律的。对 $n-1$ 个独立节点写出 $n-1$ 个 KCL 方程，将其中的各个支路电流都用节点电压（位）来表示，在这个过程中将各元件方程代入，就得到 $n-1$ 个共含有 $n-1$ 个节点电压的方程，由它们便可解出各节点的电压。我们先就仅含有电流源和线性电导（阻）的电路来叙述这个方法。

图 3-21 就是这样的一个电路。这个电路中有三个节点，取节点⓪为参考点，设其电位为零。假设各电导、电流源电流值均已知。设节点①、②的电位（即到参考点的电压降）分别为 u_1、u_2，现在对它们列写 KCL 方程。由 KCL 可知，在一节点经各电导支路流出的电流代数和等于流向该节点的电流源电流的代数和，于是有

$$\left.\begin{array}{l}\text{节点①：} i_1+i_2+i_3+i_4=i_{S1}-i_{S2}-i_{S3}\\\text{节点②：} -i_3-i_4+i_5=i_{S3}+i_{S5}\end{array}\right\} \tag{3-29}$$

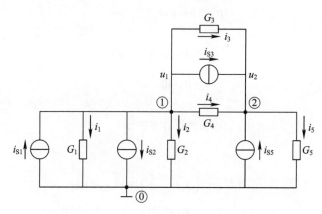

图 3-21　一个仅含电流源和线性电导的电路

根据各电导元件的方程，可将上式中各电导支路中的电流用节点电压表示为

$$\left.\begin{array}{l}i_1=G_1u_1\\i_2=G_2u_1\\i_3=G_3(u_1-u_2)\\i_4=G_4(u_1-u_2)\\i_5=G_5u_2\end{array}\right\} \tag{3-30}$$

将以上各关系代入式(3-29)，便得

$$\left.\begin{array}{l}G_1u_1+G_2u_1+G_3(u_1-u_2)+G_4(u_1-u_2)=i_{S1}-i_{S2}-i_{S3}\\-G_3(u_1-u_2)-G_4(u_1-u_2)+G_5u_2=i_{S3}+i_{S5}\end{array}\right\}$$

整理以上二式，得节点电压所满足的方程：

$$\left.\begin{array}{l}(G_1+G_2+G_3+G_4)u_1-(G_3+G_4)u_2=i_{S1}-i_{S2}-i_{S3}\\-(G_3+G_4)u_1+(G_3+G_4+G_5)u_2=i_{S3}+i_{S5}\end{array}\right\} \tag{3-31}$$

将上面的方程写作以下形式：

$$\left.\begin{array}{l}G_{11}u_1+G_{12}u_2=j_{S1}\\G_{21}u_1+G_{22}u_2=j_{S2}\end{array}\right\} \tag{3-32}$$

式(3-32)中，G_{11} 是接至节点①的所有电导之和；G_{12} 是接在节点①、②之间的电导之和的负值；G_{21}、G_{22} 也有类似的意义，即

$$G_{11}=G_1+G_2+G_3+G_4$$
$$G_{12}=G_{21}=-(G_3+G_4)$$
$$G_{22}=G_3+G_4+G_5$$

j_{S1}、j_{S2} 分别是流入节点①、②的电流源电流的代数和，在节点的 KCL 方程中，凡是参考方向指向该节点的电流源电流有正号；离开该节点的有负号，式(3-32)中，有

$$j_{S1}=i_{S1}-i_{S2}-i_{S3}$$
$$j_{S2}=i_{S3}+i_{S5}$$

由式(3-31)解出节点电压 u_1、u_2 后，代入式(3-30)便可得各支路电流。

按照以上列写节点电压方程的方法，可以写出具有 n 个独立节点(即有 $n+1$ 个节点)的由线性电导(阻)和独立电流源组成的电路的节点电压方程：

$$\left.\begin{aligned}
G_{11}u_1+G_{12}u_2+\cdots+G_{1k}u_k\cdots+G_{1n}u_n&=j_{S1}\\
G_{21}u_2+G_{22}u_2+\cdots+G_{2k}u_k\ldots+G_{2n}u_n&=j_{S2}\\
\cdots\\
G_{k1}u_1+G_{k2}u_2+\cdots+G_{kk}u_k\cdots+G_{kn}u_n&=j_{Sk}\\
\cdots\\
G_{n1}u_1+G_{n2}u_2+\cdots+G_{nk}u_k\cdots+G_{nn}u_n&=j_{Sn}
\end{aligned}\right\} \quad (3-33)$$

在式(3-33)中，G_{kk} 是与节点 k 相连的所有电导之和，称为节点 k 的自电导，恒为正。G_{nk} ($n\neq k$)是接在节点 n、k 之间的所有支路电导之和的负值，称为节点 n、k 间的互电导，如果节点 n、k 之间没有直接相连的支路，则 $G_{nk}=0$。j_{Sk} 是流向节点 k 的所有电流源电流的代数和，凡是其参考方向指向节点 k 的电流源电流有正号；背离节点 k 的有负号。

对于含有电压源的电阻电路，一般仍按上述方法中的原则，列写节点电压方程。现以图 3-22 中所示的电路为例，说明在这种情形下列写节点电压方程的方法。

给定图 3-22 的电路，设节点①、②的电位(即到参考点的电压降)分别为 u_1、u_2。现在需要将各个支路电流以其两端的电压和支路中元件参数来表示。对于一个典型的含电压源的支路(图 3-23)，设支路两端的电位(即到参考点的电压降)分别为 u_a、u_b，支路中的电阻为 R_{ab}(电导为 $G_{ab}=1/R_{ab}$)，电源电压为 u_S，容易得出：

$$i_{ab}=\frac{u_a-u_b+u_S}{R_{ab}}=G_{ab}(u_{ab}+u_S)$$

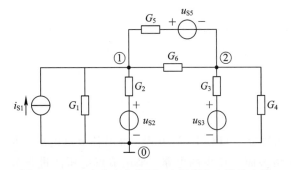

图 3-22　一个含有电流源、电压源和电阻的电路

图 3-23　含电压源的支路

现在可写出图 3-22 中电路的以节点电压和电路参数表示的 KCL 方程：

$$\left.\begin{array}{l} G_1 u_1 + G_2(u_1 - u_{S2}) + G_6(u_1 - u_2) + G_5(u_1 - u_2 - u_{S5}) = i_{S1} \\ G_3(u_2 - u_{S3}) + G_4 u_2 + G_6(u_2 - u_1) + G_5(u_2 - u_1 - u_{S5}) = 0 \end{array}\right\} \quad (3-34)$$

整理上面方程，得

$$\left.\begin{array}{l} (G_1 + G_2 + G_5 + G_6)u_1 - (G_5 + G_6)u_2 = i_{S1} + G_2 u_{S2} + G_5 u_{S5} \\ -(G_5 + G_6)u_1 + (G_3 + G_4 + G_5 + G_6)u_2 = G_3 u_{S3} - G_5 u_{S5} \end{array}\right\} \quad (3-35)$$

式(3-35)即为图 3-22 电路的节点电压方程。将图 3-22 电路中的各个电压源转换为电流源后，得到图 3-24 的电路，该电路还可以按照前面的方法写出这组方程式。在这组方程中，左边的各系数电导可按前述的方法写出，而在方程的右端，则包含由于电压源而引入的电流源项，这实质上是将电压源都转换成电流源的结果。由式(3-35)或图 3-24 可见，如果电压源的电压降参考方向是背离节点的，那么在该节点的 KCL 方程中所引入的电流项前有正号，因为这时该电压源的等效电流源的参考方向是指向该节点的，如式(3-35)中第一个式子右端的 $G_2 u_{S2}$、$G_5 u_{S5}$；反之，如果电压源的电压降的参考方向是指向节点的，那么在该节点的 KCL 方程中引入的电流项前有负号，因为这时该电压源的等效电流源的参考方向是背离节点的，如式(3-35)中第二个式子右端的 $-G_5 u_{S5}$。

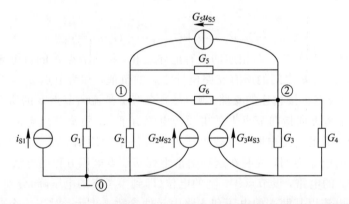

图 3-24 将图 3-22 电路中的电压源转换为电流源后得到的电路图

列写含受控源电路的节点电压方程时，可以先将受控源看作独立电源，然后将列出的方程加以整理，即可得到所需的方程。在 2.3 节中所述的电压源与电流源的等效转换方法，同样适用于受控源。图 3-25 给出了两个受控源变换的例子：图 3-25(a)中的电压控制的电压源连同与它串联的电阻 R_i 可变换成图 3-25(b)中的电压控制的电流源；图 3-25(c)中的电流控制的电流源连同与它并联的电阻 R_i 可变换成图 3-25(d)的电流控制的电压源。变换前后控制量不改变。图 3-25(b)中变换后的受控电流源的比例系数就应等于等效的受控电压源中的比例系数除以串联电阻 R_i；图 3-25(d)中变换后的受控电压源的比例系数等于等效的受控电流源中的比例系数乘以并联电阻 R_i。在分析含有受控源的电路时，适当地运用这种变换有时会带来方便。

节点电压法以节点电压为求解对象，对独立节点写 KCL 方程，解出各节点电压。列写节点电压方程的过程较为简单。对于含支路多而节点少的电路，采用节点电压法进行分析尤为方便。许多分析电路的计算机程序都是采用节点电压法编写的。

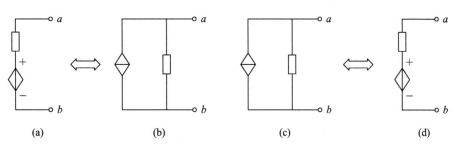

图 3 - 25　受控电压电源变换为受控电流电源

3.6　阻抗的串联与并联

在交流电路中，阻抗的连接形式是多种多样的，其中最简单和最常用的是串联与并联。图 3 - 26(a) 是两个阻抗 Z_1 和 Z_2 串联的电路。根据基尔霍夫电压定律可写出它的相量表达式：

$$\dot{U}=\dot{U}_1+\dot{U}_2=Z_1\dot{I}+Z_2\dot{I}=(Z_1+Z_2)\dot{I}$$

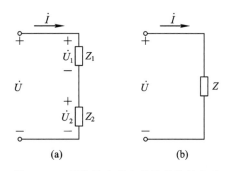

图 3 - 26　阻抗的串联电路及其等效电路

两个串联的阻抗可用一个等效阻抗 Z 来代替，在同样电压的作用下，电路中电流的有效值和相位保持不变。根据图 3 - 26(b) 所示的等效电路可写出

$$\dot{U}=\dot{Z}I$$

比较上列两式，则得

$$Z=Z_1+Z_2$$

有如下分压公式：

$$\dot{U}_1=\frac{Z_1}{Z_1+Z_2}\dot{U},\ \dot{U}_2=\frac{Z_2}{Z_1+Z_2}\dot{U}$$

因为，一般 $U\neq U_1+U_2$，$|Z|I\neq|Z_1|I+|Z_2|I$，所以，$|Z|\neq|Z_1|+|Z_2|$。由此可见，只有等效阻抗才等于各个串联阻抗之和。

图 3 - 27(a) 是两个阻抗 Z_1 和 Z_2 并联的电路。根据基尔霍夫电流定律可写出它的相量表达式

$$\dot{I}=\dot{I}_1+\dot{I}_2=\frac{\dot{U}}{Z_1}+\frac{\dot{U}}{Z_2}=\dot{U}\left(\frac{1}{Z_1}+\frac{1}{Z_2}\right)$$

两个并联的阻抗也可用一个等效阻抗 Z 来代替。根据图 3 - 27(b) 所示的等效电路可写出

$$\dot{I} = \frac{\dot{U}}{Z}$$

比较上列两式，则得

$$\frac{1}{Z} = \frac{1}{Z_1} + \frac{1}{Z_2}$$

或

$$Z = \frac{Z_1 Z_2}{Z_1 + Z_2}$$

有如下分流公式：

$$\dot{I}_1 = \frac{Z_2}{Z_1 + Z_2} \dot{I}, \ \dot{I}_2 = \frac{Z_1}{Z_1 + Z_2} \dot{I}$$

因为一般 $I \neq I_1 + I_2$，即

$$\frac{U}{|Z|} \neq \frac{U}{|Z_1|} + \frac{U}{|Z_2|}$$

所以

$$\frac{1}{|Z|} \neq \frac{1}{|Z_1|} + \frac{1}{|Z_2|}$$

由此可见，只有等效阻抗的倒数才等于各个并联阻抗的倒数之和。

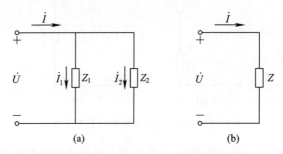

图 3 - 27　阻抗的并联电路及其等效电路

3.7　交流电路的频率特性

现在考察 RLC 串联谐振电路的频率特性。频率特性是指电路中的电流、电压、阻抗、导纳等与频率的关系。先考虑 RLC 串联电路阻抗的频率特性，由于

$$Z = R + \mathrm{j}\left(\omega L - \frac{1}{\omega C}\right) = R + \mathrm{j}X = |Z|\,\mathrm{e}^{\mathrm{j}\varphi}$$

可得

$$X(\omega) = \omega L - \frac{1}{\omega C} \tag{3-36}$$

$$|Z(\mathrm{j}\omega)| = \sqrt{R^2 + \left(\omega L - \frac{1}{\omega C}\right)^2} \tag{3-37}$$

$$\varphi(\omega) = \arctan \frac{\omega L - \dfrac{1}{\omega C}}{R} \tag{3-38}$$

$X(\omega)$、$|Z(\mathrm{j}\omega)|$ 和 $\varphi(\omega)$ 的频率特性曲线如图 3-28 所示。由图 3-28 可见：当 $\omega<\omega_0$ 时，此电路中的电抗呈容性，$X<0$；当 $\omega>\omega_0$ 时，电抗呈感性，$X>0$；而当 $\omega=\omega_0$ 时，$X(\omega)=0$，$|Z(\mathrm{j}\omega)|=R$，即为电路中发生串联谐振的情形。

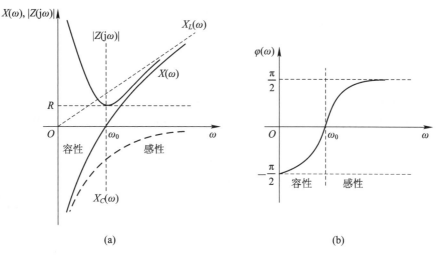

(a)　　　　　　　　　　　(b)

图 3-28　RLC 串联电路的频率特性

当外加电压的有效值 U 不变时，电流 I 的频率特性为

$$I(\omega)=\frac{U}{|Z(\mathrm{j}\omega)|}=\frac{U}{\sqrt{R^{2}+\left(\omega L-\dfrac{1}{\omega C}\right)^{2}}} \tag{3-39}$$

图 3-29 为 $I(\omega)$ 的频率特性曲线。表示电流或电压与频率关系的曲线称为谐振曲线。由图 3-28 的曲线可见，当 $\omega=\omega_0$ 时，即在谐振频率下，$|Z(\mathrm{j}\omega)|$ 达到最小，$|Z(\mathrm{j}\omega)|=R$；由图 3-29 的曲线可见，此时电流 $I(\omega)$ 达到最大，$I(\omega_0)=U/R$，随着频率偏离 ω_0，电流逐渐减小，且在 $\omega\to0$ 和 $\omega\to\infty$ 时，电流均趋于零。

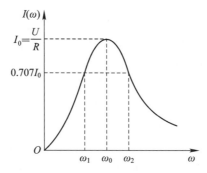

图 3-29　电流的频率特性曲线

当电源的频率偏离 ω_0，电流下降到 $I(\omega)=I_0/\sqrt{2}\approx0.707I_0$ 时，电路吸收的功率减小为谐振时的 $1/2$，这时的频率分别记为 ω_1 和 ω_2（见图 3-29），叫作半功率频率。这两个频率值的求解可依据以下方程：

$$\sqrt{R^{2}+\left(\omega L-\frac{1}{\omega C}\right)^{2}}=\sqrt{2}R$$

可得出

$$\left.\begin{array}{l}\omega_1 = -\dfrac{R}{2L} + \sqrt{\left(\dfrac{R}{2L}\right)^2 + \dfrac{1}{LC}} \\[3mm] \omega_2 = \dfrac{R}{2L} + \sqrt{\left(\dfrac{R}{2L}\right)^2 + \dfrac{1}{LC}}\end{array}\right\} \tag{3-40}$$

由上式可见

$$\omega_1\omega_2 = \omega_0^2 \quad \text{或} \quad \omega_0 = \sqrt{\omega_1\omega_2}$$

由图 3-29 可知，当频率在 ω_1 与 ω_2 之间，即 $\omega_2 > \omega > \omega_1$ 时，$I(\omega)$ 大于 $I_0/\sqrt{2}$，在工程技术上称这一频率范围为串联谐振电路的通频带，它的宽度（简称带宽）BW 为

$$\text{BW} = \omega_2 - \omega_1 = \frac{R}{L} = \frac{\omega_0}{\omega_0 L/R} = \frac{\omega_0}{Q} \tag{3-41}$$

即通频带的宽度等于谐振频率 ω_0 除以品质因数 Q。可见 Q 愈大，通频带宽愈窄。

为了显示 Q 对频率特性的影响，将谐振曲线中的坐标变量 ω、$I(\omega)$ 分别改用无因次的变量 $\eta = \omega/\omega_0$ 和 $I(\eta)/I_0 = I(\omega)/I_0$，这样，式(3-39)便可改写成以下形式：

$$I(\omega) = \frac{U}{\sqrt{R^2 + \left(\omega L - \dfrac{1}{\omega C}\right)^2}} = \frac{U}{\sqrt{R^2 + \left(\dfrac{\omega\omega_0 L}{\omega_0} - \dfrac{\omega_0}{\omega\omega_0 C}\right)^2}}$$

$$= \frac{U}{R\sqrt{1 + Q^2\left(\dfrac{\omega}{\omega_0} - \dfrac{\omega_0}{\omega}\right)^2}} = \frac{I_0}{\sqrt{1 + Q^2\left(\eta - \dfrac{1}{\eta}\right)^2}}$$

最后得

$$\frac{I(\eta)}{I_0} = \frac{1}{\sqrt{1 + Q^2\left(\eta - \dfrac{1}{\eta}\right)^2}} \tag{3-42}$$

式中，η 为电源频率与电路的谐振频率之比，Q 就是式中的参数。由式(3-42)可见，$I(\eta)/I_0$ 的值在 $\eta = 1$，即谐振时最大；在 $\eta \ll 1$ 或 $\eta \gg 1$，即远离谐振频率时趋于零。$I(\eta)/I_0$ 的值称为相对抑制比，它表示当偏离谐振频率时，电路对非谐振频率电流的抑制能力。图 3-30 中画出了在 3 个不同的 Q 值下的 $I(\eta)/I_0$ 与 η 的关系曲线，这样的曲线称为无因次的谐振曲线，它适用于任何串联谐振电路，因而具有通用性。在这样的谐振曲线的图上，纵坐标为 0.707 的水平线与谐振曲线的两个交点的横坐标（如图中的 η_1、η_2）之差，就是通频带的宽度与 ω_0 之比。

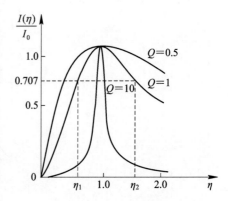

图 3-30　串联谐振电路的通用曲线

从图 3-30 中不同 Q 值下的谐振曲线可见，Q 值愈高，谐振曲线在谐振频率附近愈显得尖锐，这表示相应的谐振电路对偏离谐振频率的电流的抑制能力也愈强。设想一 RLC 串联电路中有若干不同频率的电源电压同时作用，接近于谐振频率的电流成分就可能因大于其他偏离谐振频率的电流成分而被选择出来。这种性能在无线电技术中被称为"选择性"。

通信接收设备就是利用了谐振电路的选择性来选择所需接收的信号的。显然，谐振曲线愈陡峭（Q 值高），电路的选择性就愈好。许多实用的谐振电路的 Q 值可达到数百。

用同样的方法可分析 U_C 和 U_L 的频率特性，由 $I(\omega)$ 可得出

$$U_C = \frac{U}{\omega C \sqrt{R^2 + \left(\omega L - \dfrac{1}{\omega C}\right)^2}} = \frac{QU}{\sqrt{\eta^2 + Q^2(\eta^2 - 1)^2}} \qquad (3-43)$$

$$U_L = \frac{\omega L U}{\sqrt{R^2 + \left(\omega L - \dfrac{1}{\omega C}\right)^2}} = \frac{QU}{\sqrt{\dfrac{1}{\eta^2} + Q^2\left(1 - \dfrac{1}{\eta^2}\right)^2}} \qquad (3-44)$$

它们的曲线如图 3-31 所示（图中 $Q=1.25$）。可以证明，当 $Q > 1/\sqrt{2}$ 时，$U_C(\eta)$、$U_L(\eta)$ 都有峰值出现，而且这两个峰值相等，即有

$$U_{C\max} = U_{L\max} = \frac{QU}{\sqrt{1 - \dfrac{1}{4Q^2}}}$$

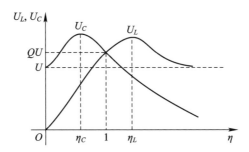

图 3-31　串联谐振电路中 U_C、U_L 的频率特性

U_C 和 U_L 出现峰值的频率分别为

$$\eta_C = \sqrt{1 - \frac{1}{2Q^2}} \quad \text{或} \quad \omega_C = \omega_0 \sqrt{1 - \frac{1}{2Q^2}}$$

$$\eta_L = \sqrt{\frac{2Q^2}{2Q^2 - 1}} \quad \text{或} \quad \omega_L = \omega_0 \sqrt{\frac{2Q^2}{2Q^2 - 1}}$$

由此可见：当 Q 值很大时，ω_C、ω_L 都与 ω_0 很接近，即 $\omega_C \approx \omega_L \approx \omega_0$；电容电压、电感电压的最大值，都接近于 QU。

图 3-32(a) 中作出了 RLC 并联电路的电纳 $B_C(\omega)$、$B_L(\omega)$ 的曲线，由它们即可作出 $B(\omega) = B_C(\omega) + B_L(\omega)$ 的曲线。电纳 $B(\omega)$ 在 $\omega < \omega_0$ 时为负值，即呈电感性；在 $\omega > \omega_0$ 时，$B(\omega) > 0$，即呈电容性；在 $\omega = \omega_0$ 即发生并联谐振时，$B(\omega_0) = 0$，整个电路的导纳 $Y = 1/R$，而为纯电导。图 3-32(a) 中还按式 $\varphi' = \arctan R\left(\omega C - \dfrac{1}{\omega L}\right)$ 作出了 $|Y|$ 的频率特性曲线，该曲线在 ω 很低处接近于 $|BL|$，在 ω 很高处趋近于 B_C，在 $\omega = \omega_0$ 时有最小值 $1/R$。图 3-32(b) 是导纳角 $\varphi'(\omega)$ 的曲线，$\varphi'(\omega)$ 由 $\omega = 0$ 时的 $-\pi/2$ 随 ω 的增高而增大，在 $\omega = \omega_0$ 时增为零，在 ω 趋向无限大时，它趋近于 $\pi/2$。

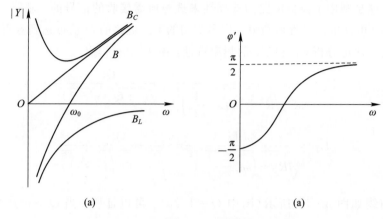

图 3 – 32　并联谐振电路的导纳的频率特性

现在考察并联谐振电路两端的电压 U 与频率 ω 的关系。由电流源电流 I 和此电路的导纳即得

$$U(\omega) = \frac{I}{\sqrt{\left(\frac{1}{R}\right)^2 + \left(\omega C - \frac{I}{\omega L}\right)^2}} \tag{3 – 45}$$

由此并可得到电容电流 I_C、电感电流 I_L 与频率的关系：

$$I_C(\omega) = \omega C U = \frac{\omega C I}{\sqrt{\left(\frac{1}{R}\right)^2 + \left(\omega C - \frac{1}{\omega L}\right)^2}} \tag{3 – 46}$$

$$I_L(\omega) = \frac{U}{\omega L} = \frac{I}{\sqrt{\left(\frac{1}{R}\right)^2 + \left(\omega C - \frac{1}{\omega L}\right)^2}} I_L \tag{3 – 47}$$

图 3 – 33 中画出了 $U(\omega)$ 的曲线，由式(3 – 45)或此图可见：并联谐振电路两端的电压 $U(\omega)$ 在谐振频率下有极大值 $U(\omega_0) = U_0 = RI$；当偏离谐振频率时，电压减小，电压降至谐振时电压 U_0 的 $1/\sqrt{2}$ 时，电路所吸收的功率减少到谐振时吸收功率的 $1/2$，此时的频率 ω_1、ω_2（见图 3 – 33）为

$$\left. \begin{aligned} \omega_1 &= -\frac{1}{2RC} + \sqrt{\left(\frac{1}{2RC}\right)^2 + \frac{1}{LC}} \\ \omega_2 &= \frac{1}{2RC} + \sqrt{\left(\frac{1}{2RC}\right)^2 + \frac{1}{LC}} \end{aligned} \right\} \tag{3 – 48}$$

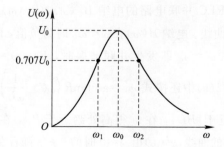

图 3 – 33　RLC 并联谐振电路电压的谐振曲线

ω_1、ω_2 与 ω_0 有关系：$\omega_1\omega_2=\omega_0^2$。

从 ω_1 至 ω_2 间的频率范围定义为通频带，通频带宽为

$$\mathrm{BW}=\omega_2-\omega_1=\frac{1}{RC}=\frac{\omega_0}{\omega_0 RC}=\frac{\omega_0}{Q}$$

在 Q 很大的情形下（例如 $Q>10$），BW 比 ω_0 小得多，比较式（3-48）中根号内的两项，就有 $\left(\dfrac{1}{2RC}\right)^2\ll\dfrac{1}{LC}$，忽略其中的第一项，式（3-48）可近似为

$$\omega_1\approx\omega_0-\frac{\mathrm{BW}}{2},\ \omega_1\approx\omega_0+\frac{\mathrm{BW}}{2}$$

并联谐振电路在电子电路中有着广泛的应用。设想有许多不同频率的电流（信号）进入一并联谐振电路，此电路对其频率偏离谐振频率甚多（在通频带之外）的电流，呈现为低阻抗，近于短路；而对频率为谐振频率或在通频带内的电流，呈现出高阻抗，对于高 Q 值的电路，这种现象就尤其分明，这样的电流在电路两端产生的电压便可被“挑选”出来，从而实现谐振电路的频率选择作用。

3.8 功率因数的提高

在电力工程供电电路中，用电设备（负载）都连接在供电线路上，由输电线传输到用户的总功率 $P=UI\cos\varphi$，总功率除了和电压、电流有关，还和负载的功率因数 $\lambda=\cos\varphi$ 有关。在实际的用电设备中，小部分负载是纯电阻负载，大部分负载是作为动力的交流异步电动机，异步电动机的功率因数（滞后）较低，工作时一般为 $0.75\sim0.85$，轻载时可能低于 0.5。在传送相同功率的情况下，如果负载的功率因数低，那么负载向供电设备所取的电流就必然相对较大，也就是说电源设备向负载提供的电流要大。这会产生两个方面的不良后果：一方面是因为输电线路具有一定的阻抗，电流增大就会使线路上的电压降和功率损失增加，前者会使负载的用电电压降低，而后者则造成较大的电能损耗；另一方面，可以从电源设备的角度分析，例如在电源（发电机）电压、电流一定的情况下，$\cos\varphi$ 愈低，电源可能输出的功率愈低，即限制了电源输出功率的能力。因此，有必要提高负载的功率因数。

通常可以从两个方面提高负载的功率因数：一方面是改进用电设备的功率因数，但这要涉及更换或改进设备；另一方面是在感性负载上适当地并联电容以提高负载的功率因数。下面举例说明。

【例 3-1】 已知图 3-34 的电路中，电动机的端电压为 U，功率为 P，功率因数为 $\cos\varphi_1$。为了使电路的功率因数提高到 $\cos\varphi_2$，需并联多大的电容（设电源角频率为 ω）？

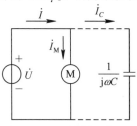

图 3-34 例 3-1 图

解 以电源电压为参考相量，画出图 3-34 所示电路的相量，如图 3-35 所示。并联电

容前,电源提供的电流就是流过电动机的电流 $\dot{I}_M$。接入电容后,电路中便有了电容电流 $\dot{I}_C$,$\dot{I}_C$ 与 $\dot{I}_M$ 之和即这时的总电流 $\dot{I}$,它与电源电压之间的相位差为 φ_2,从图 3-35 可见,$\varphi_2 < \varphi_1$,电路的功率因数便得以提高,下面计算所需的电容值。

由图 3-35 可得出

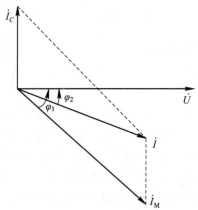

$$I_M \cos\varphi_1 = I\cos\varphi_2 = \frac{P}{U}$$

流过电容的电流为

$$I_C = I_M \sin\varphi_1 - I\sin\varphi_2$$
$$= \frac{P}{U}(\tan\varphi_1 - \tan\varphi_2)$$

又因为

$$I_C = U\omega C$$

代入前式,可得

$$C = \frac{P}{\omega U^2}(\tan\varphi_1 - \tan\varphi_2)$$

图 3-35   例 3-1 电路的相量图

从图 3-35 可以看出,当选择 $I_C = I_M \sin\varphi_1$ 时,电流相量 $\dot{I}$ 和电压相量 $\dot{U}$ 同相,功率因数 $\cos\varphi = 1$;若再增大电容,使 $I_C > I_M \sin\varphi_1$,这时功率因数反而会下降。一般并联电容时,不必将功率因数提高到 1,因为这样做将会增加电容设备的投资,而功率因数改善并不显著,通常达到 0.9 左右即可。

由于并接电容元件前后负载消耗的有功功率不变,读者可尝试用功率三角形分析本例题,该种方法可得出相同的结果,分析更为简洁。

 ## 实战演练

综合实战演练 1: 写出用节点电压法求图 3-36 电路中各节点电压和各支路电流的过程。假定图中各元件参数、电压源电压、电流源电流均给定,其中的受控电源是电压控制的电压源。

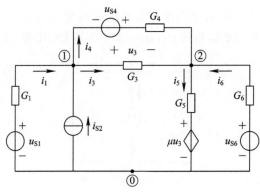

图 3-36

解　设节点⓪为电位参考点，节点①、②的电压分别为 u_1、u_2，先将受控电源当作独立电源，写出节点电压所满足的 KCL 方程：

$$(G_1+G_3+G_4)u_1-(G_3+G_4)u_2=G_1u_{S1}+i_{S2}+G_4u_{S4} \Big\}$$
$$-(G_3+G_4)u_1+(G_3+G_4+G_5+G_6)u_2=G_4u_{S4}+G_6u_{S6}+G_5\mu u_3$$

以上第二个式子右端的末项 $G_5\mu u_3$ 可以看作将图 3-36 中的受控电压源转换成电流源后流入节点②的电流。考虑到 $u_3=u_1-u_2$，将此关系式代入上式得

$$(G_1+G_3+G_4)u_1-(G_3+G_4)u_2=G_1u_{S1}+i_{S2}+G_4u_{S4}$$
$$-(G_3+G_4+\mu G_5)u_1+[G_3+G_4+(1+\mu)G_5+G_6]u_2=G_4u_{S4}+G_6u_{S6}$$

由以上方程解出 u_1、u_2，即可求出各支路电流：

$$i_1=G_1(u_{S1}-u_1)$$
$$i_3=G_3(u_1-u_2)$$
$$i_4=G_4(u_1-u_2+u_{S4})$$
$$i_5=G_5(u_2-\mu u_3)=G_5[(1+\mu)u_2-\mu u_1]$$
$$i_6=G_6(u_{S6}-u_2)$$

综合实战演练 2：如图 3-37 所示的电路中，已知 $Z_1=10+j6.28\ \Omega$，$Z_2=20-j31.9$ Ω，$Z_3=15+j15.7\ \Omega$。求 Z_{ab}。

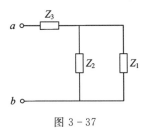

图 3-37

解　因为

$$Z_{ab}=Z_3+\frac{Z_1Z_2}{Z_1+Z_2}=Z_3+Zu_{S6}$$

$$Z=\frac{Z_1Z_2}{Z_1+Z_2}=\frac{(10+j6.28)(20-j31.9)}{10+j6.28+20-j31.9}=\frac{11.81\angle 32.13°\times(37.65\angle -57.61°)}{39.45\angle -40.5°}$$
$$=10.89+j2.86\ \Omega$$

所以

$$Z_{ab}=Z_3+Z=15+j15.7+10.89+j2.86=25.89+j18.56=31.9\angle 35.6°\Omega$$

综合实战演练 3：两个负载并联接到电压为 220 V、频率为 50 Hz 的电源上。已知其消耗的总功率为 3000 W，功率因数为 0.9（滞后）。并已知其中一个负载吸收的功率为 1000 W，功率因数为 0.82（滞后）。

(1) 求另一个负载吸收的功率和功率因数。

(2) 应并接什么电抗元件才能使电路总的功率因数为 1，并算出其值。

解　(1) 因为

$$P=P_1+P_2,\ \dot{I}=\dot{I}_1+\dot{I}_2$$
$$P=UI\cos\varphi,\ P_1=UI_1\cos\varphi_1,\ P_2=UI_2\cos\varphi_2$$

所以

$$P_2 = 2000\ \text{W},\ \cos\varphi_2 = \frac{P_2}{I_2 U} = 0.94$$

（2）并联电容可以增大功率因数。易知

$$C = \frac{P}{U^2\omega}(\tan\varphi_1 - \tan\varphi_2)$$

$$\tan\varphi_1 = \tan(\arccos\varphi_1)$$

$$\tan\varphi_2 = 0$$

$$C = 95.6\ \mu\text{F}$$

 知识小结

1. 电压、电流随时间按正弦规律变化的电路称为正弦交流电路。正弦量的三要素为最大值、角频率和初相位。若周期性电流流过电阻在一个周期 T 内所做功与直流电流流过电阻在时间 T 内所做功相等，则称此直流电流的量值为此周期性电流的有效值。有效值必须大写。

2. 正弦交流电路中的元件有交流源、电阻、电感和电容。其中，交流源是提供正弦波形状的电压或电流，电阻是阻碍电流通过的元件，电感是储存磁场能并抵抗变化的元件，电容是储存电场能并抵抗变化的元件。

3. 串联是指将多个电阻、电感、电容依次连接在一起，串联后的总阻值为各元件阻值之和。并联是指将多个电阻、电感、电容同时连接在一起，并联后的总阻值为各元件阻值倒数之和的倒数。

4. 交流电路中的功率分为有功功率和无功功率。其中，有功功率是指交流电路中被转化成有用能量的功率，无功功率是指交流电路中被转化成储存于元件中的能量或者从元件中释放出来但不能做有用工作的能量。

5. 通常从两个方面提高负载的功率因数：一方面是改进用电设备的功率因数，但这要涉及更换或改进设备；另一方面是在感性负载上适当地并联电容以提高负载的功率因数。

 课后练习

1. 三个负载并联接于电压为 220 V 的电源上。感性负载 Z_1 吸收功率 $P_1 = 4.4$ kW，$I_1 = 44.7$ A，Z_2 吸收功率 $P_2 = 8.8$ kW，$I_2 = 50$A，容性负载 Z_3 吸收功率 $P_3 = 6.6$ kW，$I_3 = 60$ A。求电源输出电流的有效值和电路总的功率因数。

2. 接到 220 V 工频电源的交流异步电动机，其功率为 2 kW，功率因数 $\cos\varphi = 0.7$（滞后）。现欲将功率因数提高到 0.9，问应并联多大的电容？

3. 接到工频正弦电压 U_{ab} 的最大值为 311 V，初相位为 $-60°$，其有效值为多少？写出其瞬时值表达式；当 $t = 0.0025$ s 时，U_{ab} 的值为多少？

4. 如图 3 - 38 所示，$U_1 = 40$ V，$U_2 = 30$ V，$i = 10 \sin 314t$ A，求 U 的值，并写出其瞬时值表达式。

5. 如图 3 - 39 所示，已知 $u = 100\sin(314t + 30°)$ V，$i = 22.36\sin(314t + 19.7°)$ A，$i_2 = 10\sin(314t + 83.13°)$ A，试求 i_1、Z_1、Z_2，并说明 Z_1、Z_2 的性质。

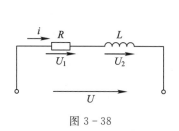

图 3 - 38

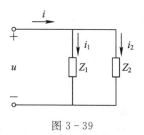

图 3 - 39

6. 如图 3 - 40 所示，$X_R = X_L = R$，已知电流表 A_1 的读数为 3 A，试问 A_2 和 A_3 的读数为多少？

7. 有一串联的交流电路，已知 $R = X_L = X_C = 10$ Ω，$I = 1$ A，试求电压 U、U_R、U_L、U_C 和电路总阻抗 $|Z|$。

8. 电路如图 3 - 41 所示，已知 $\omega = 2$ rad/s，求电路总阻抗 Z_{ab}。

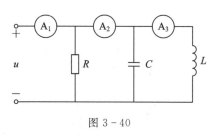

图 3 - 40

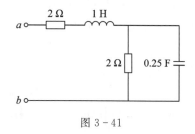

图 3 - 41

9. 电路如图 3 - 42 所示，已知 $R = 20$ Ω，$\dot{I}_R = 10\angle 0°$ A，$X_L = 10$ Ω，$\dot{U}_1$ 的有效值为 220 V，求 X_C。

10. 如图 3 - 43 所示的电路中，$u_S = 10\sin 314t$ V，$R_1 = 2$ Ω，$R_2 = 1$ Ω，$L = 637$ mH，$C = 637$ μF，求电流 i_1、i_2 和电压 u_C。

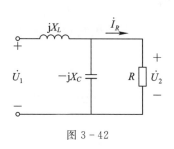

图 3 - 42

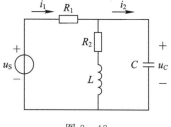

图 3 - 43

11. 如图 3 - 44 所示的电路中，已知电源电压 $U = 12$ V，$\omega = 2000$ rad/s，求电流 I、I_1。

12. 如图 3 - 45 所示，已知 $R_1 = 40$ Ω，$X_L = 30$ Ω，$R_2 = 40$ Ω，$X_C = 60$ Ω，接至 220 V 的电源上，试求各支路电流及总的有功功率、无功功率和功率因数。

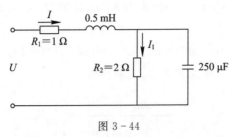

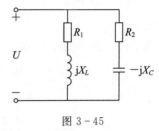

图 3 - 44　　　　　　　　　　　图 3 - 45

13. 如图 3 - 46 所示的电路中, 求

(1) A、B 间的等效阻抗 Z_{AB};

(2) 电压相量 $\dot{U}_{AF}$ 和 $\dot{U}_{DF}$;

(3) 整个电路的有功功率和无功功率。

14. 有一个 40 W 的日光灯, 使用时灯管与镇流器(可近似地把镇流器看作纯电感)串联在电压为 220 V、频率为 50 Hz 的电源上。已知灯管工作时属于纯电阻负载, 灯管两端的电压等于 110 V, 试求镇流器上的感抗和电感。这时电路的功率因数等于多少? 若将功率因数提高到 0.8, 问应并联多大的电容?

15. 一个负载的工频电压为 220 V, 功率为 10 kW, 功率因数为 0.6, 欲将功率因数提高到 0.9, 试求所需并联的电容。

16. 用回路电流法求图 3 - 47 所示电路中的各网孔电流。

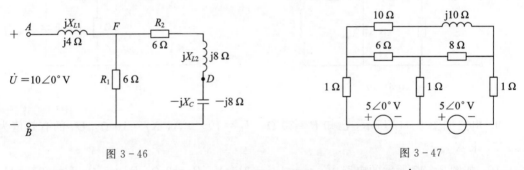

图 3 - 46　　　　　　　　　　　图 3 - 47

17. 用节点电压法求图 3 - 48 所示电路中的各电流, 已知电压源 $\dot{U}_{S} = 10\angle0° \text{ V}$, 电流源 $\dot{I}_{S} = 10\angle45° \text{mA}$, $\omega L = 1 \text{ k}\Omega$, $\dfrac{1}{\omega C} = 2 \text{ k}\Omega$, $R = 1 \text{ k}\Omega$。

18. 求图 3 - 49 中所示 RLC 串联电路的谐振频率 f_0、品质因数 Q 和通频带宽 BW。

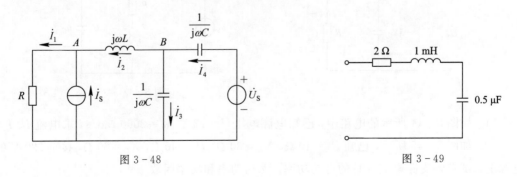

图 3 - 48　　　　　　　　　　　图 3 - 49

19. 求图 3-50 中所示电路的谐振频率 ω_0。

20. 求图 3-51 中所示电路的谐振频率 ω_0 的表达式，并求出它在 $R_C = 2\ \Omega$，$R_L = 3\ \Omega$，$L = 1\ \text{H}$，$C = 1\ \text{F}$ 时的值。

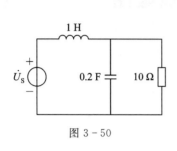

图 3-50

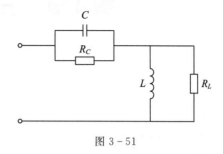

图 3-51

第4章　三相交流电路

章节导读

由于三相电路输送电力比单相电路输送电力经济，而且三相交流电机的运行性能和效率也比单相交流电机的更优，因此三相制在电力系统和动力用电中的应用更广泛。本章主要介绍三相交流电源的产生和特点，三相四制电源的线电压和相电压的关系。另外，本章还介绍了当对称三相负载 Y 连接和△连接时，负载线电压和相电压、线电流和相电流的关系，以及对称三相功率的计算方法。通过学习，能够让读者熟练进行三相电路中电压、电流、功率等的分析与计算。

知识情景化

（1）接线时专用接地插孔应与专用的保护接地线相连。采用接零保护时，接零线应从电源端专门引来，而不应就近利用引入插座的零线，为什么要这么安装？

（2）塑料绝缘导线为什么严禁直接埋在墙内？

内容详解

4.1　三相电压

三相发电机中三个线圈的首端分别用 A、B、C 表示，尾端分别用 X、Y、Z 表示，三相电压的参考方向均设为由首端指向尾端。对称三相电源的电路符号如图 4-1 所示。

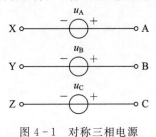

图 4-1　对称三相电源

对称三相电压的瞬时值表达式为

$$
\left.
\begin{aligned}
u_A &= \sqrt{2}\,U\sin(\omega t + \psi)\\
u_B &= \sqrt{2}\,U\sin(\omega t + \psi - 120°)\\
u_C &= \sqrt{2}\,U\sin(\omega t + \psi - 240°) = \sqrt{2}\,U\sin(\omega t + \psi + 120°)
\end{aligned}
\right\}
\qquad (4-1)
$$

对称三相电压的相量为

$$
\left.
\begin{aligned}
\dot{U}_A &= U\angle\psi\\
\dot{U}_B &= U\angle(\psi - 120°)\\
\dot{U}_C &= U\angle(\psi - 240°) = U\angle(\psi + 120°)
\end{aligned}
\right\}
\qquad (4-2)
$$

图 4-2 和图 4-3 分别是对称三相电压的波形图和相量图(图中 $\psi=0$)。

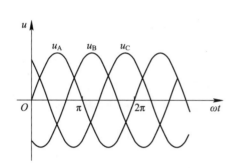

图 4-2　对称三相电压波形图

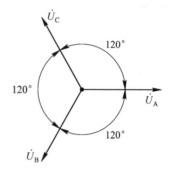

图 4-3　对称三相电压相量图

在对称三相电压中,三个电压的瞬时值之和为 0,即

$$u_A + u_B + u_C = 0$$

三个电压相量之和亦为 0,即

$$\dot{U}_A + \dot{U}_B + \dot{U}_C = 0$$

对称三相电源中的每一相电压经过同一个值(如正的最大值)的先后次序称为相序。对于上述对称三相电源,若 u_A 领先于 u_B 120°,u_B 领先于 u_C 120°,则称它们的相序为正序或顺序。若将 u_B 与 u_C 互换,相量图如图 4-4 所示,此时 u_A 滞后于 u_B 120°,u_B 滞后于 u_C 120°,则称它们的相序为负序或逆序。

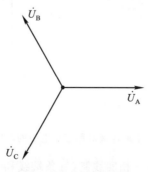

图 4-4　负序相量图

对称三相电源以一定方式连接起来就形成了三相电路的电源。常用的连接方式是星形连接(也称为 Y 连接)和三角形连接(也称为△连接)。

将对称三相电源的尾端 X、Y、Z 连在一起,如图 4-5 所示,就形成了对称三相电源的星形连接。将尾端 X、Y、Z 连接在一起的点称为对称三相电源的中点,用 N 表示。

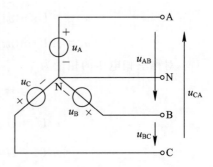

从三个电源的首端引出的导线称为端线。由中点 N 引出的导线称为中线。

每相电源的电压称为电源的相电压,用 u_A、u_B、u_C 表示;两条端线之间的电压称为电源的线电压,用 u_{AB}、u_{BC}、u_{CA} 表示。下面分析星形连接的对称三相电源的线电压与相电压的关系。

图 4-5　星形连接的对称三相电源

由图 4-5 可见,三相电源的线电压与相电压有以下关系:

$$u_{AB} = u_A - u_B$$
$$u_{BC} = u_B - u_C$$
$$u_{CA} = u_C - u_A$$

采用相量表示,对称三相电源的相电压(以下均设相序是正相序)表示为

$$\dot{U}_A = U\angle 0°, \quad \dot{U}_B = U\angle -120°, \quad \dot{U}_C = U\angle 120°$$

从而得到

$$\left.\begin{aligned}
\dot{U}_{AB} &= \dot{U}_A - \dot{U}_B = \sqrt{3}U\angle 30° = \sqrt{3}\dot{U}_A\angle 30° \\
\dot{U}_{BC} &= \dot{U}_B - \dot{U}_C = \sqrt{3}U\angle -90° = \sqrt{3}\dot{U}_B\angle 30° \\
\dot{U}_{CA} &= \dot{U}_C - \dot{U}_A = \sqrt{3}U\angle 150° = \sqrt{3}\dot{U}_C\angle 30°
\end{aligned}\right\} \tag{4-3}$$

由式(4-3)看出,星形连接的对称三相电源的线电压是对称的。线电压的有效值(用 U_L 表示)是相电压有效值(用 U_P 表示)的 $\sqrt{3}$ 倍,即 $U_L = \sqrt{3}U_P$,此式中各线电压的相位领先于相应的相电压30°。它们的相量关系如图 4-6 所示。

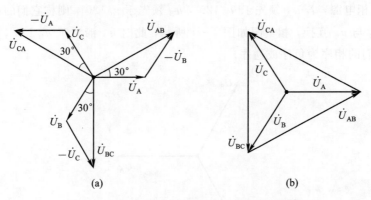

(a)　　　　　　　　　　　　　(b)

图 4-6　星形连接对称三相电源的电压相量图

图 4-5 所示的供电方式称为三相四线制(三条端线和一条中线),如果没有中线,就称为三相三线制。

将对称三相电源中的三个单相电源首尾相接,如图 4-7 所示,由三个连接点引出三条端线就形成了三角形连接的对称三相电源。

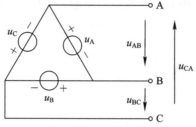

图 4-7　三角形连接对称三相电源

对称三相电源接成三角形时,只有三条端线,没有中线,它是三相三线制。设 u_A、u_B、u_C 为相电压;u_{AB}、u_{BC}、u_{CA} 为线电压,有如下关系:

$$\left.\begin{array}{l} u_{AB}=u_A \\ u_{BC}=u_B \\ u_{CA}=u_C \end{array}\right\} \quad 或 \quad \left.\begin{array}{l} \dot{U}_{AB}=\dot{U}_A \\ \dot{U}_{BC}=\dot{U}_B \\ \dot{U}_{CA}=\dot{U}_C \end{array}\right\} \tag{4-4}$$

上式说明三角形连接的对称三相电源,其线电压等于相应的相电压。

如图 4-7 所示,三角形连接的三相电源形成了一个回路。由于对称三相电源电压有 $u_A+u_B+u_C=0$,因此回路中不会有电流。但若有一相电源极性被反接,造成三相电源电压之和不为 0,将会在回路中产生足以造成损坏的短路电流,因此在将对称三相电源接成三角形时,这是需要注意的。

4.2　负载星形连接的三相电路

首先分析图 4-8 所示的对称三相电路。电路中的对称三相电源作星形连接,三相负载也接成星形,没有接中线。

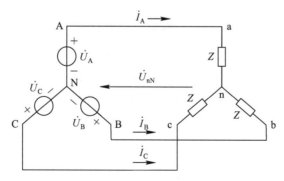

图 4-8　对称三相电路

每相负载上的电压称为负载的相电压,用 $\dot{U}_{an}$、$\dot{U}_{bn}$、$\dot{U}_{cn}$ 表示;负载的端线间的电压称为负载的线电压,用 $\dot{U}_{ab}$、$\dot{U}_{bc}$、$\dot{U}_{ca}$ 表示;流过每条端线的电流称为线电流,用 $\dot{I}_A$、$\dot{I}_B$、$\dot{I}_C$ 表示;流过每相负载的电流称为相电流。显然,对称三相负载接成星形时,负载的相电流与对应端线的线电流是相同的。

三相电路实际上就是含有多个电源的正弦交流电路，所有分析正弦电流交路的方法都可用于分析三相电路。这里采用节点法分析此电路。设对称三相电源电压为

$$\dot{U}_A = U\angle\psi$$

$$\dot{U}_B = U\angle(\psi-120°)$$

$$\dot{U}_C = U\angle(\psi+120°)$$

对称三相负载每相的阻抗为

$$Z = |Z|\angle\varphi$$

以电源中点 N 为参考点，负载中点 n 的电位值等于 $\dot{U}_{nN}$。节点电压方程为

$$\left(\frac{1}{Z}+\frac{1}{Z}+\frac{1}{Z}\right)\dot{U}_{nN} = \frac{1}{Z}\dot{U}_A + \frac{1}{Z}\dot{U}_B + \frac{1}{Z}\dot{U}_C \tag{4-5}$$

即

$$\frac{3}{Z}\dot{U}_{nN} = \frac{1}{Z}(\dot{U}_A + \dot{U}_B + \dot{U}_C)$$

因为 $\dot{U}_A+\dot{U}_B+\dot{U}_C=0$，所以，$\dot{U}_{nN}=0$。

这说明负载中点 n 与电源中点 N 之间的电压为零，也就是说 n 与 N 等电位，所以负载的相电压等于对应的电源的相电压，即

$$\left.\begin{array}{l}\dot{U}_{an}=\dot{U}_A\\[4pt]\dot{U}_{bn}=\dot{U}_B\\[4pt]\dot{U}_{cn}=\dot{U}_C\end{array}\right\} \tag{4-6}$$

式(4-6)表明负载上的相电压是一组对称三相电压。

负载上的线电压为

$$\left.\begin{array}{l}\dot{U}_{ab}=\sqrt{3}\dot{U}_{an}\angle30°\\[4pt]\dot{U}_{bc}=\sqrt{3}\dot{U}_{bn}\angle30°\\[4pt]\dot{U}_{ca}=\sqrt{3}\dot{U}_{cn}\angle30°\end{array}\right\} \tag{4-7}$$

式(4-7)表明，负载上的线电压也是对称三相电压。负载上的线电压与相电压的关系，与星形连接的对称三相电源的线电压与相电压的关系相同，这里不再赘述。

电路中的线电流为

$$\left.\begin{array}{l}\dot{I}_A=\dfrac{\dot{U}_{an}}{Z}=\dfrac{U}{|Z|}\angle(\psi-\varphi)\\[10pt]\dot{I}_B=\dfrac{\dot{U}_{bn}}{Z}=\dfrac{U}{|Z|}\angle(\psi-120°-\varphi)\\[10pt]\dot{I}_C=\dfrac{\dot{U}_{cn}}{Z}=\dfrac{U}{|Z|}\angle(\psi+120°-\varphi)\end{array}\right\} \tag{4-8}$$

式(4-8)表明，三相线电流是对称的。由于相电流与相应的线电流相同，因此三相负载的

相电流也一定是对称的。

从以上计算结果可以看出，在电源和负载都是星形连接的对称三相电路中，三相电压、电流均是对称的，只需对其中的一相（通常取 A 相）电路进行计算就够了，求出一相（A 相）的电压、电流后，根据对称性就可以求出另外两相的电压、电流。

由于电源中点 N 与负载中点 n 电位相等，用一导线将 N 与 n 连接起来，该导线（称为中线）中电流为零，因此对原电路不会产生任何影响。这样，每一相成为一个独立的电路。将 A 相电路取出，就得到图 4-9 所示的一相等效电路。由该一相等效电路，很容易得出前面的结论。

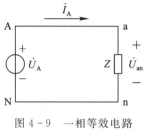

图 4-9 一相等效电路

4.3 负载三角形连接的三相电路

如图 4-10 所示，电路中的电源是星形连接的对称三相电源，负载是三角形连接的对称三相负载。$\dot{I}_A$、$\dot{I}_B$、$\dot{I}_C$ 是线电流；$\dot{I}_{ab}$、$\dot{I}_{bc}$、$\dot{I}_{ca}$ 是相电流；$\dot{U}_{ab}$、$\dot{U}_{bc}$、$\dot{U}_{ca}$ 既是负载的相电压，又是负载的线电压。

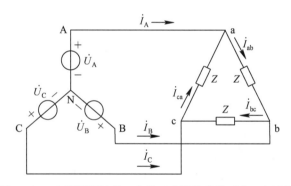

图 4-10 电源星形连接、负载三角形连接的对称三相电路

由图 4-10 所示电路可求得负载的相电流：

$$\left. \begin{aligned} \dot{I}_{ab} &= \frac{\dot{U}_{ab}}{Z} = \frac{\dot{U}_{AB}}{Z} \\[2mm] \dot{I}_{bc} &= \frac{\dot{U}_{bc}}{Z} = \frac{\dot{U}_{BC}}{Z} \\[2mm] \dot{I}_{ca} &= \frac{\dot{U}_{ca}}{Z} = \frac{\dot{U}_{CA}}{Z} \end{aligned} \right\} \tag{4-9}$$

线电流：

$$\left.\begin{array}{l} \dot{I}_A = \dot{I}_{ab} - \dot{I}_{ca} = \sqrt{3}\,\dot{I}_{ab}\angle -30° \\ \dot{I}_B = \dot{I}_{bc} - \dot{I}_{ab} = \sqrt{3}\,\dot{I}_{bc}\angle -30° \\ \dot{I}_C = \dot{I}_{ca} - \dot{I}_{bc} = \sqrt{3}\,\dot{I}_{ca}\angle -30° \end{array}\right\} \tag{4-10}$$

对电源是星形连接、负载是三角形连接的对称三相电路，电路中的三相电压或电流都是对称的。每相负载上的线电压与相电压相等，线电流的大小是相电流的 $\sqrt{3}$ 倍，各个线电流的相位滞后相应的相电流 $30°$。电压、电流的相位关系如图 4-11 所示。

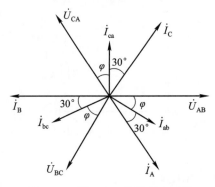

图 4-11　图 4-10 电路的相量图

图 4-10 所示的电路还可以用下面的方法计算。利用阻抗的 Y-△等效变换，将此三相负载变换成等效的星形连接的对称三相负载，得到图 4-12 所示的电路。然后就可按照电源和负载都是星形连接对称的三相电路的计算方法，从中取其一相等效电路进行计算，即

$$\dot{U}_{an} = \dot{U}_A$$

$$\dot{U}_{ab} = \sqrt{3}\,\dot{U}_A\angle 30°$$

$$\dot{I}_A = \frac{\dot{U}_A}{Z/3} = \frac{3\dot{U}_A}{Z}$$

$$\dot{I}_{ab} = \frac{\dot{I}_A}{\sqrt{3}}\angle 30°$$

图 4-12 所示电路的一相等效电路如图 4-13 所示。从电路中可求得一相的电压、电流后，根据对称性就可以得到另外两相的电压、电流，计算结果与前面的计算结果是相同的。

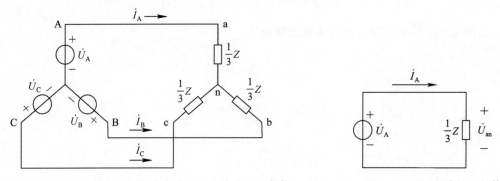

图 4-12　三角形连接的三相负载变成星形连接的三相负载　　图 4-13　图 4-12 所示电路的一相等效电路

4.4　三相功率

在三相电路中,三相负载吸收的有功功率 P、无功功率 Q 分别等于各相负载吸收的有功功率、无功功率之和,即

$$P = P_A + P_B + P_C$$
$$Q = Q_A + Q_B + Q_C$$

若负载是对称三相负载,各相负载吸收的功率相同,三相负载吸收的总功率可表示为

$$\left.\begin{aligned}P = 3P_A = 3U_P I_P \cos\varphi_P\\Q = 3Q_A = 3U_P I_P \sin\varphi_P\end{aligned}\right\} \tag{4-11}$$

式中, U_P、I_P 分别是每相负载上的相电压和相电流的有效值; φ_P 是每相负载的阻抗角(φ_P 也等于每相负载上的相电压与相电流之间的相位差)。

当对称三相负载接成星形时,有

$$U_L = \sqrt{3} U_P, \quad I_L = I_P$$

式(4-11)可改写成

$$P = 3U_P I_P \cos\varphi_P = 3\frac{U_L}{\sqrt{3}} I_L \cos\varphi_P = \sqrt{3} U_L I_L \cos\varphi_P$$

$$Q = 3U_P I_P \sin\varphi_P = 3\frac{U_L}{\sqrt{3}} I_L \sin\varphi_P = \sqrt{3} U_L I_L \sin\varphi_P$$

当对称三相负载接成三角形时,有

$$U_L = U_P, \quad I_L = \sqrt{3} I_P$$

式(4-11)也可改写成

$$P = 3U_P I_P \cos\varphi_P = 3U_L \frac{I_L}{\sqrt{3}} \cos\varphi_P = \sqrt{3} U_L I_L \cos\varphi_P$$

$$Q = 3U_P I_P \sin\varphi_P = 3U_L \frac{I_L}{\sqrt{3}} \sin\varphi_P = \sqrt{3} U_L I_L \sin\varphi_P$$

由此可见,星形连接和三角形连接的对称三相负载的有功功率、无功功率均可以用线电压、线电流表示为

$$\left.\begin{aligned}P = \sqrt{3} U_L I_L \cos\varphi_P\\Q = \sqrt{3} U_L I_L \sin\varphi_P\end{aligned}\right\} \tag{4-12}$$

式中, U_L、I_L 分别是负载的线电压、线电流的有效值; φ_P 仍是每相负载的阻抗角。

对称三相电路的视在功率和功率因数分别定义如下:

$$S \overset{\text{def}}{=\!=} \sqrt{P^2 + Q^2} \quad (\text{或 } S^2 = P^2 + Q^2)$$

$$\cos\varphi \overset{\text{def}}{=\!=} \frac{P}{S}$$

下面分析对称三相电路的瞬时功率。设有对称三相电路如图 4-14 所示。设:

$$\dot{U}_{an} = \dot{U}_A = \dot{U}_P \angle 0°$$

则线电流如下：

$$\dot{I}_A = \frac{\dot{U}_{an}}{Z} = \frac{U_P}{|Z|}\angle-\varphi_P = I_P\angle-\varphi_P$$

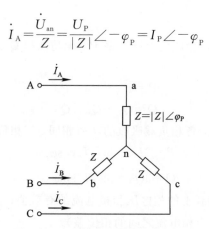

图 4-14　对称三相电路的瞬时功率

对称三相电路中各相负载的瞬时功率分别为

$$p_A = u_{an}i_A = \sqrt{2}U_P\sin\omega t\sqrt{2}I_P\sin(\omega t-\varphi_P) = U_PI_P[\cos\varphi_P-\cos(2\omega t-\varphi_P)]$$

$$p_B = u_{bn}i_B = \sqrt{2}U_P\sin(\omega t-120°)\sqrt{2}I_P\sin(\omega t-120°-\varphi_P)$$
$$= U_PI_P[\cos\varphi_P-\cos(2\omega t-240°-\varphi_P)]$$

$$p_C = u_{cn}i_C = \sqrt{2}U_P\sin(\omega t+120°)\sqrt{2}I_P\sin(\omega t+120°-\varphi_P)$$
$$= U_PI_P[\cos\varphi_P-\cos(2\omega t+240°-\varphi_P)]$$

三相负载的瞬时功率等于各相负载的瞬时功率之和，即

$$p = p_A+p_B+p_C = 3U_PI_P\cos\varphi_P = P$$

上式表明，对称三相电路的瞬时功率是一常数，它恰好等于平均功率 P。对三相电动机负载来说，瞬时功率恒定意味着电动机转动平稳，这是三相制的优点之一。

在三相四线制电路中，采用三功率表法测量三相负载的功率。因为有中线，可以方便地用功率表分别测量各相负载的功率，将测得的结果相加就可以得到三相负载的功率。若负载对称，只需测出一相负载的功率并乘 3 即可得三相负载的功率。在三相三线制电路中，由于没有中线，直接测量各相负载的功率不方便，可以采用两功率表法测量三相负载的功率。两功率表法所用的测量电路如图 4-15 所示。

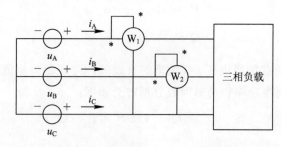

图 4-15　两功率表法测量三相负载功率的电路图

下面证明，这两个功率表指示的功率之和等于三相负载的功率。不妨设想这个电路的电源是图 4-15 中所示的星形连接的三个电压源，电源电压分别是 u_A、u_B、u_C，三相负载

所吸收的总的瞬时功率等于这三个电源发出的瞬时功率之和，所以有

$$P = u_A i_A + u_B i_B + u_C i_C$$

在三相三线制电路中 $i_A + i_B + i_C = 0$，所以有 $i_C = -i_A - i_B$，代入上式，得

$$P = (u_A - u_C)i_A + (u_B - u_C)i_B = u_{AC}i_A + u_{BC}i_B$$

上式表明，三相负载所得的功率瞬时值之和 P 等于上式右端两项之和，对上式各项取其在一周期内的平均值，在正弦稳态下即有

$$P = U_{AC}I_A\cos\varphi_1 + U_{BC}I_B\cos\varphi_2 \tag{4-13}$$

式中 φ_1 是 u_{AC} 和 i_A 之间的相位差；φ_2 是 u_{BC} 和 i_B 之间的相位差。

式(4-13)右端的第一项、第二项分别是图 4-15 中功率表 W_1、W_2 指示值。这就证明了这两个功率表指示的功率值之和等于三相负载吸收的总功率。需要指出，在用两功率表法测量三相负载功率时，每一个功率表指示的功率值没有确定的意义，而两个功率表指示的功率值之和恰好是三相负载吸收的总功率。

实战演练

综合实战演练 1： 在如图 4-16 所示的对称三相电路中，对称三相电源的相电压为 220 V，对称三相负载的阻抗 $Z = 100\angle 30°\ \Omega$，输电线阻抗 $Z_1 = 1 + j2\ \Omega$，求三相负载的电压和电流。

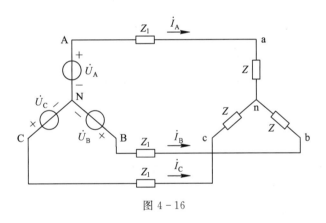

图 4-16

解　设 $\dot{U}_A = 220\angle 0°$，取 A 相的等效电路如图 4-17 所示。

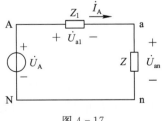

图 4-17

线电流为

$$\dot{I}_A = \frac{\dot{U}_A}{Z+Z_1} = \frac{220\angle0°}{100\angle30°+1+j2} = \frac{220\angle0°}{101.9\angle30.7°} = 2.159\angle-30.7° \text{ A}$$

将 $\dot{I}_A$ 的相位后移或前移 120°即得

$$\dot{I}_B = 2.159\angle-150.7° \text{ A}, \quad \dot{I}_C = 2.159\angle-89.3° \text{ A}$$

A 相负载相电压为

$$\dot{U}_{an} = Z\dot{I}_A = 100\angle30°×2.159\angle-30.7° = 215.9\angle-0.7° \text{ V}$$

由对称性可得

$$\dot{U}_{bn} = 215.9\angle-120.7° \text{ V}, \quad \dot{U}_{cn} = 215.9\angle119.3° \text{ V}$$

负载线电压为

$$\dot{U}_{ab} = \sqrt{3}\dot{U}_{an}\angle30° = 373.9\angle29.3° \text{ V}$$

于是有

$$\dot{U}_{bc} = 373.9\angle-90.7° \text{ V}, \quad \dot{U}_{ca} = 373.9\angle149.3° \text{ V}$$

综合实战演练 2：计算图 4-18 电路中负载吸收的总功率。对称三相电源线电压是 380 V，星形连接的对称三相负载每相阻抗 $Z_1 = 30\angle30°\Omega$，三角形连接的对称三相负载的每相阻抗 $Z_2 = 60\angle60°\Omega$。

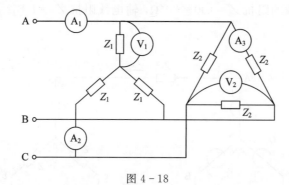

图 4-18

解 由题可得，V_1 为 220 V，V_2 为 380 V，A_1 为 17.7 A，A_2 为 7.3 A，A_3 为 6.33 A，易得

$$\dot{I}_1 = 17.7\angle-48.06° \text{A}$$

$$P = \sqrt{3}U_1I_1\cos\varphi = \sqrt{3}×380×17.7×\cos(-48.06°) = 7794 \text{ W}$$

$$Q = \sqrt{3}U_1I_1\sin|\varphi| = \sqrt{3}×380×17.7×\sin48.06° = 8664 \text{ var}$$

知识小结

1. 由三相交流电源供电的电路简称三相电路。三相交流电源是指能够提供三个频率相同而相位不同的电压或电流的电源，最常用的是三相交流发电机。三相交流发电机是由三个频率相同、幅值相等、相位互差 120°的电压源（或电动势）组成的供电系统。

2. 对称三相电源以一定方式连接起来就形成了三相电路的电源。常见的连接方式是星形连接(也称为 Y 连接)和三角形连接(也称为△连接)。

3. 对称三相负载接成星形时，负载的相电流与对应端线的线电流是相同的。三相电路实际上就是含有多个电源的正弦交流电路，所有分析正弦交流电路的方法都可用于分析三相电路。

4. 对电源是星形连接、负载是三角形连接的对称三相电路，电路中的三相电压或电流都是对称的。每相负载上的线电压与相电压相等，线电流的大小是相电流的 $\sqrt{3}$ 倍，各个线电流的相位滞后相应的相电流 $30°$。

5. 在三相电路中，三相负载吸收的有功功率 P、无功功率 Q 分别等于各相负载吸收的有功功率、无功功率之和。

 # 课后练习

1. 已知对称三相交流电路，每相负载的电阻为 $R=8\,\Omega$，感抗为 $X_L=6\,\Omega$，设电源电压为 $U_L=380\ \text{V}$，求负载星形连接时的相电流、相电压和线电流。

2. 已知对称三相交流电路，每相负载的电阻为 $R=8\ \Omega$，感抗为 $X_L=6\ \Omega$，设电源电压为 $U_L=220\ \text{V}$，求负载三角形连接时的相电流、相电压和线电流。

3. 已知对称三相交流电路，每相负载的电阻为 $R=8\ \Omega$，感抗为 $X_L=6\ \Omega$，设电源电压为 $U_L=380\ \text{V}$，求负载三角形连接时的相电流、相电压和线电流。

4. 三相对称负载呈三角形连接，其线电流为 $I_L=5.5\ \text{A}$，有功功率为 $P=7760\ \text{W}$，功率因数为 $\cos\varphi=0.8$，求电源的线电压 U_L、电路的无功功率 Q 和每相阻抗 Z。

5. 电路如图 4-19 所示，已知 $Z=12+\text{j}16\ \Omega$，$I_L=32.9\ \text{A}$，求 U_L。

6. 对称三相负载呈星形连接，已知每相阻抗为 $Z=31+\text{j}22\ \Omega$，电源线电压为 $380\ \text{V}$，求三相交流电路的有功功率、无功功率、视在功率和功率因数。

7. 对称三相电阻作三角形连接，每相电阻为 $38\ \Omega$，接于线电压为 $380\ \text{V}$ 的对称三相电源上，试求负载相电流 I_P、线电流 I_L、三相有功功率 P。

8. 对称三相电源，线电压 $U_L=380\ \text{V}$，对称三相感性负载呈三角形连接，若测得线电流 $I_L=17.3\ \text{A}$，三相功率 $P=9.12\ \text{kW}$，求每相负载的电阻和感抗。

9. 在图 4-20 中，对称负载连成三角形，已知电源电压 $U_L=220\ \text{V}$，安培计读数 $I_L=17.3\ \text{A}$，三相功率 $P=4.5\ \text{kW}$，试求每相负载的电阻和感抗。

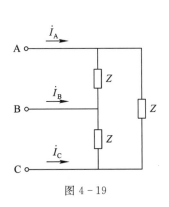

图 4-19

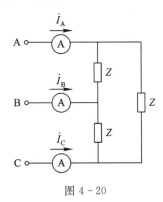

图 4-20

10. 一个对称三相负载，每相为 $4\ \Omega$ 电阻和 $3\ \Omega$ 感抗串联，星形接法，三相电源电压为 $380\ V$，求相电流和线电流的大小及三相有功功率 P。

11. 现要做一个 $15\ kW$ 的电阻加热炉，用三角形接法，电源线电压为 $380\ V$，问每相的电阻值应为多少？

12. 一对称三相电路如图 4-21 所示。对称三相电源电压 $\dot{U}_A = 220\angle 0°\ V$，负载阻抗 $Z = 60\angle 60°\ \Omega$，线路阻抗 $Z_1 = 1 + j1\ \Omega$，求电路中 $\dot{I}_A$、$\dot{I}_{ab}$、$\dot{U}_{an}$、$\dot{U}_{ab}$、$\dot{U}_{Al}$。

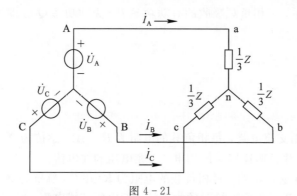

图 4-21

13. 一对称三相电路如图 4-22 所示。对称三相电源线电压为 U_1，画出一相等效电路图并求电路中的各电压和电流。

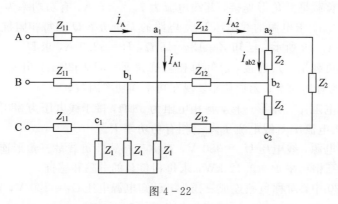

图 4-22

14. 已知电路如图 4-23 所示，电源电压 $U_L = 380\ V$，每相负载的阻抗为 $R = X_L = X_C = 100\ \Omega$。

（1）该三相负载能否称为对称负载？为什么？

（2）计算图中的线电流和各相电流。

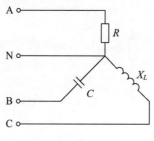

图 4-23

15. 三相四制电路如图 4-24 所示，三相负载连接成星形，已知电源线电压为 380 V，负载电阻 $R_a = 11\ \Omega$、$R_b = R_c = 22\ \Omega$，试求：负载的各相电压、相电流、线电流和三相总功率。

16. 如图 4-25 所示，对称三相感性负载呈星形连接，线电压为 380 V，线电流为 5.8 V，三相功率 $P = 1.322$ kW，求三相电路的功率因数和每相负载阻抗 Z。

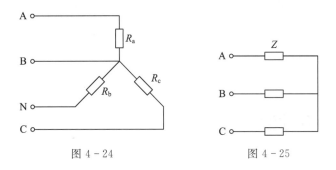

图 4-24　　　　　　　　　　图 4-25

17. 已知三相对称负载呈三角形连接，其线电流 $I_L = 5\sqrt{3}$ A，总功率 $P = 2633$ W，$\cos\varphi = 0.8$，求线电流 U_L、电路的无功功率 Q 和每相阻抗 Z。

18. 一对称三相电路如图 4-26 所示，电动机端线电压为 380 V，电动机功率为 1.5 kW，$\cos\varphi = 0.91$（滞后）。求电源端线电压和线电流。

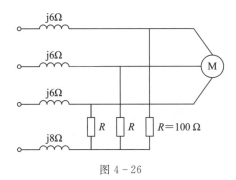

图 4-26

19. 三相电路如图 4-27 所示。对称三相电源线电压为 380 V，对称三相负载每相阻抗 $Z = 15 + j30\ \Omega$，阻抗 $Z_A = 20 + j10\ \Omega$，求三相电源的线电流。

20. 如图 4-28 所示，三角形连接的对称三相负载接到线电压为 380 V 的对称三相电源上。若三相负载吸收的功率为 11.4 kW，线电流为 20 A，求每相负载 Z 的等值参数 R、X。

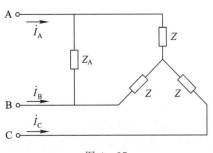

图 4-27

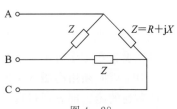

图 4-28

第 5 章　变压器与电动机

 章节导读

变压器和电动机都是生产和生活中常见的电气设备，就其原理而言，它们都是基于物理学中的电磁感应。变压器是一种静止的电磁装置，也是输配电中不可缺少的设备，它对电能的经济传输、灵活分配与安全使用具有重要的意义。本章主要介绍变压器的原理和基本特性，以及异步电动机的结构和工作原理，并以异步电动机为控制对象，介绍典型的电动机控制电路。

 知识情景化

（1）变压器在生活中很常见，例如手机充电器中就使用了变压器，那么变压器中的铁芯是用什么材料制成的？有什么作用呢？

（2）车间里的照明灯使用的是 220 V 交流电压，机床上的照明灯使用的是 36 V 安全电压。这 36 V 的电压是从哪里得到的呢？其实只要用一只降压变压器，就可以很方便地将 220 V 的电压变为 36 V 的电压。

（3）工业生产中的机械是由什么来拖动的呢？它又是怎样转动的呢？

内容详解

5.1　磁路及其分析方法

变压器、电动机、电磁感应电工仪表等生活中常见的电气设备都是以电磁感应为基础的，这些电气设备在工作时都会产生磁场。为了把磁场聚集在一定的空间范围内，以便加以控制和利用，就必须用高磁导率的铁磁性材料做成一定形状的铁芯，使之形成一个磁通的路径，使磁通的绝大部分通过这一路径而闭合。把磁通经过的闭合路径称为磁路。例如，在电机、变压器及各种铁磁性元件中常用铁磁性材料做成一定形状的铁芯，铁芯的磁导率比周围空气或其他物质高得多，因此铁芯线圈中电流产生的磁通绝大部分经过铁芯而闭合。这种人为造成的磁通闭合路径就是磁路。图 5-1 为四极直流电机和交流接触器的磁路。

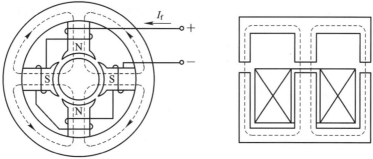

图 5-1　四极直流电机和交流接触器的磁路

1. 磁场的基本物理量

根据电磁学相关知识可知，电流会产生磁场，通有电流的线圈内部及周围都有磁场存在。在变压器、电动机等电气设备中，为了用较小的电流产生较强的磁场，通常把线圈绕在铁磁性材料制成的铁芯上。由于铁磁性材料的导磁性能比非磁性材料好得多，因此，当线圈中有电流流过时，产生的磁通绝大部分集中在铁芯中且沿铁芯面闭合，这部分铁芯中的磁通称为主磁通，用 Φ 表示。沿铁芯以外空间闭合的磁通称为漏磁通，用 Φ_σ 表示。漏磁通很小，在工程上常将它忽略不计。

磁路问题实质上是局限于一定路径内的磁场问题，磁场的各个基本物理量也适用于磁路，现简要介绍如下。

1) 磁感应强度 B

磁感应强度 B 是表示磁场内某点的磁场强弱及方向的物理量。它是一个矢量，其方向与该点磁力线的切线方向一致，与产生该磁场的电流之间的方向关系符合右手螺旋法则。若磁场内各点的磁感应强度大小相等、方向相同，则称该磁场为均匀磁场。在我国法定计量单位中，磁感应强度的单位是特斯拉（T），简称特，以前在工程上也常用电磁制单位高斯（Gs），它们的关系是：$1\text{ T} = 10^4\text{ Gs}$。

2) 磁通 Φ

在均匀磁场中，磁通 Φ 的值等于磁感应强度 B 与垂直于磁场方向的面积 S 的乘积，即

$$\Phi = B \cdot S \quad \text{或} \quad B = \frac{\Phi}{S} \tag{5-1}$$

若磁场不是均匀磁场，则 B 取平均值。由式（5-1）可见，磁感应强度 B 在数值上等于与磁场方向垂直的单位面积上通过的磁通，故 B 又称为磁通密度。在我国法定计量单位中，磁通 Φ 的单位是韦伯（Wb），简称韦，以前在工程上有时用电磁制单位麦克斯韦（Mx），其关系是：$1\text{ Wb} = 10^8\text{ Mx}$。

3) 磁导率 μ

磁导率 μ 是表示物质导磁性能的物理量，它的单位是亨/米（H/m）。由实验测出，真空的磁导率 $\mu_0 = 4\pi \times 10^{-7}\text{ H/m}$。其他任意一种物质的导磁性能用该物质的相对磁导率 μ_r 来

表示，某物质的相对磁导率 μ_r 是其磁导率 μ 与 μ_0 的比值，即

$$\mu_r = \frac{\mu}{\mu_0} \qquad (5-2)$$

在工程上，根据磁导率的大小，常把材料分为非磁性材料和铁磁性材料两类。$\mu_r \approx 1$ 即 $\mu \approx \mu_0$ 的物质称为非磁性材料；$\mu_r \gg 1$ 的物质称为铁磁性材料。

(1) 非磁性材料：空气、铝、铜、木材等，$\mu \approx \mu_0 = 4\pi \times 10^{-7}\,\mathrm{H/m}$。

(2) 铁磁性材料：硅钢、铸铁、合金等，其导磁能力很强，$\mu \gg \mu_0$，μ 不是常数。铁磁性材料广泛应用于变压器、电机和各种电磁器件的线圈铁芯。

4）磁场强度 H

磁场强度 H 是进行磁场计算时引用的一个物理量，它也是矢量，它与磁感应强度的关系是

$$H = \frac{B}{\mu} \quad \text{或} \quad B = \mu H \qquad (5-3)$$

磁场强度只与产生磁场的电流以及这些电流的分布情况有关，而与磁介质的磁导率无关，它的单位是安/米（A/m）。

2. 铁磁性材料的磁性能

铁磁性材料的磁性能是：高导磁性、磁饱和性和磁滞性。

1）高导磁性

高导磁性即其相对磁导率 μ_r 很大（数千以至数万之大），且相对磁导率 μ_r 随磁场强度 H 的不同而变化，这是由于构成铁磁性材料的微观分子团具有磁畴结构（关于磁畴的概念，物理学中已有详述）。利用优质的铁磁性材料可以实现励磁电流小、磁通足够大的目的，可以使同一容量的电机设施的重量大大减轻，体积大大减小。

2）磁饱和性

铁磁性材料的磁饱和性表现在其磁感应强度 B 不会随外磁场（或励磁电流）增强而无限地增强。因为当外磁场（或励磁电流）增大到一定值时，其内部所有的磁畴已基本上均转向与外磁场方向一致的方向，所以，再增大励磁电流时，其磁性不能继续增强。

材料的磁化特性可用磁化曲线，即 $B = f(H)$ 曲线来表示，如图 5-2 所示，它不是直线。在 Oa 段，B 随 H 线性增大；在 ab 段，B 增大缓慢，开始进入饱和状态；b 点以后，B 基本不变，为饱和状态。非磁性材料的磁化曲线是通过坐标原点的直线，如图 5-2 中 OB_0 所示。

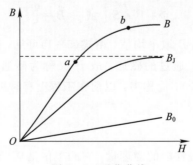

图 5-2   磁化曲线

3）磁滞性

磁滞性是指铁磁性材料在交变磁场中反复磁化时，磁感应强度 B 的变化滞后于磁场强度 H 的变化的特性，如图 5-3 所示。由该图可见，当 H 减小时，B 也随之减小，但当 $H=0$ 时，B 并未回到 0，而是 $B=B_r$，B_r 称为剩磁感应强度，简称剩磁。若要使 $B=0$，则应使铁磁性材料反向磁化，即使磁场强度为 $-H_c$，H_c 称为矫顽磁力。图 5-3 所示的回线 1-2-3 表现了铁磁性材料的磁滞性，故称为磁滞回线。

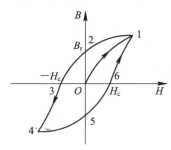

图 5-3　铁磁性材料的磁滞回线

根据铁磁性材料磁滞性的不同，即其磁滞回线的不同，铁磁性材料又分为软磁材料和硬磁材料两种。软磁材料的 B_r、H_c 较小，磁滞回线窄，它所包围的面积小，适合制作变压器、交流电机、电磁铁的铁芯。硬磁材料的 B_r、H_c 较大，磁滞回线胖而宽，适合制作永久磁铁。

3. 磁路的分析方法

变压器磁路如图 5-4(a)所示，下面引入分析和计算磁路的基本定律：磁路欧姆定律。

根据安培环路定理：

$$\oint \boldsymbol{H} \cdot \mathrm{d}\boldsymbol{l} = \sum I \tag{5-4}$$

式(5-4)描述了磁场强度 H 与励磁电流的关系，其中电流与闭合回路绕引方向一致时取"+"，否则取"-"。

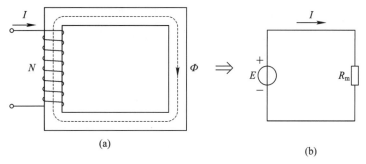

(a)　　　　　　　　　　　　　　　　(b)

图 5-4　磁路的基本定律等效图

由图 5-4 可得

$$\oint \boldsymbol{H} \cdot \mathrm{d}\boldsymbol{l} = NI \tag{5-5}$$

又因为

$$\Phi = BS = \mu HS \tag{5-6}$$

所以

$$\oint \frac{\Phi}{\mu S}\mathrm{d}l = NI \Rightarrow \frac{\Phi}{\mu S}l = NI \Rightarrow \Phi = \frac{NI}{\dfrac{l}{\mu S}} \tag{5-7}$$

令 $R_{\mathrm{m}} = \dfrac{l}{\mu S}$，$R_{\mathrm{m}}$ 称为磁阻；$F = NI$，F 称为磁动势，则

$$\Phi = \frac{F}{R_{\mathrm{m}}} \tag{5-8}$$

其中，磁阻 R_{m} 的大小表示了磁路对磁通的阻碍作用，由于 μ 不是常数，R_{m} 也不是常数，因此，磁路欧姆定律一般用作定性分析，不直接用来作定量计算。

串联磁路如图 5-5 所示，它是由不同材料或不同截面的几段磁路串联而成的。

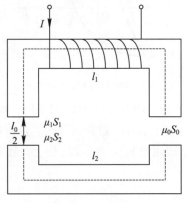

图 5-5 串联磁路

对于串联磁路，有

$$R_{\mathrm{m}} = R_{\mathrm{m}1} + R_{\mathrm{m}2} = \frac{l_1}{\mu_1 S_1} + \frac{l_2}{\mu_2 S_2} \tag{5-9}$$

$$\Phi = \frac{F}{R_{\mathrm{m}}} \tag{5-10}$$

对于空气隙这段磁路，其 l_0 虽小，但因 μ_0 很小，故 R_{m} 很大，从而使整个磁路的磁阻大大增加。当 F 不变时，间隙越大，Φ 越小。若要保持 Φ 不变，则所需的励磁电流 I 要大。

【例 5-1】 一个具有闭合的均匀铁芯的线圈，其匝数为 300，铁芯中的磁感应强度为 0.9T，磁路的平均长度为 45 cm，求：

(1) 铁芯材料为铸铁时线圈中的电流；

(2) 铁芯材料为硅钢片时线圈中的电流。

解 查磁化曲线，可得：

(1) $H_1 = 9000$ A/m，$I_1 = \dfrac{H_1 l}{N} = \dfrac{9000 \times 0.45}{300} = 13.5$ A

(2) $H_2 = 260$ A/m，$I_2 = \dfrac{H_2 l}{N} = \dfrac{260 \times 0.45}{300} = 0.39$ A

所用铁芯材料不同（μ 不同）时，$B = \mu H = \mu \dfrac{N}{l}$，若要得到同样的磁感应强度 B，则所需要的 F 或 I 相差很大。磁导率 μ 越高，所需要的励磁电流 I 越小；线圈的电阻越大，线圈的用铜量越小。

5.2　变压器

变压器在国民经济各部门中的应用极为广泛，其主要功用是将某一电压值的交流电压转换为同频率的另一电压值的交流电压。变压器还可用来改变电流、变换阻抗或在控制系统中变换传递信号。

1. 用途及分类

为了适应不同的使用目的和工作条件，变压器的类型很多。一般按变压器的用途分类，也可以按照结构特点、相数多少、冷却方式等进行分类。

1）按用途分类

按用途的不同，变压器可分为以下几类。

（1）电力变压器：升压变压器、降压变压器、配电变压器等。

（2）仪用变压器：电压互感器、电流互感器。

（3）特殊变压器：电炉变压器、电焊变压器、整流变压器等。

（4）试验用变压器：高压变压器和调压器等。

（5）电子设备及控制线路用变压器：输入或输出变压器、脉冲变压器、电源变压器等。

2）按结构特点分类

按绕组的多少，变压器可分为双绕组、三绕组、多绕组以及自耦（单绕组）变压器；根据变压器的铁芯结构，变压器又分为芯式变压器与壳式变压器。

3）按相数多少分类

按相数的多少，变压器可分为单相变压器、三相变压器和多相变压器等。

4）按冷却方式分类

按冷却方式的不同，变压器可分为用空气冷却的干式变压器和用变压器油冷却的油浸式变压器等。

作为电能传输过程中使用的电力变压器，其传输过程如图 5-6 所示。

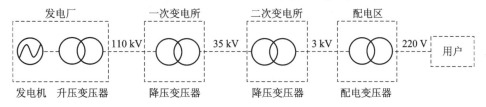

图 5-6　电能传输过程示意

为了减小线路损耗，采用高压输电到远途用电区，常用的高压输电电压有 110 kV、220 kV、300 kV、400 kV、500 kV 和 750 kV。为了满足灵活分配和安全用电的需要，又用降压变压器分配到各工厂用户，常用的低电压有 220 V、380 V、660 V。

虽然变压器的种类繁多，但它们的基本结构、作用原理及其分析方法仍是相同的。

2. 基本结构

一般的电力变压器主要由铁芯、线圈（即绕组）、冷却装置三大部分组成，铁芯和线圈是变压器的主体，又叫作器身。图 5-7 为三相油浸式电力变压器的结构示意图。

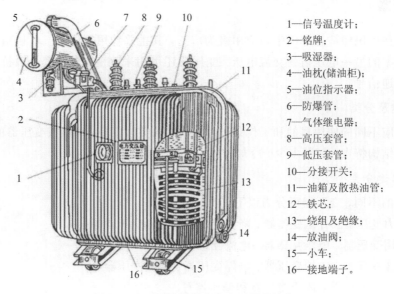

1—信号温度计；
2—铭牌；
3—吸湿器；
4—油枕(储油柜)；
5—油位指示器；
6—防爆管；
7—气体继电器；
8—高压套管；
9—低压套管；
10—分接开关；
11—油箱及散热油管；
12—铁芯；
13—绕组及绝缘；
14—放油阀；
15—小车；
16—接地端子。

图 5-7　三相油浸式电力变压器的结构

从铁芯与绕组的相对位置看，变压器有芯式和壳式两种。绕组包着铁芯的叫作芯式变压器，铁芯包着绕组的叫作壳式变压器，如图 5-8 所示。单相或三相电力变压器多为芯式，小容量的单相变压器常制成壳式。

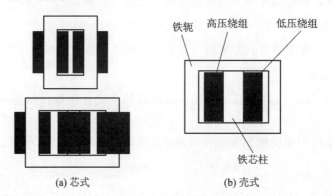

(a) 芯式　　　　　　　　(b) 壳式

图 5-8　变压器器身结构

铁芯是变压器的磁路部分，由铁芯柱和铁轭两部分组成，绕组套在铁芯柱上，铁轭的作用是使磁路闭合。为了减少交变磁通在铁芯中产生的涡流和磁滞损耗，铁芯用含硅 5% 左右、厚 0.35～0.5 mm 的硅钢片叠成，硅钢片两面涂有绝缘漆，使之相互绝缘。硅钢片一般为交叠式装配，这样的装配可以减小接缝间气隙，降低磁阻，可减小空载励磁电流，同时也增加了铁芯柱与铁轭间的机械联系，使结构坚固。

3. 工作原理

图 5-9 为变压器的基本原理图，该变压器由一个作为电磁铁的铁芯和绕在铁芯柱上的两个或两个以上的绕组组成。其中接电源的绕组叫作原绕组(又称为初级绕组、一次绕组)，接负载的绕组叫作副绕组(又称为次级绕组、二次绕组)。

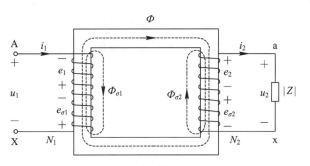

图 5 - 9　变压器原理图

变压器的工作原理是以铁芯中集中通过的磁通 Φ 为桥梁的典型的互感现象，原绕组加交变电流产生交变磁通，副绕组受感应而生电。它是实现电—磁—电转换的静止电磁装置。

一次侧通入正弦交变的电压 u_1 后，在一次绕组中将产生交变的电流 i_1，交变的电流 i_1 经 N_1 匝一次绕组后将在铁芯中产生交变的磁通 Φ_1，将经铁芯构成闭合磁路的磁通称为主磁通。与此同时，还有很少的一部分磁通要通过空气后闭合，这部分磁通称作漏磁通，一次侧的漏磁通用 $\Phi_{\sigma1}$ 表示。交变的主磁通将在一次绕组中产生交变的感应电势 e_1，同时在二次绕组中产生交变的感应电势 e_2，而一次侧交变的漏磁通 $\Phi_{\sigma1}$ 将在一次侧产生交变的漏感电势 $e_{\sigma1}$。当二次侧负载形成闭合回路时，交变的感应电势 e_2 成为二次侧的交流电源，将在二次侧产生感应电流 i_2。交变的感应电流 i_2 一方面给负载供电，另一方面经 N_2 匝二次绕组后在主磁路中产生 Φ_2，同时还有少量的漏磁通 $\Phi_{\sigma2}$，主磁路中的主磁通 Φ 是由 Φ_1 和 Φ_2 叠加而成的，二次绕组中交变的漏磁通 $\Phi_{\sigma2}$ 将在二次侧产生漏感电势 $e_{\sigma2}$。

1）电压变换

对原绕组电路应用 KVL，得

$$-u_1 - e_1 - e_{\sigma1} + R_1 i_1 = 0 \tag{5-11}$$

则

$$u_1 = -e_1 - e_{\sigma1} + R_1 i_1 = (-e_1) + L_{\sigma1}\frac{\mathrm{d}i_1}{\mathrm{d}t} + R_1 i_1 \tag{5-12}$$

因此

$$\dot{U}_1 = -\dot{E}_1 + \mathrm{j}X_{\sigma1} + R_1\dot{I}_1 \tag{5-13}$$

由于原绕组的电阻 R_1 和漏磁通 $\Phi_{\sigma1}$ 较小，与 E_1 比较起来，可以忽略不计，可得

$$\dot{U}_1 \approx -\dot{E}_1 \tag{5-14}$$

根据线圈电压与磁通关系，可得

$$U_1 \approx E_1 = 4.44N_1 f_1 \Phi_\mathrm{m} \tag{5-15}$$

同理，对副绕组电路也应用 KVL，得

$$e_2 + e_{\sigma2} = u_2 + R_2 i_2 \tag{5-16}$$

则

$$e_2 = R_2 i_2 + L_{\sigma2}\frac{\mathrm{d}i_2}{\mathrm{d}t} + u_2 \tag{5-17}$$

因此

$$\dot{E}_2 = R_2\dot{I}_2 + \mathrm{j}X_{\sigma2} + \dot{U}_2 \tag{5-18}$$

忽略副绕组的电阻和漏磁感抗后，$\dot{E}_2 \approx \dot{U}_2$，根据线圈主磁感应电动势与磁通关系可得

$$U_2 \approx E_2 = 4.44N_2 f_2 \Phi_{\mathrm{m}} \tag{5-19}$$

在变压器空载时，由于 $I_{20}=0$，$E_2 = U_{20}$（U_{20} 为空载时二次绕组的端电压，比 U_2 略大 $5\% \sim 10\%$），因此有

$$\frac{U_1}{U_2} \approx \frac{U_1}{U_{20}} = \frac{E_1}{E_2} = \frac{N_1}{N_2} = K \tag{5-20}$$

其中，K 为变压器的变比。变比在变压器的铭牌上注明，它表示原、副绕组的额定电压之比，例如 6000 V/400 V 表示原绕组的额定电压 $U_{1N}=6000$ V 时，副绕组的空载电压为 400 V。由于变压器有内阻抗压降，因此副绕组的空载电压一般应较满载时的电压高 $5\% \sim 10\%$。

2）电流变换

变压器副绕组接上负载后，副边出现了电流。原边电流也从原来的空载电流 I_0 增加到 I_1。若负载阻抗减少时，二次侧电流 I_2 增加，铁芯中的主磁通将会减少，于是一次侧电流 I_1 必然增加，以保证主磁通基本不变。无论负载怎么变化，一次侧电流能按照比例自动调节其大小，以适应负载电流的变化。因此，随着 $\dot{I}_2$ 的增大，原绕组的电流及磁通势 $N_1 i_1$ 也应增大，以抵消 $N_2 \dot{I}_2$ 的阻碍作用。

铁芯内磁通量 Φ 由线圈磁通势（Ni）引起。当变压器空载运行时磁通势为 $N_1 i_0$；当变压器负载运行时磁通势为 $N_1 i_1 + N_2 i_2$。

由于在 U_1、f 和 N_1 不变时，变压器的主磁通 Φ_{m} 不变，而主磁通由磁通势产生，因此，在忽略漏磁通的情况下，空载运行与负载运行的磁通势应相等，即

$$N_1 i_0 \approx N_1 i_1 + N_2 i_2 \tag{5-21}$$

$$N_1 \dot{I}_0 \approx N_1 \dot{I}_1 + N_2 \dot{I}_2 \tag{5-22}$$

由式（5-21）和式（5-22）可得

$$\dot{I}_1 \approx \dot{I}_0 + \left(-\frac{N_2}{N_1}\right)\dot{I}_2 = \dot{I}_0 + \dot{I}' \tag{5-23}$$

式中 $\dot{I}' = -\dfrac{N_2}{N_1}\dot{I}_2$。式（5-23）表明，原边电流 $\dot{I}_1$ 可看作由两个分量组成，其中 $\dot{I}_0$（空载电流）是用来产生主磁通 $\dot{\Phi}$ 的，称为励磁分量；而 $\dot{I}'$ 是用来补偿副边电流 $\dot{I}_2$ 对变压器主磁通的影响的，称为负载分量，以保持 Φ 不变。因此，变压器以主磁通为媒介，通过电磁感应方式，自动地把电网电能从原边电路传递到副边电路。

考虑到变压器的空载电流 I_0 很小，$I_0 \approx I_{1N} \times (2\% \sim 10\%)$，可忽略不计，则

$$\dot{I}_1 N_1 + \dot{I}_2 N_2 = 0 \tag{5-24}$$

$$\frac{\dot{I}_1}{\dot{I}_2} = -\frac{N_2}{N_1} = -\frac{1}{K} \tag{5-25}$$

其中，$\dfrac{I_1}{I_2} = \dfrac{N_2}{N_1} = \dfrac{1}{K}$，且 $\dot{I}_1$、$\dot{I}_2$ 的相位相反。

3）阻抗变换

变压器除了有变换电压和变换电流的作用，它还有变换负载阻抗的作用，以实现"匹配"。如图 5-10 所示，变压器副边接负载 Z，从原边电路看，其等效阻抗等于多大？

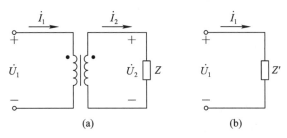

图 5-10　负载阻抗的等效变换

由 $Z' = \dfrac{\dot{U}_1}{\dot{I}_1}$，$\dfrac{\dot{U}_1}{\dot{U}_2} = -K$，$\dfrac{\dot{I}_1}{\dot{I}_2} = -\dfrac{1}{K}$，可得

$$Z' = \frac{\dot{U}_1}{\dot{I}_1} = \frac{-K\dot{U}_2}{-\frac{1}{K}\dot{I}_2} = K^2 Z \tag{5-26}$$

式(5-26)说明，接在变压器副边的负载 $|Z|$ 折合到原边来看，阻抗 $|Z'| = K^2|Z|$，即增大到 K^2 倍，这就是变压器的阻抗变换作用。

变压器的阻抗变换常用于电子电路中。例如，扬声器的阻抗一般为几欧，而扩音机输出级要求负载阻抗为几十到几百欧才能使负载获得最大的输出功率，这就是阻抗匹配问题。通常可以在电子设备的功率输出级和负载间接入输出变压器，通过选择合适的变压器并利用其阻抗变换作用，得到最佳的负载阻抗，实现阻抗的匹配。

【例 5-2】　如图 5-11 所示，已知 $E = 120$ V，$R_0 = 800$ Ω，$R_L = 8$ Ω。求：

（1）接入输出变压器，问变压器变比为多大时，才能实现阻抗匹配 $R'_L = R_0$？此时信号源输出功率为多大？

（2）若负载直接接到信号源上，则信号源的输出功率为多大？

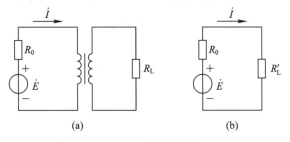

图 5-11　等效变换图

解　（1）阻抗匹配条件：

$$R_0 = R'_L，\quad R'_L = K^2 R_L = R_0$$

变压器的匝数比为

$$K = \sqrt{\frac{R_0}{R_L}} = \sqrt{\frac{800}{8}} = 10$$

信号源输出功率为

$$P = I^2 R'_L = \left(\frac{E}{R_0 + R'_L}\right)^2 R'_L = \left(\frac{120}{800 + 800}\right)^2 \times 800 = 4.5 \ \text{W}$$

（2）当负载直接接到信号源上时，有

$$P = I^2 R_L = \left(\frac{E}{R_0 + R_L}\right)^2 R_L = \left(\frac{120}{800 + 8}\right)^2 \times 8 = 0.176 \ \text{W}$$

4. 变压器的输出特性(外特性)

在保持电源电压 U_1 和负载功率因数 $\cos \varphi_2$ 为常数时，变压器副绕组端电压 U_2 随负载电流 I_2 变化的关系称为变压器的外特性，$U_2 = f(I_2)|_{U_1 \cdot \cos \varphi_2 = 常数}$。其外特性曲线如图 5-12 所示，在变压器运行中，当电源电压 U_1 不变时，随着副绕组电流 I_2 的增加，原绕组内阻电压降及漏磁通增加，这将使副绕组的端电压 U_2 下降。

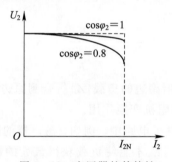

图 5-12　变压器的外特性

5. 变压器绕组的极性和其他形式的变压器

1) 变压器绕组的极性及其测定

在使用变压器或者其他有磁耦合的互感线圈(特别是多绕组情况)时，要注意线圈的正确连接，不慎接错，有时会导致线圈被烧毁。

如图 5-13 所示的两线圈，当它们属于变压器的同一边时，串联连接只能是 2 与 4 连(或 1 与 3 连)。若 1 与 4 连(或 2 与 3 连)，则其产生的两磁通等值反向，互相抵消，绕组中将因电流过大而把变压器烧毁。即使是并联连接，也有上述现象发生。而若线圈匝数不相同，除并联连接使用不允许外，串联连接也会出现两磁通相加或相减的情况，使其输出电压不同。

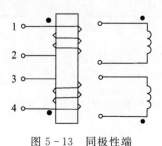

图 5-13　同极性端

为此,在线圈上定义同极性端,并以记号"·"标注。(多)绕组产生同向磁通时对应的电流流入端(或出端),称为绕组的同极性端(俗称同名端)。如图 5-13 中的 1 和 4 便为同名端(当然 2 和 3 也是)。这样,当电流由同名端流入(或流出)时,产生的磁通方向相同;由异名端流入(或流出)时,磁通相消。

通常,只要绕组的绕向已知,同名端极易判定。但是,已经制成的变压器或电机,从外部是无法辨认其具体绕向的,又不允许拆开,这就需要设法测定其同极性端了。下面介绍两种常用的测定方法。

(1)交流法。

将两个绕组 1—2 和 3—4 的任意两端(如 2 和 4)连接在一起,在其中一个绕组两端加一个较小的交流电压,用交流电压表分别测量 1、3 和 3、4 两端的电压 U_{13} 及 U_{34},如图 5-14(a)所示。若 $U_{13}=U_{12}+U_{14}$,则 1 和 4 同名;若 $|U_{13}=U_{12}-U_{34}|$,则 1 和 3 同名。

(2)直流法。

直流法测绕组同名端的电路如图 5-14(b)所示,闭合 S 的瞬间,若 mA 表正摆,则 1、3 同名;若 mA 表反摆,则 1、4 同名。

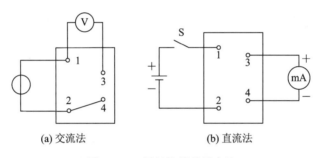

(a) 交流法   (b) 直流法

图 5-14 同极性端的测定法

2)三相变压器

电力变压器都是三相制的,三相变压器在电力系统中占据着特殊且重要的地位。三相变压器一般采用芯式,其原理结构如图 5-15 所示,原绕组的首、末端分别为 A、B、C 和 X、Y、Z,副绕组的首、末端用 a、b、c 和 x、y、z 表示。

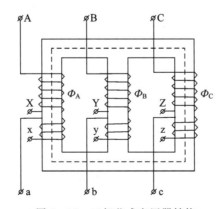

图 5-15 三相芯式变压器结构

　　三相绕组的连接方式有多种，常用的有 Y-Y_0 和 Y-△，图 5-16 即为这两种接法的接线情况与电压关系。

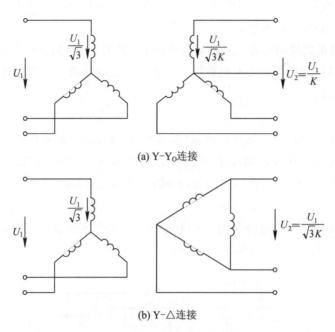

(a) Y-Y_0连接

(b) Y-△连接

图 5-16　三相变压器的常用连接方式

3）其他形式的变压器

　　除了常见传输能量的电力变压器，还有其他的多种特殊用途的变压器，如自耦变压器、利用变压器原理制成的各类仪表等。虽然它们的结构与外形不尽相同，但其基本原理完全一样，下面介绍几种常见的特殊变压器。

　　（1）自耦变压器。

　　自耦变压器是一种实验室常用的变压器，其外形结构如图 5-17 所示。它只有一个绕组，副绕组是原绕组的一部分，其原理电路如图 5-18 所示，转动调节手轮便可自由滑动 N_2 的动触点 a，连续地调节其输出电压与电流。由于两边共用一个绕组，故绕组的线径需考虑同时满足两边电流的需要，较粗些；两边有直接连接的电关系，故 36 V 以下，也不可认为是安全电源。

图 5-17　单相自耦变压器

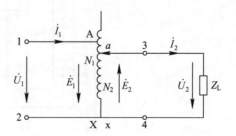

图 5-18　单相自耦变压器原理电路

（2）互感仪表。

为了测量交流高电压与大电流等电参量，输配电装置的配置盘（板）上需为测量仪表配备互感器，电压互感器与电流互感器是常用的两种特殊变压器。下面以电流互感器为例，简单介绍其应用。

电流互感器是利用变压器的变流作用，来扩大电流表的测量量程的，其原理电路及其符号如图 5-19 所示。为保证安全，副绕组一端与互感器外壳都必须接地。另外，副绕组侧切不可开路，除会有危险高压外，负载电流将使互感器铁芯严重发热，导致退磁并烧毁。钳形电流表是电流互感器的一种变形应用，其结构如图 5-20 所示，它可以不必断开电路就在线测量线路中的电流。

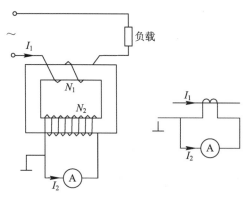

图 5-19　电流互感器及其符号

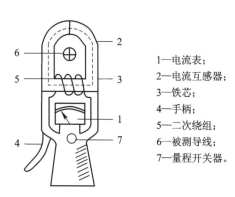

1—电流表；
2—电流互感器；
3—铁芯；
4—手柄；
5—二次绕组；
6—被测导线；
7—量程开关器。

图 5-20　钳形电流表结构示意图

5.3　三相异步电动机的结构、转动原理

实现电能与机械能相互转换的电工设备总称为电机。电机是利用电磁感应原理实现电能与机械能的相互转换的。把机械能转换成电能的设备称为发电机，而把电能转换成机械能的设备称为电动机。在生产上主要用的是交流电动机，特别是三相异步电动机，因为它具有结构简单、坚固耐用、运行可靠、价格低廉、维护方便等优点。它被广泛地用来驱动各种金属切削机床、起重机、锻压机、传送带、铸造机械、功率不大的通风机及水泵等。

1. 三相异步电动机的结构

异步电动机的结构可分为定子、转子两大部分。定子是电动机中固定不动的部分，转子是电动机中旋转的部分。由于异步电动机的定子产生励磁旋转磁场，同时从电源吸收电能，并产生且通过旋转磁场把电能转换成转子上的机械能，因此与直流电机不同，交流电机定子是电枢。另外，定、转子之间还必须有一定间隙（称为空气隙），以保证转子的自由转动。异步电动机的空气隙较其他类型电动机的空气隙要小，一般为 0.2～2 mm。

三相异步电动机的外形有开启式、防护式、封闭式等多种形式，以适应不同的工作需要。在某些特殊场合，还有特殊的外形防护形式，如防爆式、潜水泵式等。不管外形如何，电动机的结构基本上是相同的。现以封闭式电动机为例介绍三相异步电动机的结构。图 5-21 是一台封闭式三相异步电动机解体后的零部件图。

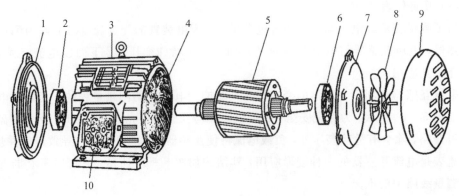

1—端盖；2—轴承；3—机座；4—定子绕组；5—转子；6—轴承；7—端盖；8—风扇；9—风罩；10—接线盒。

图 5-21　封闭式三相异步电动机的结构

1）定子部分

定子部分由机座、定子铁芯、定子绕组及端盖、轴承等部件组成。

机座：机座用来支承定子铁芯和固定端盖。中、小型电动机机座一般用铸铁浇成，大型电动机多采用钢板焊接而成。

定子铁芯：定子铁芯是电动机磁路的一部分。为了减小涡流和磁滞损耗，通常用 0.5 mm厚的硅钢片叠压成圆筒，硅钢片表面的氧化层（大型电动机要求涂绝缘漆）作为片间绝缘，在铁芯的内圆上均匀分布着与轴平行的槽，用以嵌放定子绕组。

定子绕组：定子绕组是电动机的电路部分，也是最重要的部分，一般是由绝缘铜（或铝）导线绕制的绕组连接而成。它的作用就是利用通入的三相交流电产生旋转磁场。通常，用高强度绝缘漆包线绕制成的各种形式的绕组按一定的排列方式嵌入定子槽内。槽口用槽楔（一般为竹制）塞紧。槽内绕组匝间、绕组与铁芯之间都要有良好的绝缘。如果是双层绕组（就是一个槽内分上、下两层，嵌放两条绕组边），还要加放层间绝缘。

三相定子绕组 AX、BY 和 CZ 对称地安放于铁芯的槽中，A、B、C 称为三相绕组的始端，X、Y、Z 称为末端。六个线端再引到机座外侧的接线盒上，就可以根据三相电压的不同，方便地接成 Y 形或△形，如图 5-22 所示（J、JO 系列是这样的，Y、YL 系列则大部分是在电机内部已接成△形，只将三个端头引到接线盒内）。

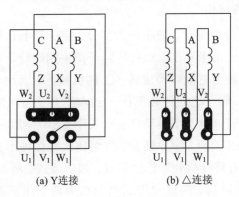

(a) Y连接　　　　　(b) △连接

图 5-22　三相异步电动机的接线

轴承：轴承是电动机定、转子衔接的部位，轴承有滚动轴承和滑动轴承两类，滚动轴承又有滚珠轴承(也称为球轴承)，目前多数电动机都采用滚动轴承。这种轴承的外部有储存润滑油的油箱，轴承上还装有油环，轴转动时带动油环转动，把油箱中的润滑油带到轴与轴承的接触面上。为使润滑油能分布在整个接触面上，轴承上紧贴轴的一面一般开有油槽。

2) 转子部分

转子是电动机中的旋转部分，如图 5-21 中的部件 5。转子一般由转轴、转子铁芯、转子绕组、风扇等组成。转轴用碳钢制成，两端轴颈与轴承相配合。出轴端的键槽是用来固定皮带轮或联轴器的。转轴是输出转矩、带动负载的部件。转子铁芯是电动机磁路的一部分，由 0.5 mm 厚的硅钢片叠压成圆柱体，并紧固在转子轴上。转子铁芯的外表面有均匀分布的线槽，用以嵌放转子绕组。

三相交流异步电动机按照转子绕组形式的不同，一般可分为鼠笼式异步电动机和绕线式异步电动机。鼠笼式转子导体由铜条做成，两端焊上铜环(称为端环)，自成闭合路径。为了简化制造工艺和节省铜材，目前中、小型异步电动机常将转子导体、端环连同冷却用的风扇一起用铝液浇铸而成，如图 5-23 所示，具有这种转子的异步电动机称为鼠笼式异步电动机。

绕线式转子示意图如图 5-24 所示。绕线式转子绕组与定子绕组一样，由导线绕制并连接成 Y 形。每相端分别连接到装于转轴上的滑环上，环与环、环与转轴之间都相互绝缘，靠滑环与电刷的滑动接触与外电路相连接。具有这种转子的异步电动机称为绕线式异步电动机，它与鼠笼式异步电动机的工作原理是一样的。

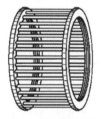
(a) 铜条转子

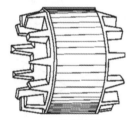
(b) 铸铝转子

图 5-23　鼠笼式转子

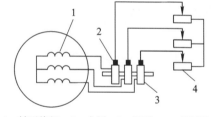
1—转子绕组；2—电刷；3—滑环；4—变阻器。

图 5-24　绕线式转子示意图

两种转子相比，鼠笼式转子结构简单，造价低廉，且运行可靠，因此其应用十分广泛。绕线式转子结构较复杂，造价也高，但它的启动性能较好，并能利用变阻器阻值的变化，使电动机能在一定范围内调速；在启动频繁、需要较大启动转矩的机械(如起重机)中常被采用。

2. 三相异步电动机的转动原理

三相异步电动机又称为交流感应式电动机，它是靠旋转着的定子磁场切割转子导体产生感应电流，此旋转磁场又对转子感应电流作用而带动转子转动的，从而实现了机电能量的转换。

1) 三相异步电动机的转动原理

三相异步电动机定子三相对称绕组通入三相对称电流便可产生旋转磁场。为分析方便，设三相定子对称绕组 AX、BY 和 CZ 接成 Y 形，如图 5-25 所示。所谓对称是指这三个绕组匝数相同、结构一样、互隔 120°。设三相定子绕组通入的对称三相电流为

$$i_A = I_m \sin\omega t \qquad\qquad (5-27)$$

$$i_B = I_m \sin(\omega t - 120°) \qquad\qquad (5-28)$$

$$i_C = I_m \sin(\omega t + 120°) \qquad\qquad (5-29)$$

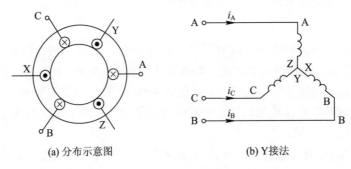

(a) 分布示意图　　　　　　　　(b) Y接法

图 5-25　定子三相绕组

三相电流的波形如图 5-26 所示，规定电流正方向由始端指向末端，图中实际电流的流入端用 ⊗ 表示，流出端用 ⊙ 表示。为了分析合成磁场的变化规律，任选几个特定时刻，即在 $\omega t = 0$、$\omega t = 120°$、$\omega t = 240°$、$\omega t = 360°$ 时进行分析。

当 $\omega t = 0$ 时，$i_A = 0$，i_B 为负，i_C 为正，其实际方向见图 5-26(a)。依照右手螺旋定则，其合成磁场如图中虚线所示。它具有一对（即两个）磁极，即 N 极和 S 极，且与 A 相绕组平面重合。同理可得在 $\omega t = 120°$、$\omega t = 240°$ 和 $\omega t = 360°$ 时的合成磁场，如图 5-26(b)、(c)、(d)所示。可见，当定子绕组通入对称三相电流后，就产生旋转磁场，且该磁场是随电流的交变在空间有规律地不断旋转的（对于两极旋转磁场，电流变化一周期，磁场旋转一周）。

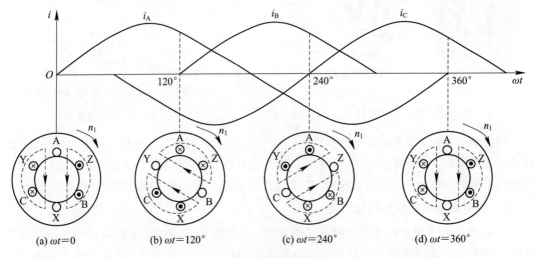

(a) $\omega t = 0$　　　(b) $\omega t = 120°$　　　(c) $\omega t = 240°$　　　(d) $\omega t = 360°$

图 5-26　旋转磁场的形成

2）旋转磁场的转向

从上面的分析中还可以发现，合成磁场的转动方向是由 A 相绕组平面转向 B 相绕组平面，再到 C 相绕组平面的，周而复始地继续旋转下去。从图 5-26 又可以看出，旋转磁场的转向与三相绕相通入三相电流的相序是一致的。所以只要对调三根电源线中的任意两相接线，旋转磁场必将反向旋转。

　　3）旋转磁场的转速

　　通过对两极(即磁极对数 $p=1$)旋转磁场的分析可知，电流变化一周期，磁场也正好在空间旋转一周，若电流频率为 f_1，则两极旋转磁场每分钟的转速为 $n_1=60f_1(\mathrm{r/min})$。

　　在实际应用中，常使用磁极对数 $p>1$ 的多磁极电动机。而旋转磁场的磁极对数与定子绕组的安排有关。若每相绕组至少由两个线圈串联组成，见图 5-27(a)、(b)，各绕组始端之间在空间相差 $60°$，则通入对称三相电流后便产生四极旋转磁场，即磁极对数为 $p=2$。这时由图 5-27(c)、(d)分析可知，电流变化一周，旋转磁场在空间只转过 1/2 圈，即转速为

$$n_1=\frac{60f_1}{2}\quad(\mathrm{r/min})\tag{5-30}$$

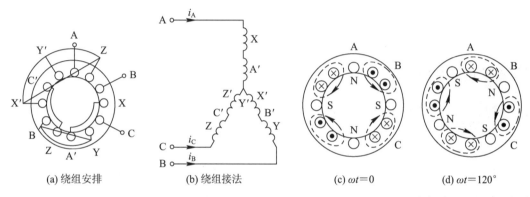

(a) 绕组安排　　　　(b) 绕组接法　　　　(c) $\omega t=0$　　　　(d) $\omega t=120°$

图 5-27　四极旋转磁场

　　由此可见，只要按一定规律安排和连接定子绕组，就可获得不同磁极对数的旋转磁场，产生不同的转速，其关系为

$$n_1=\frac{60f_1}{p}\quad(\mathrm{r/min})\tag{5-31}$$

　　在我国，工频交流电 $f_1=50\ \mathrm{Hz}$，所以，不同磁极对数的旋转磁场转速如表 5-1 所示。

表 5-1　磁极对数与同步转速之间的对应关系

磁极对数 p	1	2	3	4	5	6
同步转速 n_1(r/min)	3000	1500	1000	750	600	500

　　4）异步转动原理与转差率

　　当电动机定子对称三相绕组通入顺序三相电流时，电动机内部就产生一个顺时针方向的旋转磁场。设某瞬间的电流及两极磁场如图 5-28 所示，并以 n_1 转速顺时针旋转。由于转子导体与旋转磁场间的相对运动，在转子导体中产生感应电动势。若把旋转磁场视为静止，则相当于转子导体逆时针方向切割磁力线，感应电动势的方向可用右手定则来判定。因为转子绕组是闭合的，所以会产生与感应电动势同方向的感应电流。这样，上半部转子导体的电流是从纸面流出来的，下半部则是流进去的。

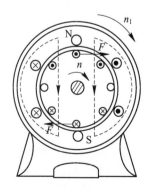

图 5-28　异步转动原理图

　　通电(载流)导体在磁场中要受到电磁力作用，故载有感应电流的转子导体与旋转磁场相互作用便产生电磁力 F，其方向可用左手定则判断。此力对转轴形成一个与旋转磁场同向的电磁转矩，使得转子沿着旋转磁场的方向以 n 的转速旋转起来。

　　转子的转速是随着轴上机械负载的变化而略有变化的。当电动机拖动的机械负载转矩增大时，转速 n 将要下降。

　　旋转磁场与转子转速存在着转速差是异步电动机工作的一个特点。通常，我们将这个转速差与同步转速 n_1 之比称为转差率，用 s 表示。即

$$s = \frac{n_1 - n}{n_1} \qquad (5-32)$$

　　转差率是反映异步电动机运行情况的一个重要物理量。当异步电动机接通电源后启动的瞬间，$n=0$，所以 $s=1$。电动机转差率的变化范围为

$$0 < s \leqslant 1$$

中、小型电动机在额定运行时的转差率一般为 $0.02 \sim 0.06$。

5.4　三相异步电动机的使用

　　根据电机学的相关知识，可以推出带动转子旋转的电磁转矩 T 与转差率 s 之间的关系为

$$T = K \frac{sR_2}{R_2^2 + s^2 X_{20}^2} U_1^2 \qquad (5-33)$$

此式称为电磁转矩的参数表达式。式中，K 称为电机结构常数；电参数 R_2 为转子绕组电阻；X_{20} 为启动瞬间转子绕组电抗，为定值；U_1 为电源相电压。U_1 不变时，$T = T(s)$ 称为电动机的固有特性；电参量改变时的特性称为电动机的人为特性。根据式(5-33)可得出电动机电磁转矩 T 与转差率 s 之间的关系曲线，再根据式(5-32)进行转换可得出电动机转速 n 与电磁转矩 T 之间的关系曲线，如图 5-29 所示，该曲线称为三相异步电动机的机械特性。图中有几个特殊点需进一步说明。

　　(1) 启动瞬间：$n=0$，$s=1$，对应的电磁转矩为启动转矩，用 T_{st} 表示；

　　(2) 同步转速点：$n=n_1$，$s=0$，$T=0$；

　　(3) 临界转速点：$n=n_m$，$s=s_m$(称为临界转差率)，$T=T_{max}$(称为最大转矩)；

　　(4) 额定工作点：这时电动机的电压、电流、转速、功率等都等于额定值时的状态，其转速称为额定转速 n_N，转差率称为额定转差率 s_N，转矩称为额定转矩 T_N。

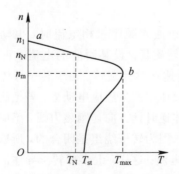

图 5-29　三相异步电动机的机械特性

从三相异步电动机的机械特性可以看到，电动机的启动转矩并不大。随着转速升高电磁转矩将逐步增大，当 $n = n_m$ 时，电磁转矩达到最大，即 T_{max}；随着转速 n 继续升高，电磁转矩会变小。

对式(5－33)求极值，并令 $\dfrac{dT}{ds} = 0$ 可以得到

$$s_m = \frac{R_2}{X_{20}} \tag{5－34}$$

从而得

$$T_{max} = K \frac{U_1^2}{2X_{20}} \tag{5－35}$$

由上述两式可见：

(1) T_{max} 与 U_1^2 呈正比关系，所以电源电压对转矩的影响最大；

(2) T_{max} 与 R_2 无关，只与 U_1^2 呈正比；

(3) s_m 与 R_2 呈正比关系，而与 U_1 无关。

1. 铭牌与技术指标

每台电动机的机座上都装有一块铭牌，该铭牌上标注有该电动机的主要性能和技术数据，如

三相异步电动机		
型号　Y132M－4	功　　率　7.5 kW	频　　率　50 Hz
电压　380 V	电　　流　15.4 A	接　　法　△
转速　1440 r/min	绝缘等级　E	工作方式　连续
温升　80℃	防护等级　IP44	重　　量　55 kg
年　月　编号		××电机厂

1) 型号

为了满足不同用途和不同工作环境的需要，电机制造厂把电动机制成各种系列，每个系列的不同电动机用不同的型号表示，如

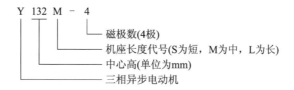

2) 接法

接法是指电动机三相定子绕组的连接方式。一般鼠笼式电动机的接线盒中有六根引出线，分别标有 U_1、V_1、W_1、U_2、V_2、W_2，其中，有 U_1、V_1、W_1 分别为每一相绕组的始端；U_2、V_2、W_2 分别为每一相绕组的末端。

三相异步电动机的连接方法有星形(Y)连接和三角形(△)连接两种。通常三相异步电动机功率在 4 kW 以下者接成星形；在 4 kW(不含)以上者接成三角形。

3）电压

铭牌上所标的电压值是指电动机在额定工作条件下运行时定子绕组上应加的线电压值。一般规定电动机的电压不应高于或低于额定值的5％。

必须注意：在低于额定电压下运行时，最大转矩 T_{max} 和启动转矩 T_{st} 会显著降低，这对电动机的运行是不利的。三相异步电动机的额定电压有 380 V、3000 V 及 6000 V 等多种。

4）电流

铭牌上所标的电流值是指电动机在额定工作条件下运行时定子绕组的最大线电流允许值。

当电动机空载时，转子转速接近于旋转磁场的转速，两者之间相对转速很小，所以转子电流近似为零，这时定子电流几乎为建立旋转磁场的励磁电流。当输出功率增大时，转子电流和定子电流都随之相应增大。

5）功率与效率

铭牌上所标的功率值是指电动机在规定的环境温度下，在额定工作条件下运行时电极轴上输出的机械功率值。输出功率与输入功率不等，其差值等于电动机本身的损耗功率，包括铜损、铁损和机械损耗等。

所谓效率 η 就是输出功率与输入功率的比值。一般鼠笼式电动机在额定工作条件下运行时的效率为72％～93％。

6）功率因数

因为电动机是电感性负载，定子的相电流比相电压滞后一个 φ 角，$\cos\varphi$ 就是电动机的功率因数。三相异步电动机的功率因数较低，在额定负载时为 0.7～0.9，而在轻载和空载时更低，空载时只有 0.2～0.3。选择电动机时应注意其容量，防止"大马拉小车"，并力求缩短空载时间。

7）转速

铭牌上所标的转速是指电动机额定工作条件下运行时的转子转速，单位为转/分钟(r/min)。不同的磁极数对应不同的转速等级。最常用的是第四个等级的转速(n_0＝1500 r/min)。

8）绝缘等级

绝缘等级是按电动机绕组所用的绝缘材料在使用时容许的极限温度来分级的，如表5-2所示。

表 5-2　绝　缘　等　级

绝缘等级	环境温度40℃时的容许温升/℃	极限容许温度/℃
A	65	105
E	80	120
B	90	130

极限容许温度是指电机绝缘结构中最热点的最高容许温度。

2. 三相异步电动机的启动

电动机从接通电源开始加速达到稳定运行状态的过程称为启动过程。一般中、小型异步电动机启动过程的时间很短，通常是几秒到几十秒。三相异步电动机的启动有个特点，就是启动瞬间电流很大，这是因为在启动瞬间转子与旋转磁场之间的相对运动达到最大，故此时转子绕组切割磁力线所产生的感应电势最大，感应电流最大。而电动机在进入正常运行状态后，随着转子转速的升高，转子与旋转磁场的相对运动变得较小，电流也随之减小。在启动瞬间的电流值一般为额定电流的 4～7 倍，一方面电流过大会使频繁启动的电动机因过热而缩短电动机的寿命，另一方面电流过大会导致供电线路的电压突然降低，从而影响同一线路上的其他电器。如果电压突降，在同一线路上工作的其他电动机可能会出现异常，从而无法正常工作。因此，在每个用户的电源入口处，都安装了限流装置，这不仅保护了用户的安全，同时也维护了电网电压的稳定。

接下来研究如何做到既能保证电动机正常启动，同时又能减小启动电流。

1）直接启动

直接启动又被称为全压启动，就是利用闸刀开关或接触器将电动机的定子绕组直接加到额定电压下启动。这种方法适用于小容量的电动机或电动机容量远小于供电变压器容量的场合。对于频繁启动的电动机，其容量不应超过变压器容量的 20%；对于不经常启动的电动机，其容量不应大于变压器容量的 30%。该方法简便、经济，常常被采用。

2）降压启动

降压启动的原理是在三相异步电动机启动时，采取某种措施，使得启动时加在定子绕组上的电压降低，以减小启动电流，待转速上升到接近额定转速时，再改换接法，恢复到全压运行，使得电动机进入到正常运行的状态。

（1）Y－△降压启动。

这种方法只适用于正常运转时△接法的电动机。可用 Y-△启动器或三刀双掷开关直接操作电动机，如图 5-30 所示。先合上电源开关 Q_1，然后将 Q_2 从中间位置合向"启动"位置，这时定子三相绕组作 Y 形连接，每相绕组电压为额定电压的 $1/\sqrt{3}$，相电流也为△接法时的 $1/\sqrt{3}$，所以线电流仅为直接启动时的 1/3。待转速接近额定转速时，再将 Q_2 合向"运行"位置，把定子三相绕组改成△形连接，转入正常工作状态。由于容量稍大的电动机一般都设计为△形连接，因此这种启动方法只能适用于三相定子绕组的六个端头全部引至接线盒中的电动机(J、JD 系列的)。

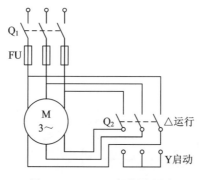

图 5-30　Y-△启动原理图

（2）自耦变压器启动。

自耦变压器启动适用于容量较大且正常运行时定子绕组是星形连接的三相异步电动机，启动时通过三相自耦变压器降低电动机的输入电压，以减小启动电流，等电动机接近正常运行转速时，再将自耦变压器切换掉。

如图 5-31 所示，启动时首先合上电源开关 Q_1，再将启动补偿器的控制手柄 Q_2 拉到"启动"位置做降压启动，最后待电动机接近额定转速时把手柄推向"运行"位置，使自耦变压器脱离电源，而电动机直接接入电源正常运转。为了适应不同要求，通常自耦变压器的抽头有 73%、64%、55% 或 80%、60%、40% 等规格。设自耦变压器的电压比为 k，则采用自耦变压器启动的电流和启动转矩均下降为直接启动时的 $1/k^2$。

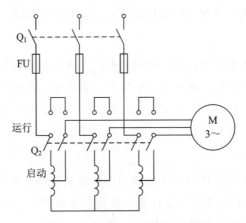

图 5-31　自耦降压启动电路图

3）绕线式异步电动机转子绕组串电阻启动

绕线式异步电动机转子绕组串电阻启动如图 5-32 所示，该方法可以减少转子绕组的电流，定子电流也随之减少，根据前面的分析可以知道，随着转子绕组电阻的增大，启动转矩会增大，所以转子绕组串电阻启动不仅可以减小启动电流，同时还可以增大启动转矩。启动后，随着转速的上升逐渐减小启动电阻，最后将启动电阻全部短路，启动过程结束。因而该方法适用于转矩较大或者启动较为频繁的生产机械，如起重机、卷扬机等。

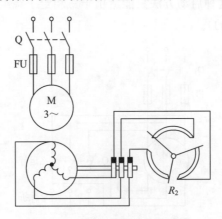

图 5-32　转子绕组串电阻启动

3. 三相异步电动机的调速

调速是指在负载不变的情况下，人为地调节电动机的转速，以满足生产过程的需要。前面讲过的异步电动机由于负载的变化引起转速的自然变化不叫调速。由式(5-32)可以得

$$n=(1-s)n_1=(1-s)\frac{60f_1}{p} \qquad (5-36)$$

可见，可以采用三种方式进行调速，即改变电源频率 f_1、改变磁极对数 p 和改变转差率 s。

1) 变频调速

变频调速是通过改变电动机的供电电源的频率来改变电动机转速的方法，图 5-33 是变频调速的结构图，整流器可以将 50 Hz 的交流电转化成电压可调的直流电，再经过逆变器转化为频率可调的交流电给电动机供电，从而实现电动机的无级变频调节。

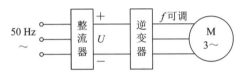

图 5-33　变频调速

2) 变极调速

变极调速是通过改变电动机旋转磁场的磁极对数 p 来改变电动机转速的方法。可以实现变极调速的电动机，一般是制造厂根据三相异步电动机的工作原理及制造工艺，将定子绕组进行特定的安排，并配以不同的连接方式，使用者可根据需要按说明进行连接，以达到变极调速的目的，这种调速是有级调速。例如，$p=1$ 时，$n_1=3000$ r/min；$p=2$ 时，$n_1=1500$ r/min，而转子转速 n 要略低于 n_1。

3) 转子绕组串电阻调速

绕线式三相异步电动机转子绕组串电阻后，机械特性变软，故在负载不变的情况下，通过改变转子绕组所串电阻可改变电动机转速。这种调速方式的缺点是电阻耗能较大，且调速范围不大；优点是简单易行，多用于起重机、提升机等。

5.5　电动机的控制电路

常用的三相异步电动机控制电路采用继电器、接触器等电器来实现电动机的启动、停车及正反转，所以该控制电路又称为继电器控制电路。整个电路分为主电路和控制电路两部分，其中主电路主要包括刀闸开关、接触器、电动机等部分，电流较大；控制电路主要包括按钮、继电器、线圈等部分，电流较小。

1. 常用的低压控制器

1) 按钮(SB)

按钮是一种结构简单、操作方便的手动开关，额定电流较小，多用于接通或断开接触器的吸引线圈。图 5-34(a)是按钮外形图，图 5-34(b)是结构示意图，图 5-34(c)是它在电路中的图形符号。

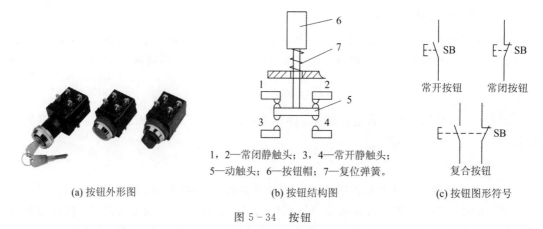

1，2—常闭静触头；3，4—常开静触头；
5—动触头；6—按钮帽；7—复位弹簧。

(a) 按钮外形图　　　　　(b) 按钮结构图　　　　　(c) 按钮图形符号

图 5 - 34　按钮

2）接触器（KM）

接触器是一种利用电磁力使其触点动作的自动开关，可用来频繁地接通或切断控制电路和主电路。它分为交流接触器和直流接触器两种。接触器由电磁铁、触头和灭弧装置等部分组成。图 5 - 35(a)、(b) 和(c) 分别是接触器的外形图、结构示意图和符号图。在图 5 - 35(b) 中，固定的山字形铁芯、线圈和衔铁组成电磁铁。当线圈通电后，衔铁被吸合，带动与其相连的可动触点桥向右移动，使两对辅助常闭触点先断开，然后其他五对常开触点闭合。这时接触器的状态叫作"动作状态"或"吸合状态"。线圈断电后，在复位弹簧的作用下，衔铁恢复原位，各对常开触点先断开，两对辅助常闭触点闭合，回到图 5 - 35(b) 所示的状态。

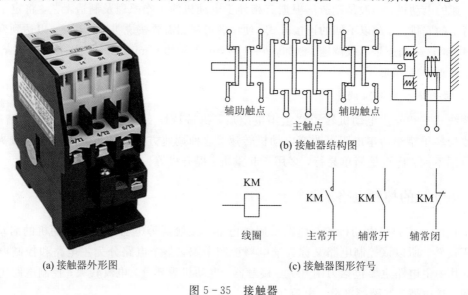

(a) 接触器外形图　　　　　(c) 接触器图形符号

图 5 - 35　接触器

3）空气断路器

空气断路器又称为自动空气开关，是常用的低压保护电器，用于实现短路、过载和过压保护。

空气断路器的结构形式很多，图 5 - 36 是不同形式的空气断路器。它的原理是当主电路出现短路或过载时，电流会超过限定值，导致内部的过电流脱扣器会因内部电磁铁吸力过大而拉动主触点断开。但是当主电路中电压消失或下降到一定值后，内部欠电压脱扣器的电磁铁会因吸力不够而使主触点分断。自动空气断路器动作后，需通过手动闭合使其恢复工作。

图 5-36　不同形式的空气断路器

4）熔断器（FU）

熔断器的原理是当电流超过规定值时，以本身产生的热量使熔体熔断，从而断开电路。熔断器是运用热熔断原理制成的一种电流保护器。熔断器广泛应用于高低压配电系统、控制系统以及用电设备中，作为短路和过电流的保护器，是应用最普遍的保护器件之一。

图 5-37 是不同形式的熔断器和熔断器的图形符号，熔断器是重要的电气部件，在选取熔断器时应注意：

（1）电灯、电炉等电阻性负载，熔体的额定电流略大于实际电流；

（2）单台电动机的熔体额定电流为电动机的额定电流的 1.5～3 倍；

（3）对多台电动机同时保护的总熔断器的额定电流应大于等于容量最大的电动机的额定电流的 1.5～2 倍与其余电动机额定电流的总和。

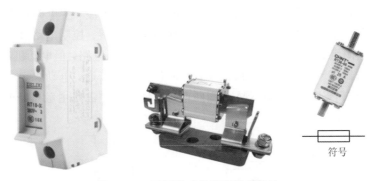

符号

图 5-37　不同形式的熔断器和符号

5）热继电器

热继电器的工作原理是流入热元件的电流产生热量，使有不同膨胀系数的双金属片发生形变，当形变达到一定距离时，就推动连杆动作，使控制电路断开，从而使接触器失电，主电路断开，实现电动机的过载保护。

热继电器的结构原理如图 5-38(a)所示，它由发热元件、双金属片、触点及一套传动构件组成。发热元件是一段阻值不大的电阻丝，串接在被保护电动机的主电路中。双金属片由两种热膨胀系数不同的金属片碾压而成。图 5-38 中所示的双金属片，下层金属片的热膨胀系数大，上层金属片的小。当电动机过载时，通过发热元件的电流超过整定电流，双金属片受热向上弯曲脱离扣板，使常闭触点断开。由于常闭触点是接在电动机的控制电路中的，它的断开会使得与其相接的接触器线圈断电，从而使接触器主触点断开，电动机的主电路断电，实现了过载保护。热继电器动作后，双金属片经过一段时间冷却，按下复位按钮即可复位。

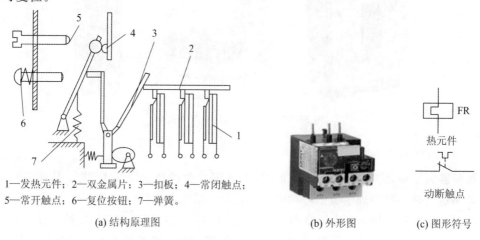

1—发热元件；2—双金属片；3—扣板；4—常闭触点；
5—常开触点；6—复位按钮；7—弹簧。

　　　(a) 结构原理图　　　　　　　　　　(b) 外形图　　　(c) 图形符号

图 5-38　热继电器

2. 三相异步电动机的直接启动电路

直接启动即启动时把电动机直接接入电网，加上额定电压，一般来说，电动机的容量不大于直接供电变压器容量的 20%～30% 时，都可以直接启动。

1）点动控制电路

如图 5-39 所示，点动控制电路由主电路和控制电路组成。主电路自上而下由隔离开关 S、熔断器 FU、交流接触器 KM 主触点及三相电动机组成。控制电路由常开开关 SB、交流接触器 KM 线圈组成。合上开关 S，三相电源被引入控制电路，但电动机还不能启动。按下按钮 SB，接触器 KM 线圈通电，衔铁吸合，常开主触点接通，电动机定子接入三相电源启动运转。松开按钮 SB，接触器 KM 线圈断电，衔铁松开，常开主触点断开，电动机因断电而停转。

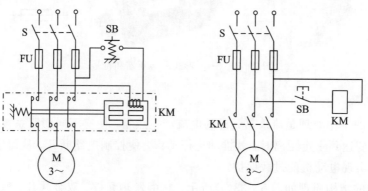

图 5-39　点动控制电路

电路中熔断器 FU 起短路保护作用。

2）连续运行控制电路

图 5-40 为连续运行控制电路，与点动控制电路相比增加了两点：一是动合按钮两端并联了接触器的辅助触点 KM，二是增加了停车按钮 SB_2。接下来我们分析整个电路。

（1）启动过程。按下启动按钮 SB_1，接触器 KM 线圈通电，与 SB_1 并联的 KM 的辅助常开触点闭合，以保证松开按钮 SB_1 后 KM 线圈持续通电，串联在电动机回路中的 KM 的主触点持续闭合，电动机连续运转，从而实现连续运转控制。

（2）停止过程。按下停止按钮 SB_2，接触器 KM 线圈断电，与 SB_1 并联的 KM 的辅助常开触点断开，以保证松开按钮 SB_2 后 KM 线圈持续失电，串联在电动机回路中的 KM 的主触点持续断开，电动机停转。与 SB_1 并联的 KM 的辅助常开触点的这种作用称为自锁。

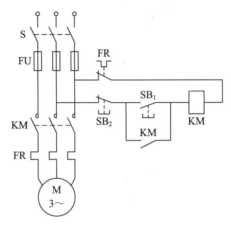

图 5-40　连续运行控制电路

图 5-40 的控制电路还可以实现短路保护、过载保护和零压保护。

起短路保护的是串接在主电路中的熔断器 FU。一旦电路发生短路故障，熔体立即熔断，电动机立即停转。

起过载保护的是热继电器 FR。当过载时，热继电器的发热元件发热，将其常闭触点断开，使接触器 KM 线圈断电，串联在电动机回路中的 KM 的主触点断开，电动机停转。同时 KM 辅助触点也断开，解除自锁。故障排除后若要重新启动，需按下 FR 的复位按钮，使 FR 的常闭触点复位(闭合)即可。

起零压(或欠压)保护的是接触器 KM 本身。当电源暂时断电或电压严重下降时，接触器 KM 线圈的电磁吸力不足，衔铁自行释放，使主、辅触点自行复位，切断电源，电动机停转，同时解除自锁。

3. 三相异步电动机的正反转控制

要想改变电动机的旋转方向，只要把定子绕组接到三相电源上的三根导线中的任意两根对调一下即可，通过两个接触器可以实现这一功能，接下来进行分析。

1）简单的正反转控制

（1）正向启动过程。如图 5-41 所示，按下启动按钮 SB_1，接触器 KM_1 线圈通电，与 SB_1 并联的 KM_1 的辅助常开触点闭合，以保证 KM_1 线圈持续通电，串联在电动机回路中的 KM_1 的主触点持续闭合，电动机连续正向运转。

（2）停止过程。按下停止按钮 SB_3，接触器 KM_1 线圈断电，与 SB_1 并联的 KM_1 的辅助触点断开，以保证 KM_1 线圈持续失电，串联在电动机回路中的 KM_1 的主触点持续断开，切断电动机定子电源，电动机停转。

（3）反向启动过程。按下启动按钮 SB_2，接触器 KM_2 线圈通电，与 SB_2 并联的 KM_2 的辅助常开触点闭合，以保证线圈持续通电，串联在电动机回路中的 KM_2 的主触点持续闭合，电动机连续反向运转。

缺点：KM_1 和 KM_2 线圈不能同时通电，因此不能同时按下 SB_1 和 SB_2，也不能在电动机正转时按下反转启动按钮，或在电动机反转时按下正转启动按钮。如果操作错误，将引起主回路电源短路。

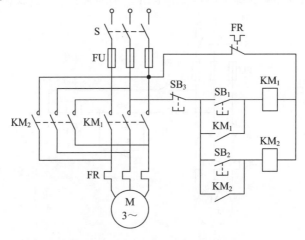

图 5-41　简单的正反转控制电路

2）带电气互锁的正反转控制电路

如图 5-42 所示，将接触器 KM_1 的辅助常闭触点串入 KM_2 的线圈回路中，从而保证在 KM_1 线圈通电时 KM_2 线圈回路总是断开的；将接触器 KM_2 的辅助常闭触点串入 KM_1 的线圈回路中，从而保证在 KM_2 线圈通电时 KM_1 线圈回路总是断开的。这样接触器的辅助常闭触点 KM_1 和 KM_2 保证了两个接触器线圈不能同时通电，这种控制方式称为互锁或者联锁，这两个辅助常开触点称为互锁或者联锁触点。

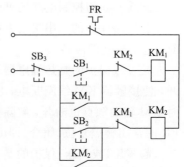

图 5-42　带电气互锁的正反转控制电路

缺点：电路在具体操作时，若电动机处于正转状态要反转时必须先按停止按钮 SB_3，使互锁触点 KM_1 闭合后按下反转启动按钮 SB_2 才能使电动机反转；若电动机处于反转状态要正转时必须先按停止按钮 SB_3，使互锁触点 KM_2 闭合后按下正转启动按钮 SB_1 才能使电动机正转。

3）同时具有电气互锁和机械互锁的正反转控制电路

图 5-43 采用复式按钮，将 SB_1 按钮的常闭触点串接在 KM_2 的线圈电路中；将 SB_2 的常闭触点串接在 KM_1 的线圈电路中；这样，无论何时，只要按下反转启动按钮，在 KM_2 线圈通电之前就首先使 KM_1 断电，从而保证 KM_1 和 KM_2 不同时通电；从反转到正转的情况也是一样的。这种由机械按钮实现的互锁也叫作机械或按钮互锁。

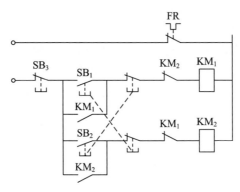

图 5 - 43　具有电气互锁和机械互锁的正反转控制电路

4. 行程控制电路

行程控制是指通过位置信息控制电动机的运行以达到对运行部件的位置控制。例如，刨车工作台在预定的范围内自动往返运行等都属于行程控制，这类控制主要通过行程开关来实现。

图 5 - 44(b)是工作台自动往返控制电路，实现自动往返的行程开关 SQ_1 和 SQ_2 实际上与按钮组成的多处控制相似。

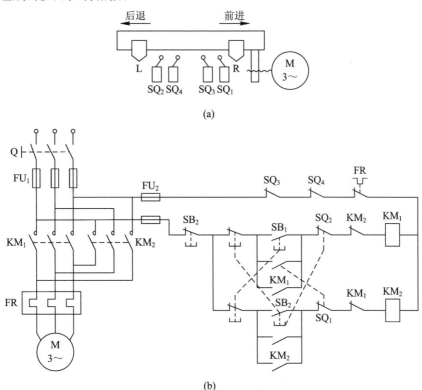

图 5 - 44　行程自动往返控制电路

当按下 SB_1 时，KM_1 线圈通电，电动机正转，带动工作台前进，运动到预定位置时，装于工作台侧的左挡铁 L 压下安装于床身上的行程开关 SQ_2，KM_1 线圈断电；接着 SQ_2 的动合触点闭合，KM₂线圈通电，电动机电源换相反转，使工作台后退，SQ₂复位，为下一循环做准备。当工作台后退到预定位置时，右挡铁 R 压下 SQ₁，KM₂ 线圈断电，接着 KM₁ 通电，电动机又正转……，如此自动往返。加工结束后，按下停止按钮 SB₃，电动机就断电停转。若要改变工作台行程，可调整挡铁 L 和 R 之间的距离。图中 SQ₃ 和 SQ₁ 是作为限位保护而设置的，目的是防止当 SQ₁ 和 SQ₂ 失灵时造成工作台超越极限位置出轨的严重事故。

 实战演练

综合实战演练 1：已知变压器 $N_1=800$ 匝，$N_2=200$ 匝，$U_1=220$ V，$I_2=8$ A，负载为纯电阻，求变压器的二次电压 U_2、一次电流 I_1 和输入功率 P_1、输出功率 P_2。（忽略变压器的漏磁和损耗）

解
$$K=\frac{N_1}{N_2}=\frac{800}{200}=4$$
$$U_2=\frac{U_1}{K}=\frac{220}{4}=55 \text{ V}$$
$$I_1=\frac{I_2}{K}=\frac{8}{4}=2 \text{ A}$$
$$P_1=U_1 I_1 \cos\varphi_1=220\times2\times1=440 \text{ W}$$
$$P_2=U_2 I_2 \cos\varphi_2=55\times8\times1=440 \text{ W}$$

综合实战演练 2：有一信号源的电压为 1.5 V，内阻抗 $Z_0=300$ Ω，负载阻抗 $Z=75$ Ω。欲使 Z 获得最大功率，必须在信号源和负载之间接一阻抗匹配变压器，使变压器的输入阻抗等于信号源的内阻抗。问变压器的变压比，一、二次电流各为多少？

解
$$Z'=K^2|Z|=|Z_0|=300 \text{ Ω}$$
$$K=\frac{N_1}{N_2}=\sqrt{\frac{Z'}{Z}}=\sqrt{\frac{300}{75}}=2$$

一次电流：
$$I_1=\frac{U_s}{|Z_0|+|Z'|}=\frac{1.5}{300+300}=2.5 \text{ mA}$$
二次电流：
$$I_2=KI_1=2\times2.5=5 \text{ mA}$$

 知识小结

1. 变压器主要由铁芯及一次、二次绕组组成，若忽略变压器一次、二次绕组中电阻和漏电压的电压降，则需要关注电压比与变压器匝数比、电流比与变压器匝数比的关系。

2. 三相异步电动机由定子和转子两部分组成，定子即为电动机的固定部分，转子为电动机的转动部分。根据转子结构，三相异步电动机可分为鼠笼式异步电动机和绕线式异步电动机。

3. 三相异步电动机定子绕组通入三相对称电流后会在电动机内部产生旋转磁场，在电磁的作用下使转子产生电磁转矩，带动转子转动。

4. 为安全高效地使用电动机，应根据铭牌上的额定数据使用；三相异步电动机启动瞬间电流很大，启动方法有直接启动和降压启动；三相异步电动机的调速方法有变频调速、变极调速和转子绕组串电阻调速等。

5. 常用低压电器设备有按钮、接触器、空气断路器、熔断器、热继电器等。

6. 常用的三相异步电动机控制有电动机直接启动的点动控制、连续运行控制、三相异步电动机的正反转控制和行程控制等。

 # 课后练习

1. 变压器的容量为 1 kV·A，电压比为 220 V/36 V，每匝线圈的感应电动势为 0.2 V，变压器在额定状态下工作。

(1) 一次、二次绕组的匝数各为多少？

(2) 电压比为多少？

(3) 一次、二次绕组的电流各为多少？

2. 有一台单相变压器电压比为 3000 V/220 V，接一组 220V、100 W 的白炽灯共 200 只，试求变压器一次、二次绕组的电流各为多少？

3. 有一台型号为 Y200L2-2 的异步电动机，额定功率为 37 kW，额定电压为 380 V，额定转速为 2950 r/min，这台电动机应采用什么接法？同步转速 n_0 和额定转差率 s_N 各是多少？

4. 一台三相异步电动机的铭牌数据为：功率为 4 kW，电压为 380 V，功率因数为 0.77，效率为 0.84，转速为 960 r/min，求：

(1) 电动机的额定电流；

(2) 额定转差率。

5. 已知三相异步电动机定子每相绕组的额定电压为 220 V，当电源线电压分别为 220 V 和 380 V 时，电动机采用何种接法才能保证其正常工作？

第6章 半导体器件

 章节导读

半导体器件是构成电子电路的基本器件，它具有体积小、重量轻、功耗低、可靠性强等优点，在很多领域中得到了广泛的应用，了解其基本结构、工作原理和特性是分析电子电路的基础，它所用到的材料是经过特殊加工且性能可控的半导体材料。

半导体二极管和三极管是最常用的半导体器件，而 PN 结又是组成二极管和三极管及各种电子器件的基础。本章首先介绍半导体的基本知识，然后重点介绍常见的半导体器件，如二极管和晶体管的结构、工作原理、特性曲线和它们的一些主要参数。最后利用二极管的单向导电性，列举常见的二极管应用电路。

 知识情景化

（1）生活中半导体器件无处不在，而自然界中常见的只有导体和绝缘体两种材料，那么半导体器件是如何制成的？制作半导体器件的原理又是什么？

（2）在生活中经常看到电子屏幕、LED 电视机，那么制作它们的原理是什么呢？

（3）一个微弱的声音信号，经过广播以后就可以变成比之前大很多的声音信号，这是为什么呢？

内容详解

6.1 半导体的基础知识

自然界中的各种物质，按其导电能力可划分为导体、绝缘体、半导体。导电能力介于导体与绝缘体之间的物质称为半导体。导体有金、银、铜、铝等；绝缘体有橡胶、塑料、云母、陶瓷等；典型的半导体材料则有硅、锗、硒，以及某些金属氧化物、硫化物等，其中，用来制造半导体器件最多的材料是硅和锗。

半导体之所以可以用来制造半导体器件，并不是因为其导电能力介于导体与绝缘体之间，而是因为其独特的导电性能，主要体现在以下几个方面。

　　（1）热敏性：半导体的导电能力对温度反应灵敏，受温度影响大。当环境温度升高时，其导电能力增强，这种特性称为热敏性。利用热敏性可制成热敏元件。

　　（2）光敏性：半导体的导电能力随光照的不同而不同。当光照增强时，其导电能力增强，这种特性称为光敏性。利用光敏性可制成光敏元件。

　　（3）掺杂性：半导体更为独特的导电性能体现在其导电能力受杂质影响极大，这种特性称为掺杂性。这里所说的"杂质"，是指某些特定的、纯净的其他元素。在纯净半导体中，只要掺入极微量的杂质，导电能力就急剧增加。例如，在纯净硅中，掺入百万分之一的硼，其导电能力增加了约 50 万倍。

1. 本征半导体

　　本征半导体是一种完全纯净的、具有晶体结构的半导体。当温度为零开尔文（0K，相当于−273.15 ℃）时，每一个原子的外围电子被共价键束缚，不能自由移动。因此本征半导体中虽然具有大量的价电子，但没有自由电子，此时半导体呈电中性。

　　用来制造半导体器件的硅、锗等材料，其原子排列均为紧密的、整齐的晶体点阵结构，而在硅（元素序数为 14）或锗（元素序数为 28）的原子结构中，最外层都有四个价电子。但是，对于原子核结构而言，最外层有八个电子才是稳定结构。因此，每个原子都要争夺相邻的四个价电子，以达到稳定状态，结果是每个原子最外层的四个价电子既受自身原子核的吸引，围绕自身的原子核转动，又受相邻原子核的吸引，经常出现在相邻原子的价电子轨道上。这样就形成了一种特殊的结构，即每个硅（或锗）原子最外层形成了拥有八个共有电子的相对稳定的结构。由于每对价电子是每两个相邻原子共有的，因此将这种结构称为共价键结构，如图 6-1 所示。

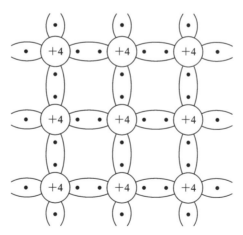

图 6-1　共价键结构

　　共价键结构把相邻的原子结合在一起，由于每个原子的最外层均有八个电子，因此这些原子处于相对稳定的状态。但是，也正是由于"共价键"的特殊结构，原子最外层的共有电子不像绝缘体中的电子被原子核束缚得那样紧。在一定温度下，当共价键中的价电子受到热激发，或从外部获得能量时，共价键中的某些价电子就可以挣脱原子核的束缚，从而成为自由电子。既然有些价电子挣脱了原子核的束缚而成为自由电子，那么在原来的共价键中，便留下了一些"空位"，我们称之为"空穴"，如图 6-2 所示。自由电子呈负电性，而失去一个价电子的硅原子则成为 +1 价离子，好像这个空位带有 +1 价电荷一样，因此空穴呈正电性。显然，自由电子和空穴是成对出现的，所以称它们为电子空穴对。在本征半导体中，电子与空穴的数量总是相等的。把在热或光的作用下，本征半导体中产生电子空穴对的现象，称为本征激发，又称为热激发。

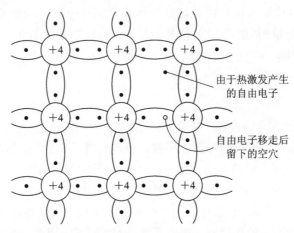

图 6-2　本征激发产生电子空穴对示意图

　　由于共价键中出现空位，在外电场或其他能量的作用下，吸引相邻原子中的价电子来填补空穴，当一个价电子填补空穴时，它原来的位置上又出现了新的空穴。如图 6-3 所示，电子由 c→b→a，但仍处于束缚状态，而空位由 a→b→c。为了区别于自由电子的运动，我们把这种价电子的填补运动称为空穴运动，一般认为空穴是一种带正电荷的载流子，它所带电荷和电子相等，符号相反。由此可见，本征半导体中存在电子和空穴两种载流子。而金属导体中只有一种载流子，即电子。本征半导体在外电场作用下，两种载流子的运动方向相反，而形成的电流方向相同。

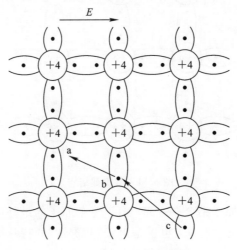

图 6-3　电子与空穴的移动

2. 杂质半导体

在本征半导体中掺入不同的杂质，可以改变半导体中两种载流子的浓度。根据掺入杂质种类的不同，半导体可以分为 N 型半导体(掺入五价元素杂质)和 P 型半导体(掺入三价元素杂质。

1) N 型半导体

在纯净的半导体硅(或锗)中掺入微量五价元素(如磷)杂质后，就可以形成 N 型半导体，其共价键结构如图 6-4 所示。由于五价的磷原子同四个相邻硅(或锗)原子组成共价键时，有一个多余的价电子不能构成共价键，这个价电子就变成了自由电子。因此在这种半导体中，自由电子数远远大于空穴数，导电以电子为主，故此类半导体又被称为电子型半导体。

2) P 型半导体

在硅(或锗)的晶体内掺入少量三价元素(如硼或铟)杂质后，就可以形成 P 型半导体，其共价键结构如图 6-5 所示。由于硼原子只有三个价电子，它与周围硅原子组成共价键时，因缺少一个电子，在晶体中便产生一个空位。当相邻共价键的电子受到热振动或在其他激发条件下获得能量时，就有可能填补这个空位，从而在该相邻原子中便出现一个空穴，每个硼原子都能提供一个空穴，这个空穴与本征激发产生的空穴都是载流子，具有导电性能。

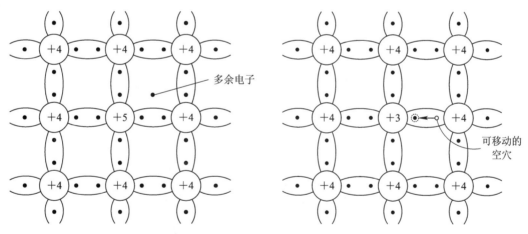

图 6-4 N 型半导体共价键结构　　　　图 6-5 P 型半导体共价键结构

值得注意的是，在掺杂过程中产生空穴的同时，并不能产生新的自由电子，只是原来的晶体本身仍会因热激发产生少量电子空穴对。掺入的三价元素杂质越多，空穴的数量越多。在 P 型半导体中，空穴数远大于自由电子数，空穴为多数载流子(简称多子)，自由电子为少数载流子(简称少子)。导电以空穴为主，故此类半导体又被称为空穴型半导体。

6.2 PN 结

采用不同的掺杂工艺，将 P 型半导体和 N 型半导体制作在同一块硅块上，在它们的交界处就形成了 PN 结，虽然可根据 PN 结的物理界面把半导体材料分为 P 区和 N 区，但整个材料仍然保持完整的晶体结构。

1. PN 结的形成

当 P 型半导体和 N 型半导体结合在一起时，在 N 型半导体和 P 型半导体的界面两侧明显存在着电子和空穴的浓度差，此浓度差导致了载流子的扩散运动：N 型半导体中电子（多子）向 P 区扩散，这些载流子一旦越过界面，就会与 P 区空穴复合，在 N 区靠近界面处留下正离子；同理，P 型半导体中空穴（多子）由于浓度差向 N 区扩散，与 N 区中电子复合，在 P 区靠近界面处留下负离子。伴随着这种扩散和复合运动的进行，在界面附近形成一个由正离子和负离子构成的空间电荷区，如图 6-6 所示。

空间电荷区内存在着由 N 区指向 P 区的电场，这个电场称为内电场，该内电场能够阻止两区多子的扩散，促进少子的漂移。

显然，半导体中多子的扩散运动和少子的漂移运动是一对矛盾的两个方面。随着多子扩散的进行，空间电荷区内的离子数增多，内电场增强；与此同时，内电场的增强有利于少子的漂移，使漂移电流增大；当漂移电流和扩散电流相等时，达到动态平衡，最终在界面处形成稳定的空间电荷区，通常将其称为 PN 结，如图 6-7 所示。

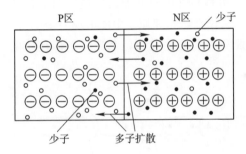

图 6-6　P 型半导体与 N 型半导体的交界面

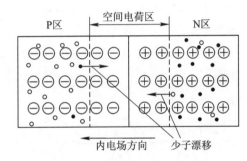

图 6-7　多子的扩散与空间电荷区的形成

2. PN 结的单向导电性

1）PN 结加正向电压

PN 结加正向电压，可称为正向偏置，是指将 PN 结的 P 区接电源正极，N 区接电源负极，如图 6-8 所示。这时，外电场的方向刚好与 PN 结内电场的方向相反。在外电场的作用下，PN 结内部扩散与漂移的平衡被打破，而且由于外电场的作用，P 区的多数载流子空穴和 N 区的多数载流子电子都要向 PN 结移动。P 区的空穴进入 PN 结后，将和原来 PN 结中的一部分正离子中和，其结果是 N 区的空间电荷量减少，最终结果是 PN 结空间电荷区变窄。空间电荷区的变窄，意味着阻挡层的厚度变薄，内电场进一步被减弱，它对多子扩散的阻力减小，P 区与 N 区中能越过 PN 结的多数载流子的数目大大增加，从而形成了一个扩散电流。而正向偏置下的 PN 结相当于一个数值很小的电阻，可视为 PN 结正向导通。这种情况下，由少数载流子形成的漂移电流，其方向与扩散电流方向相反，但数值很小，常常可忽略不计。

2）PN 结加反向电压

PN 结加反向电压，是指将 PN 结的 P 区接电源负极，N 区接电源正极，如图 6-9 所示。

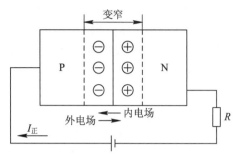

图 6-8　PN 结加正向电压

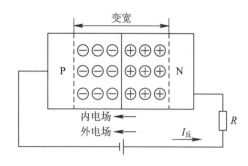

图 6-9　PN 结加反向电压

显然，此时外电场的方向与内电场的方向相同。在外电场的作用下，P 区中的多子空穴与 N 区中的多子电子都将进一步离开 PN 结，使阻挡层的空间电荷量增加。空间电荷区的变宽，意味着阻挡层厚度加大，使 P 区和 N 区的多数载流子很难越过 PN 结，不能形成扩散电流。

另一方面，由于外电场增强了内电场，少数载流子的漂移运动更容易进行。在这种情况下，漂移成为载流子主要的运动方式，而且形成一个反向漂移电流。由于少子的浓度低，漂移的数量小，这个反向漂移电流也很小，一般为微安数量级。而整个 PN 结表现为一个很大的电阻，可视为 PN 结反向截止。

这里，有一点需要特别说明，即反向漂移电流具有明显的饱和性，这是因为少数载流子是由本征激发所产生的，其数值取决于温度，而与外加电压几乎无关。在一定温度下，只要外加电压所产生的电场足以把这些少子都吸引过来，形成漂移电流，那么电压即使再增加，也不能使载流子的数目增多，电流的数值将趋于稳定，因此，常常将这一电流称为反向饱和电流。也正因为如此，虽然反向饱和电流的数值不大，但它受温度的影响很大，在实际应用中必须考虑这一点。

综上所述，可得出结论：PN 结的正向电阻很小，可视为正向导通；反向电阻很大，可视为反向截止。这就是 PN 结的单向导电性。

6.3　半导体二极管

半导体二极管是通过在一个 PN 结加上相应的电极引线及管壳封装而成的。由 P 区引出的电极称为阳极，N 区引出的电极称为阴极。因为 PN 结具有单向导电性，所以二极管导通时电流方向是由阳极通过管子内部流向阴极的。二极管的种类很多，按材料来分，最常用的二极管有硅管和锗管两种；按结构来分，二极管有点接触型、面接触型和硅平面型；按用途来分，二极管有普通二极管、整流二极管、稳压二极管等多种。

图 6-10 是常用二极管的符号、结构及外形的示意图。二极管的符号如图 6-10(a)所示，箭头表示正向电流的方向，一般在二极管的管壳表面标有符号，或通过色点、色圈来表示二极管的极性，左边实心箭头的符号是工程上常用的符号，右边空心箭头的符号为国标规定的符号。

点接触型二极管（一般为锗管）如图 6-10(b)所示，其特点是结面积小，因此结电容小，允许通过的电流也小,适用于高频电路的检波或小电流的整流,也可用作数字电路里的开关元件;面接触型二极管(一般为硅管)如图 6-10(c)所示,其特点是结面积大,结电容大,允许通过的电流较大,适用于低频整流;硅平面型二极管如图 6-10(d)所示,结面积大的可用于大功率整流,结面积小的可用于脉冲数字电路中的开关管。

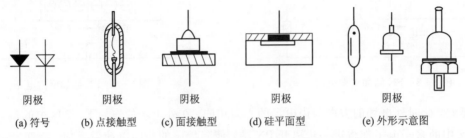

| 阴极 | 阴极 | 阴极 | 阴极 | 阴极 |
| (a) 符号 | (b) 点接触型 | (c) 面接触型 | (d) 硅平面型 | (e) 外形示意图 |

图 6-10 常用二极管的符号、结构和外形示意图

1. 二极管的伏安特性

二极管的伏安特性指的是流过二极管的电流与二极管两端电压的关系曲线。这一关系曲线如图 6-11 所示,可分为三部分进行分析。

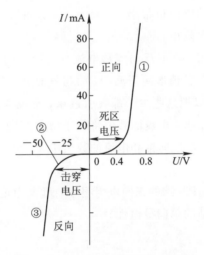

图 6-11 二极管的伏安特性曲线

(1) 正向特性:对应于图 6-11 中曲线的第①段,该段曲线反映了二极管伏安特性的正向特性。

这时加在二极管两端的电压不大,从数值上看,只有零点几伏,但此时流过二极管的电流却较大,即此时二极管呈现的正向电阻较小。一般硅管的正向导通压降为 $0.6 \sim 0.7$ V,锗管的正向导通压降为 $0.2 \sim 0.3$ V。

但是,在正向特性的起始部分,即开始加在二极管两端的外加电压较小时,外电场还不足以克服 PN 结的内电场,这时的正向电流几乎为零,二极管仍然呈现较大的电阻,好像有一个门槛。只有当外加电压超过某一电压后,正向电流才显著增加。这个一定数值的电压就称为门槛电压,或称为死区电压,记作 U_{th}。硅管的死区电压约为 0.5 V,锗管的死区电压约为 0.1 V。

(2) 反向特性：对应于图 6 - 11 中曲线的第②段，该段曲线反映了二极管加反向电压时的情况。

　　当外加反向电压时，由于少数载流子的漂移，可以形成反向饱和电流，又由于少子的数目少，因此反向电流很小，用 I_S 表示。硅管的反向电流比锗管的小得多。如果温度升高，少子数目增多，则反向电流增大。

　　(3) 反向击穿特性：对应于图 6 - 11 中曲线的第③段。

　　当作用在二极管的反向电压高于某一数值后，反向电流会剧增，从而使二极管失去单向导电性，这种现象称为击穿，所对应的电压称为击穿电压。二极管的反向击穿，亦即 PN 结的反向击穿，可分为热击穿与电击穿两种。

　　产生电击穿的原因是，在强电场的作用下，少子的数目大大增加，从而引起反向电流的剧增。电击穿又分为雪崩击穿和齐纳击穿两种类型。

　　雪崩击穿的物理过程是：当反向电压增加时，空间电荷区的电场随之增强，从而引起了少子漂移运动的加速，并造成电子与原子间的相互碰撞，这种碰撞又将中性电子的价电子碰撞出来，形成新的电子空穴对，新产生的电子空穴对又在结区加速并碰撞，再产生电子空穴对，形成载流子的倍增效应。当反向电压增大到某一数值后，载流子的倍增情况就像在陡峻的雪山上发生了雪崩一样，载流子数量大增，反向电流随之剧增。

　　齐纳击穿与上述雪崩击穿完全不同。当外加电场过强时，结区硅原子结构中的外层价电子从共价键中被拉出来，破坏了共价键结构，产生电子空穴对，同样使载流子的数目急剧上升，反向电流增大。

　　上述两种电击穿的过程是可逆的，即当加在管子两端的反向电压降低后，管子仍可恢复原来的状态。但是，如果电击穿中的电压过高，电流过大，消耗在 PN 结上的功率超过它的耗散功率，电击穿就可能过渡到热击穿，并很快将 PN 结烧毁，造成永久性损坏。

　　理想二极管的电流与端电压之间有如下关系：

$$I_D = I_S(e^{\frac{U}{U_T}} - 1) \tag{6-1}$$

式中，U_T 为温度电压当量，在室温 $T = 300\text{K}$ 时，$U_T \approx 26\ \text{mV}$。

2. 二极管的主要参数

　　二极管的特性除用伏安特性曲线表示外，参数同样能反映二极管的电性能，器件的参数是正确选择和使用器件的依据。各种器件的参数由厂家产品手册给出，由于制造工艺方面的原因，即使是同一型号的管子，其参数也存在一定的分散性，因此手册常给出某个参数的范围，半导体二极管的主要参数有以下几个。

　　(1) 最大整流电流。最大整流电流是指二极管在长期运行时，允许通过的最大正向平均电流，用符号 I_F 表示。工作时应使平均工作电流小于 I_F，因为电流过大时会出现热击穿，从而使管子烧毁。一般情况下点接触型二极管的最大整流电流为几十毫安，面接触型二极管的最大整流电流可达几十安培以上。

　　(2) 最高反向工作电压。最高反向工作电压是指二极管运行时允许承受的最高反向电压，用符号 U_{RM} 表示。为避免二极管的反向击穿，一般规定其最高反向电压为其反向击穿电压的 1/2 或 2/3。一般点接触型二极管的最高反向工作电压为几十伏，面接触型二极管的最高反向电压可达数百伏。

（3）反向电流。反向电流是指二极管在加上反向电压时的反向电流值，用符号 I_R 表示。该值越大，说明管子的单向导电性越差，而且受温度的影响越大。硅管的反向电流较小，一般为零点几微安，甚至更小；锗管的反向电流较大，为硅管的几十到几百倍。

（4）最高工作频率。最高工作频率常用符号 f_M 表示，此参数主要由 PN 结的结电容决定，结电容越大，二极管允许的最高工作频率越低。使用时，如果信号频率超过该频率，二极管的单向导电性就会变差。

需要指出的是，半导体器件的参数都是在一定条件下测得的，当条件改变时，参数亦会有所改变。此外，由于制造工艺的限制，即使同一型号的二极管，其参数的分散性也较大。各种二极管的参数可从半导体器件手册中查到。

3. 二极管的应用举例

二极管的应用非常广泛，二极管除了用于整流电路，还用于钳位电路、限幅电路，以及元件的保护等。由于二极管的伏安特性是非线性的，为了方便分析计算，在特定的条件下，可以将其进行线性化处理，视为理想元件。

1）理想二极管等效电路

在电路中，如果二极管导通时的正向压降远小于和它串联的元件的电压，二极管截止时反向电流远小于与之并联的元件的电流，那么可以忽略管子的正向压降和反向电流，把二极管理想化为一个开关。当外加正向电压时，二极管导通，正向压降为 0，相当于开关闭合；当外加反向电压时，二极管截止，反向电流为 0，相当于开关断开，理想二极管的等效电路如图 6-12 所示。利用理想二极管表示实际二极管进行电路的分析和计算可以得出比较满意的结果，但存在一点误差。

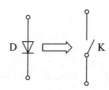

图 6-12　理想二极管的等效电路

2）限幅电路

利用二极管正向导通后其两端电压很小且基本不变的特性，可以构成各种限幅电路，使输出电压幅度限制在某一电压值内。

图 6-13（a）为一种二极管限幅电路，为了方便分析，设 D 为理想二极管，$u_i = U_m \sin \omega t$，且 $U_m > E$。在 u_i 变化过程中，当 $u_i < E$ 时，理想二极管处于反向偏置而截止，电路中电流为 0，$U_R = 0$，所以 $u_i = u_o$。在 $t_1 \sim t_2$ 这段时间内，$u_i > E$，二极管处于正向偏置而导通，其正向压降为 0，所以 $u_o = E$，即输入电压的幅度被限为 E 值，输入电压超出 E 的部分压降在电阻 R 上，u_o 的波形如图 6-13（b）所示。

如果把图 6-13（a）中二极管 D 和直流电源 E 反接，就可以限制输出电压负半周的幅度，其电路和输出的电压波形如图 6-14（b）所示。

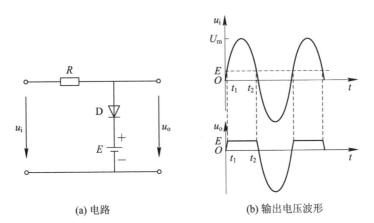

(a) 电路　　　　　　　(b) 输出电压波形

图 6 - 13　限制输出电压正半周幅度的限幅电路

如果把图 6 - 13(a) 和图 6 - 14(a) 两个限幅电路组合起来，就可以构成双向限幅电路，如图 6 - 15 所示。

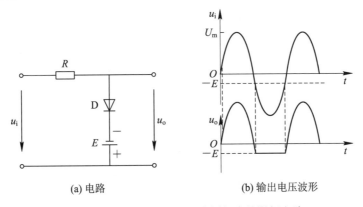

(a) 电路　　　　　　　(b) 输出电压波形

图 6 - 14　限制输出电压负半周幅度的限幅电路

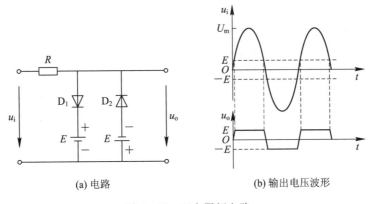

(a) 电路　　　　　　　(b) 输出电压波形

图 6 - 15　双向限幅电路

3）元件保护

在电子线路中，常用二极管来保护其他元件免受过高电压的损害，在如图 6 - 16 所示的电路中，L 和 R 是线圈的电感和电阻。

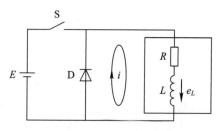

图 6-16 二极管保护电路

在开关 S 接通时，电源 E 给线圈供电，L 中有电流通过，存储了磁场能量。在开关 S 由接通到断开的瞬间，电流突然中断，L 中将产生一个高于电源电压很多倍的自感电动势 e_L，e_L 与 E 叠加作用在开关 S 的端子上产生电火花放电，这将影响设备的正常工作，使开关 S 寿命缩短。但是接入二极管 D 之后，通过二极管 D 产生放电电流，使 L 中存储的能量不经过开关 S 就被放掉，从而保护了开关 S。

4. 二极管及其整流、滤波、稳压电路

电路中，通常都需要电压稳定的直流电源供电。小功率直流稳压电源的组成可以用图 6-17 表示，它是由电源变压器、整流电路、滤波电路和稳压电路四部分组成的。

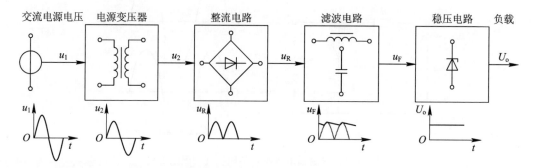

图 6-17 直流稳压电源结构图

电源变压器将交流电网电压变为所需要的电压值，然后通过整流电路将交流电压变成脉动的直流电压。由于此脉动的直流电压含有较大的纹波，必须通过滤波电路加以滤除，从而得到平滑的直流电压。但这样的电压还会随电网电压波动（一般有 ±10% 左右的波动）、负载和温度的变化而变化。因此在整流、滤波之后，还需要接稳压电路。稳压电路的作用是当电网电压波动、负载和温度变化时，维持输出直流电压的稳定。

1）单相整流电路

整流电路的任务是将交流电变换成直流电。这一功能的实现主要依靠二极管的单向导电性，因此二极管是构成整流电路的关键元件。

下面分析整流电路，为便于分析，把二极管当作理想，元件来处理，即认为它的正向导通电阻为零，而反向电阻为无穷大。

（1）单相半波整流电路。

图 6-18(a) 为单相半波整流时的电路，图中变压器的副边电压 $u_2 = \sqrt{2} U_2 \sin \omega t$，下面

将 D 看作理想元件，分析电路的工作原理。

当 u_2 处于正半周时，a 点电位高于 b 点电位，D 处于正向导通状态，所以

$$u_o = u_2, \quad i_D = i_o = \frac{u_o}{R_L}$$

当 u_2 处于负半周时，a 点电位低于 b 点电位，D 处于反向截止状态，所以

$$i_D = i_o = 0, \quad u_o = i_o R_L = 0, \quad u_o = u_2$$

根据以上分析，作出 u_D、i_D、i_o、u_o 的波形。由图 6-18(b) 可见，输出为单向脉动电压，通常负载上的电压用一个周期的平均值来说明它的大小，单相半波整流电路的平均输出电压为

$$U_o = \frac{1}{2\pi} \int_0^\pi \sqrt{2} U_2 \sin \omega t \, \mathrm{d}\omega t = \frac{\sqrt{2}}{\pi} U_2 = 0.45 U_2 \qquad (6-2)$$

平均电流为

$$I_o = \frac{0.45 U_2}{R_L} \qquad (6-3)$$

单相半波整流电路中二极管的平均电流就是整流输出的电流，即

$$I_D = I_o \qquad (6-4)$$

二极管截止时承受的最大反向电压可从图 6-18(b) 看出。当 u_2 处于负半周时，D 所承受的最大反向电压为 u_2 的最大值，即

$$U_{DRM} = \sqrt{2} U_2 \qquad (6-5)$$

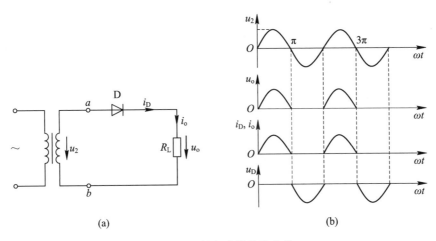

图 6-18　单相半波整流电路

（2）单相桥式整流电路。

单相桥式整流电路如图 6-19(a) 所示，图中 Tr 为电源变压器，它的作用是将交流电网电压 u_1 变成整流电路要求的交流电压 $u_2 = \sqrt{2} U_2 \sin \omega t$，$R_L$ 是需要直流供电的负载电阻，四只整流二极管 $D_1 \sim D_4$ 接成电桥的形式，故有桥式整流电路之称。图 6-19(b) 是单相桥式整流电路的简化画法。在电源电压 u_2 的正、负半周（设 a 端为正，b 端为负时是正半周）内电流通路分别用图 6-19(a) 中实线和虚线箭头表示。负载 R_L 上的电压 u_o 的波形如图

6－20 所示。电流 i_o 的波形与 u_o 的波形相似。显然，它们都是单方向的全波脉动波形。

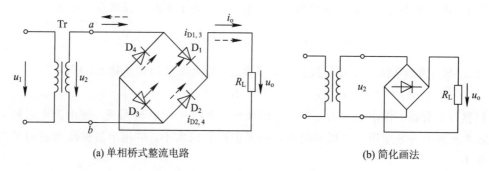

(a) 单相桥式整流电路　　　　　　　　　　　(b) 简化画法

图 6－19　单相桥式整流电路图

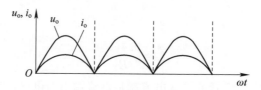

图 6－20　单相桥式整流电路波形图

单相桥式整流电压的平均值为

$$U_o = \frac{1}{\pi}\int_0^\pi \sqrt{2}U_2 \sin \omega t \, \mathrm{d}\omega t = \frac{2\sqrt{2}}{\pi}U_2 = 0.9U_2 \qquad (6-6)$$

直流电流为

$$I_o = \frac{0.9U_2}{R_L} \qquad (6-7)$$

在单相桥式整流电路中，二极管 D_1、D_3 和 D_2、D_4 是两两轮流导通的，所以流经每个二极管的平均电流为

$$I_D = \frac{1}{2}I_o = \frac{0.45U_2}{R_L} \qquad (6-8)$$

二极管在截止时管子承受的最大反向电压可从图 6－19(a)中看出。当 u_2 处于正半周时，D_1、D_3 导通，D_2、D_4 截止。此时 D_2、D_4 所承受的最大反向电压均为 u_2 的最大值，即

$$U_{DRM} = \sqrt{2}U_2 \qquad (6-9)$$

同理，当 u_2 处于负半周时，D_1、D_3 也承受同样大小的反向电压。

桥式整流电路的优点是输出电压高，纹波电压较小，管子所承受的最大反向电压较低，同时因电源变压器在正、负半周内都有电流供给负载，电源变压器得到了充分的利用，效率较高。因此，这种电路在半导体整流电路中得到了广泛的应用。电路的缺点是二极管用得较多。

2) 滤波电路

电容滤波电路是最简单的滤波器，它是通过在整流电路的输出端给负载并联一个电容 C 而组成的，如图 6－21(a)所示。

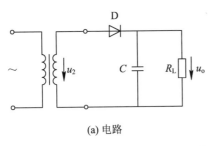
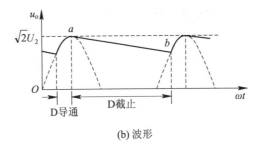

(a) 电路   (b) 波形

图 6-21 半波整流电容滤波及其波形

电容滤波是通过电容器的充电、放电来滤掉交流分量的。图 6-21(b)的波形图中的虚线波形为半波整流的波形。并入电容 C 后，在 $u_2 > 0$ 时，D 导通，电源在向 R_L 供电的同时，又向 C 充电储能，由于充电时间常数很小(绕组电阻和二极管的正向电阻都很小)，充电很快，输出电压 u_o 随 u_2 上升，当 $u_C = \sqrt{2}U_2$ 后，u_2 开始下降。当 $u_2 < u_C$ 时，D 反偏截止，由电容 C 向 R_L 放电，由于放电时间常数较大，放电较慢，输出电压 u_o 随 u_C 按指数规律缓慢下降，如图 6-21(b)中的 ab 实线段。放电过程一直持续到下一个 u_2 的正半波。当 $u_2 > u_C$ 时，C 又被充电，$u_o = u_2$ 又上升。直到 $u_2 < u_C$ 时，D 又截止，C 又放电，如此不断地充电、放电，使负载获得如图 6-21(b)中实线所示的 u_o 波形。由波形可见，半波整流接电容滤波后，输出电压的脉动程度大为减小，直流分量明显提高，C 值一定，当 $R_L = \infty$，即空载时，$U_o = \sqrt{2}U_2 \approx 1.4 U_2$，在波形图中由水平虚线标出。当 $R_L \neq \infty$ 时，由于电容 C 向 R_L 放电，输出电压 U_o 将随之降低。总之，R_L 愈小，输出平均电压愈低。因此，电容滤波只适合在小电流，且变动不大的电子设备中使用。通常，输出平均电压可按下述公式估算取值：

$$\left.\begin{array}{l} U_o = U_2 (半波) \\ U_o = 1.2U_2 (全波) \end{array}\right\} \tag{6-10}$$

为了达到式(6-10)的取值关系，获得比较平直的输出电压，一般要求 $R_L \geq (5 \sim 10)\dfrac{1}{\omega C}$，即

$$C \geq (3 \sim 5)\frac{T}{2R_L} \tag{6-11}$$

式中，T 为电源交流电压的周期。

此外，由于二极管的导通时间短(导通角小于 $180°$)，而电容的平均电流为零，可见二极管导通时的平均电流和负载的平均电流相等，因此二极管的电流峰值必然较大，产生电流冲击，容易使管子被损坏。

具有电容滤波的整流电路中的二极管，其最高反向工作电压对半波和全波整流电路来说是不相等的。在半波整流电路中，要考虑到最严重的情况是输出端开路，当 u_2 处于正半周时，电容器上充有 U_{2m} (正向周期最大电压)，而 u_2 处在负半周的幅值时，这时二极管承受的最大电压为 $2U_{2m}$ 的反向工作电压。它与无滤波电容时相比，增大了一倍。

对于单相桥式整流电路而言，无论有无滤波电容，二极管的最高反向工作电压都是 $\sqrt{2}U_2$。

关于滤波电容值的选取应视负载电流的大小而定，一般在几十微法到几千微法之间，

电容器耐压值应大于输出电压的最大值，通常采用极性电容器。

3）集成稳压电路

随着半导体集成技术的发展，集成电路技术迅速发展，并得到了广泛的应用。集成稳压电路分为线性集成稳压电路和开关集成稳压电路两种。前者适用于功率较小的电子设备，后者适用于功率较大的电子设备。

目前国内外使用最广、销量最高的是三端式集成稳压器，该稳压器属于线性集成稳压电路，其内部是串联型晶体稳压电路。它具有体积小、使用方便、内部含有过流和过热保护电路、使用安全可靠等优点。三端式集成稳压器又分为三端固定式集成稳压器和三端可调式集成稳压器两种。前者的输出电压是固定的，后者的输出电压是可调的，本部分介绍三端固定式集成稳压器。

国产三端固定式集成稳压器有 CW7800 系列和 CW7900 系列两种，其外形如图 6-22（a）所示，它只有三个引脚。CW7800 系列为正电压输出的集成稳压器，引脚 1 为输入端，2 为输出端，3 为公共端，基本应用电路如图 6-22（c）所示。CW7900 系列为负电压输出的集成稳压器，引脚 1 为公共端，2 为输出端，3 为输入端，基本应用电路如图 6-22（d）所示。输入端和输出端各接有电容 C_i 和 C_o。C_i 用来抵消输入端接线较长时的电感效应，防止产生振荡，一般 CW7800 系列所接电容 C_i 为 0.33 pF，CW7900 系列所接电容 C_i 为 2.2 pF。C_o 是为了在负载电流瞬间增加或减小时，不致引起输出电压有较大的波动，一般 CW7800 所接电容 C_o 为 0.1 pF，CW7900 系列所接电容 C_o 为 1 pF。输出电压有 5 V、6 V、8 V、9 V、12 V、15 V、18 V、24 V 等不同电压规格，型号的后二位数字表示输出电压值，例如 CW7805 表示输出电压为 5 V。使用时，除了了解输出电压值，还要了解它们的输入电压和最大输出电流等数值，这些参数可查阅有关手册。

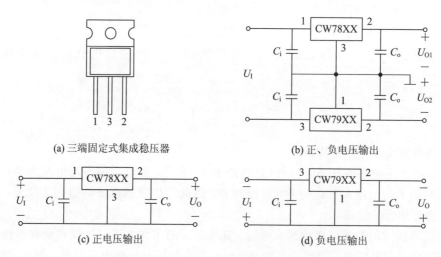

(a) 三端固定式集成稳压器　　　　　(b) 正、负电压输出

(c) 正电压输出　　　　　　　　　(d) 负电压输出

图 6-22　三端固定式集成稳压符号及电路

6.4　稳压二极管

稳压二极管简称稳压管，它是利用二极管反向击穿的特性制成的，专门用于稳定电压的二极管是面接触型硅二极管。稳压二极管的外形与内部结构和普通二极管相似，对外具

有两个电极。图 6-23(c)即为稳压管的符号。

稳压二极管的伏安特性如图 6-23(b)所示，它的伏安特性与普通二极的管相似，略有差异的是它的反向特性。它的反向特性比普通二极管的更加陡直，这正是它用来稳压的依据所在。

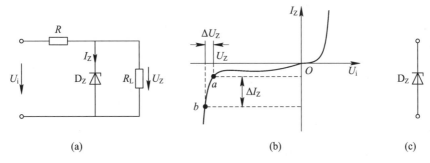

图 6-23　稳压管电路、伏安特性及符号

对普通二极管来说，它的反向电流随着反向电压的增加而增加，一旦达到击穿电压，二极管被击穿。若无限流电阻限制流过二极管的电流，管子将因电流过大而被烧毁。

由稳压管的伏安特性可见，当反向电压小于击穿电压时，反向电流很小；当反向电压增加到等于击穿电压 U_Z 后，反向电流急剧增加，由图 6-23(b)可见，此时反向电压只要略有增加，反向电流就有很大增加，这也是说，当反向电流在很大范围内变化时，反向电压变化不大。稳压管正是利用这一特点来稳压的。图 6-23(b)中曲线的 ab 段是稳压管的反向击穿区，电压 U_Z 称为稳定电压。

如果稳压管只工作在电击穿情况下，结构不被破坏，则击穿是可逆的，保证稳压管虽被击穿，但未损坏。但是，如果反向电流太大，超过了电流允许值，或者稳压管的功率损耗过大，超过了允许值，那么稳压管便会造成不可逆热击穿，从而使稳压管损坏。因此，在使用稳压管时，必须在电路中串联一个限流电阻。

显然，稳压管应当工作在反向击穿区。一个典型的稳压管稳压电路如图 6-23(a)所示。在该电路中，当电路输入端的电压发生变化，而引起负载两端的电压变化时，它的稳压过程可如下所示：

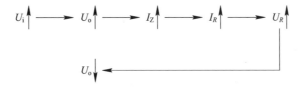

这里，还有一点需要说明，通常稳定电压大于 6 V 的稳压管属于雪崩击穿，小于 5 V 的稳压管为齐纳击穿，5～6 V 范围内的稳压管，上述两种击穿同时存在。

1. 主要参数

1) 稳定电压

稳定电压是指稳压管的反向电流为规定的稳定电流时稳压管两端的稳定电压值，用符

号 U_Z 表示。但是，必须说明一点，由于工艺上的原因，以及稳压管的稳定电压受电流与温度变化的影响，即使是同一型号的稳压管，其稳压值也具有一定的分散性。例如，2CW1 型稳压管的稳压范围为 3.2～4.5 V。

2）稳定电流

稳定电流是指稳压管正常工作时的工作电流，用符号 I_Z 表示，此值一般是指最小稳定电流，如果稳压管的工作电流小于此值，那么稳压效果变差。

3）最大稳定电流

最大稳定电流是指稳压管可以正常稳压的最大允许工作电流，用符号 I_{Zmax} 表示，如果电流超过此值，稳压管不再稳压。

4）动态电阻

动态电阻是指在稳压管的稳压范围内，稳压管两端的电压变化量与电流变化量之比，用符号 r_Z 表示。该阻值一般很小，在十几欧至几十欧之间。

5）温度系数

温度系数是指稳压管受温度影响的变化系数，用符号 α 表示，其数值为温度每升高 1℃时稳压值的相对变化量，一般用百分数表示。它也是稳压管的质量指标之一，反映了温度变化对稳定电压的影响程度。

6）最大允许耗散功率

最大允许耗散功率是指使稳压管不致热击穿的最大功率损耗，用符号 P_Z 表示。

2. 稳压管稳压电路

经过整流和滤波后的电压往往会随交流电源的波动和负载的变化而变化。电压的不稳定有时会产生测量和计算的误差，引起控制装置的工作不稳定，甚至根本无法正常工作。特别是精密电子测量仪器、自动控制的计算装置及晶闸管的触发电路等都要求有很稳定的直流电源供电。最简单的直流稳压电源是采用稳压管来稳定电压的。

图 6-24 是一种稳压管稳压电路，经过桥式整流电路和电容滤波器滤波得到直流电压 U_i，再经过限流电阻 R 和稳压管 D_Z 组成的稳压电路，负载上得到的就是一个比较稳定的电压。

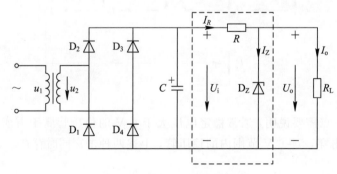

图 6-24　稳压管稳压电路

引起电压不稳定的原因是交流电源电压的波动和负载电流的变化。下面分析在这两种情况下稳压电路的作用。例如，当交流电源电压增加而使整流输出电压 U_i 随着增加时，负载电压 U_o 也要增加。U_o 即为稳压管两端的反向电压。当负载电压 U_o 稍有增加时，稳压管的电流 I_Z 就显著增加，因此电阻 R 上的压降增加，以抵偿 U_i 的增加，从而使负载电压 U_o 保持近似不变。相反，如果交流电源电压降低而使 U_i 降低时，负载电压 U_o 也要降低，因此稳压管的电流 I_Z 就显著减小，电阻 R 上的压降也减小，负载电压 U_o 保持近似不变。同理，如果当电源电压保持不变，而负载电流变化引起负载电压 U_o 改变时，上述稳压电路仍能起到稳压的作用。例如，当负载电流增大时，电阻 R 上的压降也增大，负载电压 U_o 因此下降。只要 U_o 下降一点，稳压管电流就显著减小，通过电阻 R 的电流和电阻上的压降保持近似不变，因此负载电压 U_o 也就近似稳定不变。当负载电流减小时，稳压过程相反。

选择稳压管时，一般取：

$$\begin{cases} U_Z = U_o \\ I_{Z\max} = (1.5 \sim 3)I_{o\max} \\ U_i = (2 \sim 3)U_o \end{cases}$$

【例 6-1】　有一稳压管稳压电路，如图 6-23 所示。负载电阻 R_L 由开路变到 3 kΩ，交流电压经整流滤波后得出 $U_i = 45$ V。要求输出直流电压 $U_o = 15$ V，试选择稳压管 D_Z。

解　根据输出直流电压 $U_o = 15$ V 的要求，由式(6-11)得稳定电压：

$$U_Z = U_o = 15 \text{ V}$$

由输出电压 $U_o = 15$ V 及最小负载电阻 $R_L = 3$ kΩ 的要求，得出负载电流最大值：

$$I_{o\max} = \frac{U_o}{R_L} = \frac{15}{3} = 5 \text{ mA}$$

由式(6-11)计算得

$$I_{Z\max} = 3I_{o\max} = 15 \text{ mA}$$

查半导体器件手册，选择稳压管 2CW20，其稳定电压 $U_Z = (13.5 \sim 17)$ V，稳定电流 $I_Z = 5$ mA，$I_{Z\max} = 15$ mA。

6.5　双极型晶体管

电子电路当中的晶体三极管，由于其内部有带不同电荷的载流子参与导电，因此称为双极型晶体管。晶体管作为放大电路的核心元件，其种类很多，按照结构可以分为 PNP 管和 NPN 管，按照使用的频率可以分为高频管和低频管，按照管子的功率可以分为小功率管、中功率管、大功率管，按照制作的材料可以分为硅管和锗管。

1. 晶体管的基本结构

NPN 管和 PNP 管的图形符号和结构示意图如图 6-25 所示。每种晶体管都有三个区，即发射区、集电区和基区。发射区的作用是发射载流子，掺杂的浓度较高。集电区的作用是收集载流子，掺杂的浓度较低，尺寸较大。基区位于中间，起控制载流子的作用，掺杂浓度很低，而且很薄。位于发射区与基区之间的 PN 结称为发射结，位于集电区与基区之间的 PN 结称为集电结。从对应的三个区引出的电极分别称为发射极 e、基极 b 和集电极 c。晶体管图形符号中发射极的箭头代表发射结正偏时的电流方向。

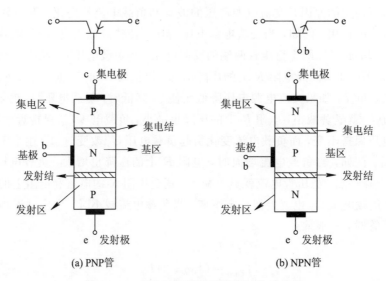

图 6-25   晶体管的图形符号和结构示意图

2. 晶体管的电流放大作用

NPN 管和 PNP 管的工作原理相同，只是使用时外加电源极性连接不同。下面将针对 NPN 管分析晶体管的放大原理，所得结论同样适合于 PNP 管。晶体管处于放大状态的条件是发射结正偏，集电结反偏。以共发射极电路为例说明晶体管的电流放大作用。

下面结合图 6-26，分析晶体管内部载流子的运动和电流分配。

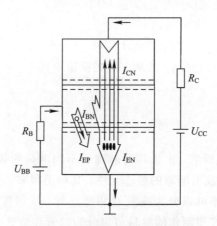

图 6-26   晶体管内部载流子流动

（1）发射区向基区扩散电子。

对 NPN 管而言，因为发射区自由电子的浓度大，而基区自由电子的浓度小，所以自由电子要从浓度大的发射区向浓度小的基区扩散。由于发射结处于正向偏置，发射区自由电子的扩散运动加强，不断扩散到基区，并不断从电源补充电子，形成发射极电流 I_E。基区的多数载流子空穴也要向发射区扩散，但由于基区的空穴浓度比发射区的自由电子的浓度小得多，因此空穴电流很小，可以忽略不计。

（2）电子在基区扩散和复合。

从发射区扩散到基区的自由电子起初都聚集在发射结附近，靠近集电结的自由电子很少，形成了浓度上的差别，因此自由电子将向集电结方向继续扩散。在扩散过程中，自由电子不断与基区中的多数载流子空穴相遇而复合。由于基区接电源 U_{BB} 的正极，基区中受激发的价电子不断被电源拉走，这相当于不断补充基区中被复合掉的空穴，形成电流 I_{BN}，它基本上等于基极电流 I_B。

在中途被复合掉的电子越多，扩散到集电结的电子就越少，这不利于晶体管的放大作用。为此基区就要做得很薄，基区掺杂浓度要很小，这样才可以大大减少电子与基区空穴复合的机会，使绝大部分自由电子都能扩散到集电结边缘。

（3）集电区收集从发射区扩散过来的电子。

由于集电结反向偏置，它阻挡集电区的自由电子向基区扩散，但可将从发射区扩散到基区并到达集电区边缘的自由电子拉入集电区，从而形成电流 I_{CN}，它基本上等于集电极电流 I_C。

除此以外，由于集电结反向偏置，集电区的少数载流子空穴和基区的少数载流子电子将向对方运动，形成电流 I_{CBO}，该电流的数值很小，它构成了集电极电流 I_C 和基极电流 I_B 的一小部分，但受温度影响很大，与外加电压的大小关系不大。

如上所述，从发射区扩散到基区的电子中只有很少的一部分在基区复合，绝大部分到达集电区，也就是构成发射极电流 I_E 的两部分中，I_{BN} 部分是很小的，而 I_{CN} 部分所占的百分比是很大的，这个比值用 $\bar{\beta}$ 表示，即：

$$\bar{\beta} = \frac{I_{CN}}{I_{BN}} = \frac{I_C - I_{CBO}}{I_B + I_{CEO}} \approx \frac{I_C}{I_B} \tag{6-12}$$

由式（6-12）可得

$$I_C = \bar{\beta} I_B + (1 + \bar{\beta}) I_{CBO} = \bar{\beta} I_B + I_{CEO} \approx \bar{\beta} I_B \tag{6-13}$$

式中，I_{CEO} 称为穿透电流，一般情况下 $I_B \gg I_{CBO}$，$\bar{\beta} \gg 1$，I_{CEO} 忽略不计。

晶体管三个极间的电流关系为

$$I_E = I_B + I_C = I_B + \bar{\beta} I_B \approx I_C \tag{6-14}$$

由式（6-14）得，晶体管中 I_C 不仅比 I_B 大得多，而且当调节电阻 R_B 时，基极电流 I_B 会产生一个微小的变化，将会引起 I_C 发生较大变化。

3. 晶体管的特性曲线

晶体管特性曲线是用来描述晶体管各电极电压与电流的关系曲线，是管子内部载流子运动的外部表现，反映了晶体管的性能，是分析放大电路的依据。为什么要研究特性曲线，因为利用该特性曲线可以直观地分析管子的工作状态，合理地选择偏置电路的参数，设计性能良好的电路。该部分重点讨论应用最广泛的共发射极接法的特性曲线。

1）输入特性曲线

输入特性曲线是指当集电极和发射极之间的电压 U_{CE} 为常数时，输入电路（基极电路）中基极电流 I_B 同基极和发射极之间的电压 U_{BE} 之间的关系曲线，即

$$I_B = f(U_{BE}) \big|_{U_{CE}=\text{常数}} \tag{6-15}$$

图 6-27 给出了某一种晶体管在 $U_{CE} \geqslant 1 \text{ V}$ 时对应的输入特性曲线。

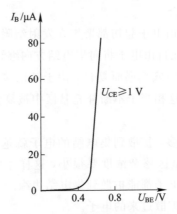

图 6 - 27   晶体管输入特性曲线

$U_{CE} = 0$ V 时，B、E 间加正向电压，这时发射结和集电结均为正偏，相当于两个二极管正向并联的特性，I_B 为两个二极管正向电流之和。

$U_{CE} \geqslant 1$ V 时，集电结反偏，从发射区注入基区的电子绝大部分都漂移到集电极，只有小部分与空穴复合形成 I_B。$U_{CE} \geqslant 1$ V 以后，I_C 增加很少，因此 I_B 的变化量也很少，此时可以忽略 U_{CE} 对 I_B 的影响，即输入特性曲线都重合。

由输入特性曲线可知，和二极管的伏安特性一样，晶体管的输入特性也有一段死区。只有在发射结外接电压大于死区电压时，晶体管才会导通，有电流 I_B。晶体管死区电压和制作晶体管的材料有关，硅管的死区电压为 0.5 V，锗管的死区电压为 0.1 V。晶体管导通以后特性曲线很陡，在正常的工作范围内，硅管的发射结导通电压为 0.6~0.7 V，锗管的发射结导通电压为 0.2~0.3 V。

2）输出特性曲线

输出特性曲线是指当基极电流 I_B 为常数时，输出电路（集电极电路）中集电极电流 I_C 同 U_{CE} 之间的关系曲线，即

$$I_C = f(U_{CE}) \mid_{I_B = 常数} \tag{6-16}$$

如图 6 - 28 所示，在不同的 I_B 下，可得出不同的 I_C 随 U_{CE} 变化的曲线，所以晶体管的输出特性曲线是一簇曲线。下面结合图 6 - 28，以共发射极电路为例进行分析。

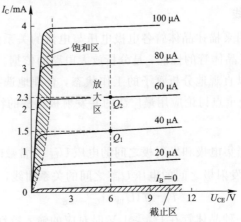

图 6 - 28   晶体管输出特性曲线

从图 6-28 可以看出，晶体管有三种工作状态，即截止、放大和饱和。因此输出特性曲线分为三个工作区。

（1）放大区。

输出特性曲线近于水平的部分是放大区。在放大区，$I_C = \beta I_B$，放大区也称为线性区，具有恒流特性。在此区内，发射结处于正向偏置，集电结处于反向偏置，晶体管在放大状态下工作。

对 NPN 管而言，应使 $U_{BE} > 0$，$U_{BC} < 0$，此时，$U_{CE} > U_{BE}$。

（2）截止区。

$I_B = 0$ 的曲线以下的区域称为截止区。$I_B = 0$ 时，$I_C = I_{CEO}$（通常 $I_{CEO} < 0.001\text{mA}$，很小，忽略不计）。对 NPN 型硅管，当 $U_{BE} < 0.5\ \text{V}$ 时，即已开始截止，为使晶体管可靠截止，常使 $U_{BE} = 0$。截止时，集电结也处于反向偏置（$U_{BC} \leqslant 0$），此时，$I_C \approx 0$，$U_{CE} = U_{CC}$。

（3）饱和区。

当 $U_{CE} < U_{BE}$ 时，集电结处于正向偏置（$U_{BC} > 0$），晶体管在饱和状态下工作。在饱和区，$I_C \leqslant \beta I_B$，发射结处于正向偏置，集电结也处于正向偏置。

深度饱和时硅管 $U_{CES} \approx 0.3\ \text{V}$，锗管 $U_{CES} \approx 0.1\ \text{V}$，$I_C \approx U_{CC}/R_C$。当晶体管饱和时，$U_{CES} \approx 0$，发射极与集电极之间如同一个开关的接通，其间电阻很小；当晶体管截止时，$I_C \approx 0$，发射极与集电极之间如同一个开关的断开，其间电阻很大，可见，晶体管除了有放大作用，还有开关作用。

4. 主要参数

三极管的参数有很多，如电流放大系数、反向电流、耗散功率、集电极最大电流、最大反向电压等，这些参数可以通过查半导体手册来得到。

1）共发射极电流放大系数

共发射极电流放大系数是指从基极输入信号，从集电极输出信号，此种接法（共发射极）下的电流放大系数。

当晶体管接成共发射极电路时，在静态（无输入信号）时集电极电流与基极电流的比值称为静态电流（直流）放大系数，用符号 $\bar{\beta}$ 表示，即

$$\bar{\beta} = \frac{I_C}{I_B} \tag{6-17}$$

当晶体管工作在动态（有输入信号）时，基极电流的变化量为 ΔI_B，它引起集电极电流的变化量为 ΔI_C。ΔI_C 与 ΔI_B 的比值称为动态电流（交流）放大系数，用符号 β 表示，即

$$\beta = \frac{\Delta I_C}{\Delta I_B} \tag{6-18}$$

通常情况下，可近似认为 $\bar{\beta} \approx \beta$，常用晶体管的 β 值在 20~200 之间。

2）穿透电流

穿透电流是指当基极开路，即 $I_B = 0$ 时，集电极和发射极流过的电流，用符号 I_{CBO} 表示。I_{CBO} 受温度影响时变化较大。其值越小，工作温度稳定性越好。

3）集电极最大允许电流

集电极最大允许电流是指 β 下降到其额定值的 2/3 时所允许的最大集电极电流，用符号 I_{CM} 表示。

4）反向击穿电压

反向击穿电压用符号 U_{BR} 表示，若加在晶体管两个 PN 结上的反向电压超过规定值，将会导致管子的击穿并烧毁。

5）集电极最大允许功率损耗

集电极最大允许功率损耗用符号 P_{CM} 表示，集电极上消耗的功率 $P_{CM}=I_C U_{CE}$，该功率大部分消耗在反向偏置的集电结上，表现为温度的升高，允许的最大功率不超过 P_{CM}。

6.6　场效应管简介

场效应管可用英文缩写 FET（Field Effect Transistor）表示，与双极型晶体管（三极管）相比，无论是内部的导电机理，还是外部的特性曲线，二者都截然不同。FET 是利用电场效应来控制电流的一种半导体器件，即它是电压控制器件。它的输出电流由输入电压的大小决定，基本上不需要信号源提供电流。FET 属于一种新型的半导体器件，尤为突出的是：FET 具有高达 $10^7 \sim 10^{15}\,\Omega$ 的输入电阻，几乎不取用信号源提供的电流，因此 FET 具有功耗小、体积小、重量轻、热稳定性好、制造工艺简单且易于集成化等优点。

按结构的不同，场效应管可分为结型场效应管（Junction Type Field Effect Transistor）和绝缘栅型场效应管（Insulated Gate Field Effect Transistor）。绝缘栅型场效应管按工作状态可分为增强型和耗尽型两类，每一类又有 N 沟道和 P 沟道之分，接下来以绝缘栅型场效应晶体管为例进行介绍说明。

1. 增强型绝缘栅场效应管

1）结构

图 6-29 是 N 沟道增强型绝缘栅场效应管的结构示意图和图形符号。

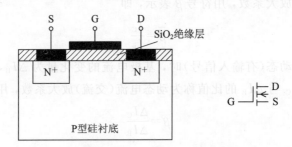

图 6-29　N 沟道增强型绝缘栅场效应管的结构示意图和图形符号

N 沟道增强型绝缘栅场效应管在 P 型半导体（硅衬底）上生成一层 SiO_2 绝缘层，然后用光刻工艺扩散两个高掺杂的 N 型区，从 N 型区引出两个电极，一个是漏极 D（相当于晶体三极管的集电极），另一个是源极 S（相当于晶体三极管的发射极）。在源极和漏极之间的绝缘层上镀一层金属铝作为栅极 G(相当于晶体三极管的基极)。栅极和其他电极及硅片之间是绝缘的，故该场效应管称为绝缘栅型场效应管。由于金属栅极和半导体之间的绝缘层目前常用二氧化硅，故该场效应管又称为金属-氧化物-半导体场效应管(Metal Oxide Semiconductor FET，MOSFET)，简称 MOS 场效应管。

2) 工作原理

由图 6-30 的结构图可见，N^+ 型漏区和 N^+ 型源区之间被 P 型硅衬底隔开，漏极和源极之间是两个背靠背的 PN 结。当栅源电压 $U_{GS}=0$ 时，不管漏极和源极之间所加电压的极性如何，其中总有一个 PN 结是反向偏置的，且反向电阻很高，漏极电流近似为 0。

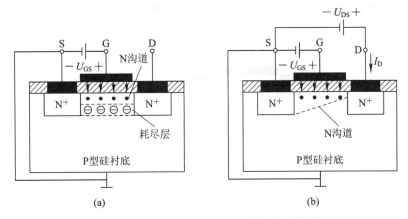

图 6-30　N 沟道增强型绝缘栅场效应管的工作原理

由图 6-30 可以看出，当 $U_{GS}>0$ 时，P 型硅衬底中的电子受到电场力的吸引到达表层，填补空穴，形成负离子的耗尽层；当 $U_{GS}>U_{GS(th)}$ 时，还在表面形成一个 N 型层，称为反型层，即沟通源区和漏区的 N 型导电沟道，将漏极 D 和源极 S 连接起来。U_{GS} 愈高，导电沟道愈宽。当 $U_{GS}>U_{GS(th)}$ 后，场效应管才形成导电沟道，开始导通，若漏极和源极之间加上一定的电压 U_{DS}，则有漏极电流 I_D 产生。

在一定的 U_{DS} 下，漏极电流 I_D 的大小与栅源电压 U_{GS} 有关。所以场效应管是一种电压控制电流的器件。在一定的漏源电压 U_{DS} 下，使场效应管由不导通变为导通的临界栅源电压称为开启电压 $U_{GS(th)}$。

P 沟道 MOSFET 的工作原理与 N 沟道 MOSFET 的工作原理完全相同，只不过导电的载流子不同，供电电压的极性不同而已。这如同双极型晶体管有 NPN 管和 PNP 管一样。

3) 特性曲线

图 6-31 是 N 沟道增强型绝缘栅场效应管的转移特性曲线和输出特性曲线。

N 沟道增强型绝缘栅场效应管不具有原始导电沟道，只有当 $U_{DS}>U_{GS}$ 时，才有漏极电流 I_D，如图 6-31(a)所示。转移特性反映了 U_{GS} 对 I_D 的控制特性。

图 6-32 是 P 沟道增强型绝缘栅场效应管的结构示意图，它的工作原理与 N 沟道增强型绝缘栅场效应管的工作原理相似，只需调换电源的极性即可。

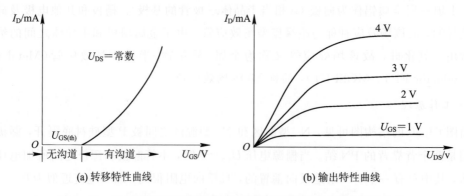

(a) 转移特性曲线　　　　　　　(b) 输出特性曲线

图 6-31　N 沟道增强型绝缘栅场效应管的转移特性和输出特性曲线

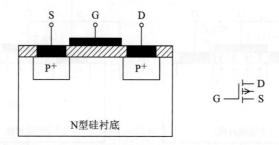

图 6-32　P 沟道增强型绝缘栅场效应管的结构及其符号

2. 耗尽型绝缘栅场效应管

如果场效应管在制造时导电沟道就已经形成，那么该场效应管称为耗尽型场效应管。

1）结构

图 6-33 是 N 沟道耗尽型绝缘栅场效应管的结构示意图及图形符号。

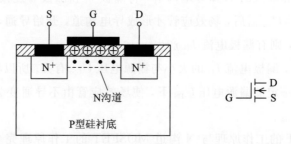

图 6-33　N 沟道耗尽型绝缘栅场效应管的结构及其图形符号

2）工作原理

由于耗尽型场效应管预埋了导电沟道，因此当 $U_{GS}=0$ 时，若在漏极和源极之间加上一定的电压 U_{DS}，则也会有漏极电流 I_D 产生。这时的漏极电流用 I_{DSS} 表示，称为饱和漏极电流。

当 $U_{GS}>0$ 时，导电沟道变宽，I_D 增大；当 $U_{GS}<0$ 时，导电沟道变窄，I_D 减小；U_{GS} 负值的绝对值愈大，沟道愈窄，I_D 就愈小。

当 U_{GS} 达到一定负值时，N 型导电沟道消失，$I_D=0$，这种情况称为场效应管处于夹断状态(即截止)。这时的 U_{GS} 称为夹断电压，用 $U_{GS(off)}$ 表示。

3）特性曲线

耗尽型场效应管由于具有原始导电沟道，因此 $U_{GS}=0$ 时有导电沟道，加反向电压到一定值时才能夹断。N 沟道耗尽型绝缘栅场效应管的转移特性曲线和输出特性曲线如图 6-34 所示。当 U_{GS} 减小到某一数值时，N 型沟道消失，$I_D=0$，耗尽型场效应管处于夹断状态(即截止)，此时的栅源电压称为夹断电压 $U_{GS(off)}$，如图 6-34(a)所示。可见，对于耗尽型场效应管而言，栅源电压 U_{GS} 无论是正是负还是零，都能控制漏极电流 I_D。这个特性使其应用具有更大的灵活性。

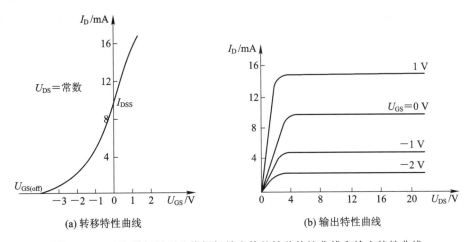

(a) 转移特性曲线   (b) 输出特性曲线

图 6-34 N 沟道耗尽型绝缘栅场效应管的转移特性曲线和输出特性曲线

与增强型场效应管一样，耗尽型也有 N 沟道和 P 沟道之分。无论哪种类型的场效应管，使用时必须注意所加电压的极性。增强型和耗尽型场效应管的主要区别在于是否有原始导电沟道。

4）主要参数

(1) 开启电压 $U_{GS(th)}$ (或 U_T)。开启电压是增强型 MOS 场效应管的参数。当栅源电压小于开启电压的绝对值时，场效应管不能导通。

(2) 夹断电压 $U_{GS(off)}$ (或 U_P)。夹断电压是耗尽型场效应管的参数。当 $U_{GS}=U_{GS(off)}$ 时，漏极电流为零。

(3) 饱和漏极电流 I_{DSS}。饱和漏极电流是耗尽型场效应管的参数，它是指当 $U_{GS}=0$ 时所对应的漏极电流。

(4) 输入电阻 r_{GS}。输入电阻是场效应管的栅源输入电阻的典型值，对于结型场效应管，反偏时 r_{GS} 约大于 $10^7\ \Omega$，对于绝缘栅型场效应管，r_{GS} 为 $10^9\sim10^{15}\ \Omega$。

(5) 低频跨导 g_m。低频跨导反映了栅压对漏极电流的控制作用，这一点与电子管的控制作用相似。g_m 可以在转移特性曲线上求取，单位是 mS(毫西门子)。

(6) 最大漏极功耗 P_{DM}。最大漏极功耗可由 $P_{DM}=U_{DS}I_D$ 求取，与双极型晶体管的 P_{DM} 相当。

6.7　光电器件

根据光电效应制作的器件称为光电器件，也称为光敏器件。光电器件主要包括利用半导体光敏特性工作的光电导器件，利用半导体光伏效应工作的光电池和半导体发光器件等。因此，光电器件的种类很多，主要有光电管、光电倍增管、光敏电阻、光敏二极管、光敏三极管、光电池、光电耦合器件等。

1. 光电二极管

光电二极管又称为光敏二极管，它的管壳上有一个能接收光线的玻璃窗口。其特点是，当光线照射于它的 PN 结时，自由电子和空穴成对地产生，从而使半导体中少数载流子的浓度提高。这些载流子在一定的反向偏置电压的作用下可以产生漂移电流，使反向电流增加。因此它的反向电流随光照强度的增加而线性增加，这时光电二极管等效于一个恒流源。当无光照时，光电二极管的伏安特性与普通二极管的伏安特性一样。光电二极管的等效电路如图 6-35(a)所示，图 6-35(b)为光电二极管的图形符号。

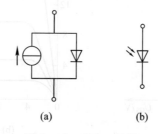

(a)　　　　　　(b)

图 6-35　光电二极管

光电二极管的主要参数如下。

(1) 暗电流：指无光照时的反向饱和电流，一般小于 $1\ \mu A$。

(2) 光电流：指在额定照度下的反向电流，一般为几十毫安。

(3) 灵敏度：指在给定波长（如 $0.9\ \mu m$）的单位光功率下，光电二极管产生的光电流，光电二极管的灵敏度一般不低于 $0.5\ \mu A/\mu W$。

(4) 峰值波长：指使光电二极管具有最高响应灵敏度（光电流最大）的光波长。一般光电二极管的峰值波长在可见光和红外线范围内。

(5) 响应时间：指加定量光照后，光电流达到稳定值的 63% 所需要的时间，一般为 10^{-7} s。

光电二极管作为光控元件，可用于物体检测、光电控制、自动报警等方面。当制成大面积的光电二极管时，可将它当作一种能源，称之为光电池。光电池不需要外加电源，能够直接把光能转化为电能。

2. 发光二极管

发光二极管是一种将电能直接转换成光能的半导体固体显示器件，简称 LED(Light Emitting Diode)。和普通二极管相似，发光二极管也是由一个 PN 结构成的。发光二极管的 PN 结封装在透明塑料壳内，其外形有方形、矩形和圆形等。发光二极管具有驱动电压低、工作电流小、抗振动和冲击能力强、体积小、可靠性高、耗电低和寿命长等优点，广泛用于信号指示等电路中。在电子技术中常用的数码管，就是用按一定方式排列的发光二极管组成的。

　　发光二极管的原理与光电二极管的原理相反。当这种管子正向偏置通过电流时会发出光，这是由于电子与空穴直接复合时放出能量的结果。它的光谱范围比较窄，其波长由所使用的基本材料而定。不同半导体材料制造的发光二极管会发出不同颜色的光，如磷砷化镓(GaAsP)材料发红光或黄光，磷化镓(GaP)材料发红光或绿光，氮化镓(GaN)材料发蓝光，碳化硅(SiC)材料发黄光，砷化镓(GaAs)材料发不可见的红外线。

　　发光二极管的图形符号如图 6-36 所示。它的伏安特性和普通二极管的伏安特性相似，其死区电压为 0.9～1.1 V，正向工作电压为 1.5～2.5 V，工作电流为 5～15 mA。发光二极管的反向击穿电压较低，一般小于 10 V。

图 6-36　发光二极管的图形符号

 ## 实战演练

　　综合实战演练 1：需要一单相桥式整流电容滤波电路，电路如图 6-37 所示。交流电源频率 $f = 50$ Hz，负载电阻 $R_{\text{L}} = 120$ Ω，要求直流电压 $U_{\text{o}} = 30$ V。试选择整流元件及滤波电容。

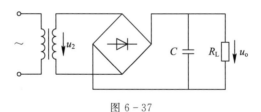

图 6-37

　　解　(1) 选择整流二极管。

流过二极管的平均电流为

$$I_{\text{D}} = \frac{1}{2} I_{\text{o}} = \frac{1}{2} \frac{U_{\text{o}}}{R_{\text{L}}} = \frac{1}{2} \times \frac{30}{120} = 125 \text{ mA}$$

因为 $U_{\text{o}} = 1.2 U_2$，所以交流电压有效值为

$$U_2 = \frac{U_{\text{o}}}{1.2} = \frac{30}{1.2} = 25 \text{ V}$$

可以选用 4 个 $I_{\text{RM}} \geqslant I_{\text{D}}$、$U_{\text{RM}} \geqslant U_{\text{DRM}}$ 的二极管。

二极管承受的最高反向工作电压为

$$U_{\text{DRM}} = \sqrt{2} U_2 = \sqrt{2} \times 25 = 35 \text{ V}$$

(2) 选择滤波电容 C。

取 $R_{\text{L}} C = 5 \times \dfrac{T}{2}$，而 $T = \dfrac{1}{f} = \dfrac{1}{50} = 0.02$ s，所以

$$C = \frac{1}{R_L} \times 5 \times \frac{T}{2} = \frac{1}{120} \times 5 \times \frac{0.02}{2} = 417 \ \mu F$$

可以选用 $C = 500 \ \mu F$，耐压值为 50 V 的电解电容器。

综合实战演练 2：图 6-38 所示的电路中，已知 $U_Z = 12$ V，$I_{Zmax} = 18$ mA，$I_Z = 5$ mA，负载电阻 $R_L = 2$ kΩ，当输入电压由正常值发生 ±20% 的波动时，要求负载两端电压基本不变，试确定输入电压 U_i 的正常值和限流电阻 R 的数值。

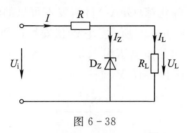

图 6-38

解　负载两端电压 U_L 就是稳压管的端电压 U_Z，当 U_i 发生波动时，必然使限流电阻 R 上的压降和 U_Z 发生变动，引起稳压管电流的变化，只要在 $I_{Zmax} \sim I_Z$ 的范围内变动，可以认为 U_Z 即 U_L 基本上未变动，这就是稳压管的稳压作用。

当 U_i 向上波动 20%，即 $10.2U_i$ 时，认为 $I_Z = I_{Zmax} = 18$ mA，因此有

$$I = I_{Zmax} + I_L = 18 + \frac{U_Z}{R_L}$$

$$= 18 + \frac{12}{2} = 24 \ mA$$

由 KVL 得

$$1.2U_i = IR + U_L = 24 \times 10^{-3} \times R + 12$$

当 U_i 向下波动 20%，即 $0.8U_i$ 时，认为 $I_Z = 5$ mA，因此有

$$I = I_Z + I_L = 5 + \frac{U_Z}{R_L} = 5 + \frac{12}{2} = 11 \ mA$$

由 KVL 得

$$0.8U_i = IR + U_L = 11 \times 10^{-3} \times R + 12$$

联立方程组可得

$$U_i = 26 \ V, \ R = 800 \ \Omega$$

 ## 知识小结

1. 半导体具有独特的导电特性，主要体现在以下几个方面。

（1）热敏性：半导体的导电能力对温度反应灵敏，受温度影响大。当环境温度升高时，其导电能力增强，这种特性称为热敏性。利用热敏性可制成热敏元件。

（2）光敏性：半导体的导电能力随光照的不同而不同。当光照增强时，其导电能力增强，这种特性称为光敏性。利用光敏性可制成光敏元件。

（3）掺杂性：半导体更为独特的导电性能体现在其导电能力受杂质影响极大，这种特

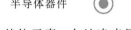

性称为掺杂性。这里所说的"杂质",是指某些特定的、纯净的其他元素。在纯净半导体中,只要掺入极微量的杂质,导电能力就急剧增加。例如,在纯净硅中,掺入百万分之一的硼,其导电能力增加了约 50 万倍。

2. 半导体包括本征半导体和杂质半导体。本征半导体是一种完全纯净的、具有晶体结构的半导体。杂质半导体可分为 P 型半导体和 N 型半导体。

3. 半导体二极管是通过在一个 PN 结加上相应的电极引线及管壳封装而成的。由 P 区引出的电极称为阳极,N 区引出的电极称为阴极。二极管的主要特性是单向导电性。二极管主要应用于整流电路、钳位电路、限幅电路等。

4. 二极管的伏安特性指的是流过二极管的电流与二极管两端电压的关系曲线,通常从正向特性、反向特性和反向击穿特性三方面进行分析。

5. 晶体管的特性曲线分为输入特性曲线和输出特性曲线。晶体管的工作状态分为放大、截止、饱和。晶体管是一种电流控制型器件。

6. 按结构的不同,场效应管可分为结型场效应管(Junction Type Field Effect Transistor)和绝缘栅型场效应管(Insulated Gate Field Effect Transistor)。绝缘栅型场效应管也称为金属-氧化物-半导体三极管(MOSFET),绝缘栅型场效应管按工作状态可分为增强型和耗尽型两类,每一类又有 N 沟道和 P 沟道之分。

 ## 课后练习

1. 判断题。

(1) 在 N 型半导体中,如果掺入足够量的三价元素,就可将其改型成为 P 型半导体。

( )

(2) 在 N 型半导体中,由于多数载流子是自由电子,因此 N 型半导体带负电。( )

(3) 本征半导体就是纯净的、具有晶体结构的半导体。 ( )

(4) PN 结在无光照、无外加电压时,结电流为零。 ( )

(5) 使晶体管工作在放大状态的外部条件是发射结正偏,且集电结也是正偏的。 ( )

(6) 晶体三极管的 β 值,在任何电路中都是越大越好。 ( )

(7) 模拟电路是对模拟信号进行处理的电路。 ( )

(8) 稳压二极管正常工作时,应为正向导体状态。 ( )

(9) 发光二极管不论外加正向电压或反向电压均可发光。 ( )

(10) 光电二极管外加合适的正向电压时,可以正常发光。 ( )

2. 怎样由本征半导体得到 P 型半导体?

3. 怎样由本征半导体得到 N 型半导体?

4. 为什么半导体器件的温度稳定性差?多子还是少子是影响温度稳定性的主要因素?

5. 能否将 1.5 V 的干电池以正向接法接到二极管两端?为什么?

6. 电路如图 6-39 所示,已知 $u_i = 10 \sin \omega t$,试画出 u_i 与 u_o 的波形。设二极管正向导

通电压可忽略不计。

7. 已知稳压管的稳定电压 $U_Z = 6\text{ V}$，稳定电流的最小值 $I_{Z\min} = 5\text{ mA}$，最大功耗 $P_{ZM} = 150\text{ mW}$。试求图 6-40 所示电路中电阻 R 的取值范围。

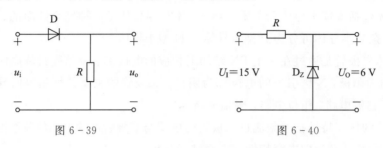

图 6-39　　　　　　　图 6-40

8. 写出图 6-41 所示各电路的输出电压值，设二极管导通电压 $U_D = 0.7\text{ V}$。

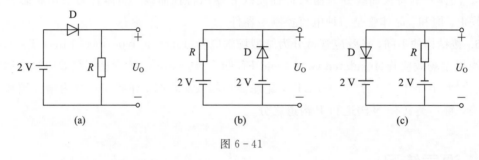

(a)　　　　　　(b)　　　　　　(c)

图 6-41

9. 现测得某放大电路中两只三极管的两个电极的电流如图 6-42 所示。分别求另一只电极的电流，标出其实际方向，并在圆圈中画出管子符号。

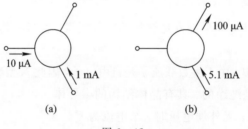

(a)　　　　　　(b)

图 6-42

10. 在图 6-43 所示的单相桥式整流电路中，若有效值 $U_2 = 300\text{ V}$，$R_L = 300\ \Omega$。求整流电压平均值 U_O、整流电流平均值 I_O，以及每个整流元件的平均电流 I_D 和所承受的最大反向电压 U_{DRM}。

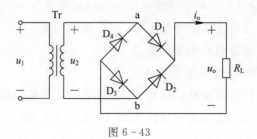

图 6-43

11. 图 6-44 为稳压管稳压电路。当稳压管的电流 I_Z 的变化范围为 5～40 mA 时，问 R_L 的变化范围为多少？

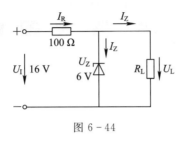

图 6-44

12. 已知放大电路中一只 N 沟道场效应管的三个极①、②、③的电位分别为 4 V、8 V、12 V，管子工作在恒流区。试判断它可能是哪种管子(结型管、MOS 管、增强型、耗尽型)，并说明 ①、②、③与 G、S、D 的对应关系。

13. 电路如图 6-45 所示。合理连线，构成 5 V 的直流电源。

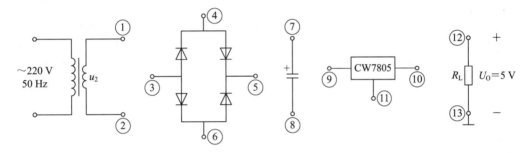

图 6-45

第7章 放大电路

 章节导读

在生产和科研中，经常需要将微弱的电信号进行放大，以便有效地对其进行观察、测量、控制和调节。实际的放大电路通常是由信号源和晶体三极管构成的放大器及负载组成的。放大的实质是利用小能量的信号，通过三极管的电流控制作用，将放大电路中直流电源的能量转换成交流能量输出，从而把微弱的电信号不失真地放大到所需要的数值。本章主要介绍由分立元件构成的基本放大电路。

知识情景化

（1）为什么耳聋患者在佩戴小小的助听器后可以明显听到很多原本听不到的声音（如门铃声、鸟叫声、水开声等）？为什么助听器可以把耳聋患者从寂静的世界中带出来？助听器是如何工作的？

（2）现在所用的电子产品（如手机、MP4、播放器、笔记本电脑、电视机、音响设备等）给我们的生活、学习和工作带来了不可替代的方便与享受，大家知道它们的扬声器是怎么发声的吗？

（3）收音机是我们熟悉的小家电，是典型的模拟放大电路的应用案例，它主要由输入调谐、本振和混频、中放、前置放大和功率放大等部分组成。收音机能够将微小的电台信号放大至合适音量供人们使用。大家知道收音机是怎么工作的吗？

 内容详解

7.1 共射极放大电路

根据三极管在放大电路中的不同连接方式，晶体管放大电路可分为共射极放大电路、共集电极放大电路和共基极放大电路三种组态类型，如图 7-1 所示。

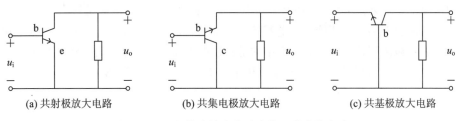

(a) 共射极放大电路　　　　(b) 共集电极放大电路　　　　(c) 共基极放大电路

图 7-1　三极管在放大电路中的三种连接方式

若在一个放大电路中，从基极输入信号，从集电极输出信号，发射极作为输入信号和输出信号的公共端，则该放大电路称为共发射极（简称共射极）放大电路；若在一个放大电路中，从基极输入信号，从发射极输出信号，集电极作为输入信号和输出信号的公共端，则该放大电路称为共集电极放大电路；若在一个放大电路中，从发射极输入信号，从集电极输出信号，基极作为输入信号和输出信号的公共端，则该放大电路称为共基极放大电路。其中共射极放大电路是电子技术中应用最为广泛的放大电路。

1. 共射极放大电路的组成

共射极放大电路如图 7-2 所示。输入端接交流信号源 u_S，内阻为 R_S，该信号源给放大电路提供输入电压 u_i，输出端接负载电阻 R_L，输出电压为 u_o。电路使用两个电源：U_{BB} 和 U_{CC}。电路中各元件的作用如下。

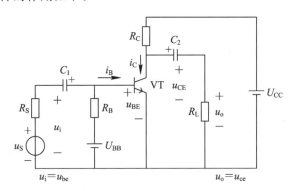

图 7-2　单管共射极放大电路

晶体管 VT 是放大电路中的放大元件，利用它的电流放大作用，可以在集电极电路中获得放大的电流 i_c，该电流受输入信号控制。

电源 U_{CC} 除为输出信号提供能量外，还保证集电结处于反向偏置，以使晶体管起到放大作用。U_{CC} 一般为几伏到几十伏。

集电极负载电阻 R_C 简称集电极电阻，主要是将集电极电流的变化变换为电压的变化，以实现电压的放大。R_C 一般为几千欧到几十千欧。

基极电源 U_{BB} 和基极电阻 R_B 的作用是使发射结处于正向偏置，并提供合适的基极电流 I_B，保证在输入信号 u_i 的作用下引起 i_B 做相应变化，以使放大电路获得合适的工作点。R_B 一般为几十千欧到几百千欧。

电容 C_1 和 C_2 称为隔直电容或耦合电容，输入信号通过电容 C_1 加到基极输入端，放大后的信号由集电极经电容 C_2 输出给负载 R_L，C_2 的主要作用是隔直流通交流，即在保证信号正常流通的情况下，使交、直流相互隔离，互不影响。通常要求电容值应足够大，以保证在一定的频率范围内电容上的交流压降可以忽略不计，即对交流信号可视为短路。电容 C_1 和 C_2 的电容值一般为几微法到几十微法。由于用的是极性电容器，因此连接时要注意其极性。

实际应用中，共射极放大电路通常采用单电源供电，如图 7-3 所示。这是由于两个直流电源 U_{BB} 和 U_{CC} 使用不便，因此可将 R_B 的一端接到 U_{CC} 的正极，将 U_{BB} 省略，由 U_{CC} 为电路供电。

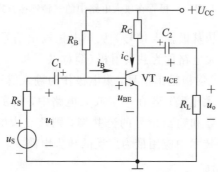

图 7-3 共射极放大电路

符号"⊥"为接地符号，在放大电路中，通常把公共端接"地"，接地端的电位是电路的零参考电位，接地端可作为电路中其他各点的电位参考点。同时为了简化电路的画法，习惯上不画电源 U_{CC} 的符号，而只在连接其正极的一端标出它对"地"的电压值 U_{CC} 和极性（"+"或"−"）。本电路输入回路、输出回路都以发射极为公共端，因此是共射极放大电路。

2. 共射极放大电路的工作原理

放大电路的内部各电压、电流都是交流和直流共存的，其直流分量的主体字母及其下标均采用大写英文字母；交流分量瞬时值的主体字母及其下标均采用小写英文字母；叠加后总电量的主体字母用小写英文字母，但其下标采用大写英文字母。放大电路中电压、电流的符号规定如表 7-1 所示。

表 7-1 放大电路中电压、电流的符号

电量名称	总电量	直流分量	交流分量			关系式
			瞬时值	相量值	最大值	
基极电流	i_B	I_B	i_b	$\dot{I}_b$	I_{bm}	$i_B = I_B + i_b$
发射结电压	u_{BE}	U_{BE}	u_{be}	$\dot{U}_{be}$	U_{bem}	$u_{BE} = U_{BE} + u_{be}$
集电极电流	i_C	I_C	i_c	$\dot{I}_c$	I_{cm}	$i_C = I_C + i_c$
集-射极电压	u_{CE}	U_{CE}	u_{ce}	$\dot{U}_{ce}$	U_{cem}	$u_{CE} = U_{CE} + u_{ce}$

下面分析放大电路的工作原理，如图 7-3 所示，在共射极放大电路中，在放大电路的输入端加上一个微小的输入电压 u_i，经电容 C_1 传送到晶体管发射结，使 u_{BE} 随之变化，产生变化量 Δu_{BE}，进而引起基极电流 i_B 产生相应的变化量 Δi_B。由于晶体管工作在放大区，因此，基极电流的变化将引起集电极电流 i_C 发生更大的变化。集电极电流的变化量流过集电极电阻和负载电阻时，将引起 u_{CE} 也发生相应的变化，变化量 Δu_{CE} 经电容 C_2 传送到输出端，成为输出电压 u_o。如果电路的参数选择合适，输出电压将比输入电压大，即电路具有电压放大作用。

通过对放大电路的工作原理进行分析，可以发现，放大电路应满足下列要求：

（1）保证放大电路中三极管的发射结正偏，集电结反偏。

（2）输入回路的设置应使输入信号尽量不衰减地耦合到晶体管的输入电极，并形成变化的基极小电流 i_B，引起集电极电流 i_C 发生较大变化。

（3）输出回路应保证晶体管放大的集电极电流转化成变化的集电极电压，经电容耦合后只输出交流信号。

（4）信号通过放大电路时不允许出现失真。

3. 放大电路的分析

由于在放大电路中线性元件和非线性元件共存、交流量和直流量共存，因此放大电路的分析变得复杂化，为降低分析问题的复杂性，对电路采取"动静分离"的分析方法。

晶体管基本放大电路的静态是指输入信号等于零时的工作状态，即 $u_i = 0$，此时电路中各处的电压、电流都是不变的直流信号，故该工作状态也称为直流工作状态。静态分析主要是确定放大电路中的静态值：I_B、I_C 和 U_{CE}。

晶体管基本放大电路的动态是指输入信号不等于零时的工作状态，即 $u_i \neq 0$，此时电路中各处的电压、电流都处于变动状态，故该工作状态也称为交流工作状态。动态分析主要是确定放大电路的电压放大倍数 A_u、输入电阻 r_i 和输出电阻 r_o 等。

通常，对放大电路的定量分析主要包含对这两种工作状态的分析，即静态分析和动态分析。

由于放大电路中存在电抗性元件，直流信号与交流信号所流经的路径不完全相同，因此为了研究方便起见，常把直流电源对电路的作用和输入信号对电路的作用区分开来，分成直流通路和交流通路。

直流通路的画法如下：

（1）电容 C_1 和 C_2 视为开路（电容器具有隔离直流的作用）；

（2）信号源视为短路，但应保留其内阻。

共射极放大电路的直流通路如图 7 - 4 所示。

交流通路的画法如下：

（1）对于交流通路，量大的电容（如耦合电容）视为短路；

（2）无内阻的直流电源视为短路。

共射极放大电路的交流通路如图 7 - 5 所示。

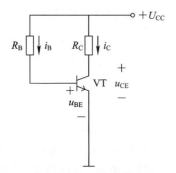

图 7 - 4　共射极放大电路的直流通路

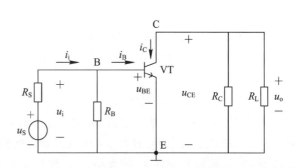

图 7 - 5　共射极放大电路的交流通路

1）放大电路的静态分析

放大电路静态分析的两种基本方法：估算法和图解法。

（1）估算法。

估算法是利用放大电路的直流通路确定静态值。在图 7 - 4 所示的直流通路中，可得出静态时的基极电流为

$$I_B = \frac{U_{CC} - U_{BE}}{R_B} \approx \frac{U_{CC}}{R_B} \tag{7-1}$$

其中，硅管的 U_{BE} 约为 0.6 V，锗管的 U_{BE} 约为 0.3 V，比 U_{CC} 小得多，可以忽略不计。

由晶体管放大原理可求得集电极电流为

$$I_C = \beta I_B + I_{CEO} \approx \beta I_B \tag{7-2}$$

由图 7 - 4 又可求得工作点上的集-射极电压为

$$U_{CE} = U_{CC} - R_C I_C \tag{7-3}$$

（2）图解法。

利用晶体管的特性曲线以及电路伏安曲线，通过作图确定静态工作点的方法称为图解法。

利用图解法对放大电路进行静态分析的步骤如下：

第一步，由电子手册或晶体管图示仪查出相应管子的输出特性曲线，并绘制出来，如图 7 - 6 所示。

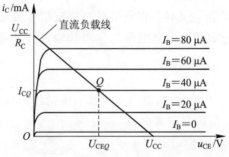

图 7 - 6　静态工作点的图解法

第二步，根据晶体管直流通路的集-射极电压 $u_{CE} = U_{CC} - R_C i_C$，在输出特性曲线图上作直线：当 $i_C = 0$ 时，$u_{CE} = U_{CC} - R_C i_C = U_{CC}$，得到直线的一个特殊点；当 $u_{CE} = 0$ 时，$i_C = \frac{U_{CC}}{R_C}$，得到直线的另一个特殊点。用直线将两点连接起来，即可得到直流负载线。

第三步，直流负载线与晶体管输出特性曲线的交点就是静态工作点 Q，只要确定出 I_B，静态工作点就可以唯一确定。I_B 可以通过输入曲线和输入回路伏安曲线用图解法确定，但由于输入曲线不太稳定，因此一般采用估算法计算 I_B。

第四步，Q 点在横轴及纵轴上的投影分别为 U_{CEQ} 和 I_{CQ}。

如图 7 - 6 所示，若基极电流 I_B 的大小不同，则静态工作点在直流负载线上的位置也就不同。因此通过改变 I_B 的大小，可以得到合适的静态工作点。在图 7 - 3 中，通常可以通过改变 R_B 的阻值来调整 I_B 的大小，R_B 称为偏置电阻，I_B 称为偏置电流（简称偏流）。如果 R_B 固定不变，那么偏流 I_B 的大小就是固定的，所以，此放大电路通常也叫作固定偏置

放大电路。

2）放大电路的动态分析

放大电路的动态分析就是在放大电路的静态值确定之后，分析交流信号的传输情况，考虑的只是电流和电压的交流分量，主要是确定放大电路的电压放大倍数 A_u、输入电阻 r_i 和输出电阻 r_o 等性能指标。微变等效电路法和图解法是动态分析的两种基本方法。

（1）微变等效电路法。

三极管是一个非线性器件，其特性可由特性曲线来描述。当三极管在小信号（微变量）情况下工作时，可以在静态工作点附近的小范围内用直线段近似地代替三极管的特性曲线，也就是把三极管等效成一个线性器件。这样，就可以像处理线性电路那样来处理三极管的放大电路，这为分析放大电路提供了方便。

把晶体管所组成的放大电路等效成一个线性电路，该线性电路就是放大电路的微变等效电路，然后用线性电路的分析方法来分析，这种方法称为微变等效电路法。

① 晶体管的微变等效电路。

分析晶体管的微变等效电路时，可从输入端和输出端来分析。图 7-7(a) 是三极管的输入特性曲线，当信号很小时，在静态工作点附近的输入特性在小范围内可近似为直线。当 u_{CE} 为常数时，Δu_{BE} 与 Δi_B 呈正比，三极管就是一个线性电阻，即动态输入电阻为

$$r_{be} = \frac{\Delta u_{BE}}{\Delta i_B} = \frac{u_{be}}{i_b} \tag{7-4}$$

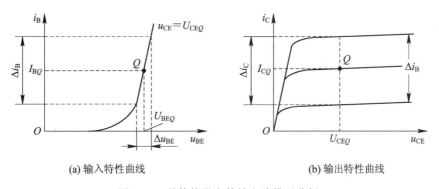

(a) 输入特性曲线　　　　　　　　　　(b) 输出特性曲线

图 7-7　晶体管微变等效电路模型分析

在小信号的条件下，r_{be} 近似为一常数，因此，晶体管的输入回路（B、E 之间）可用 r_{be} 等效代替，从输入端看进去的电路模型如图 7-8(b) 所示。低频小功率晶体管的 r_{be} 常用下式估算：

$$r_{be} \approx 200\ \Omega + (\beta + 1)\frac{26\ \text{mV}}{I_{EQ}} \tag{7-5}$$

式中，I_{EQ} 是发射极的静态电流值，单位为 mA；200 Ω 是基区体电阻，对于低频小功率晶体管，其值一般在 100~300 Ω 之间；r_{be} 一般为几百欧到几千欧。

图 7-7(b) 是晶体管的输出特性曲线，输出特性曲线在放大区域可以认为是一组近似与横轴平行的直线。当 u_{CE} 为常数时，Δi_C 与 Δi_B 之比为

$$\beta = \frac{\Delta i_C}{\Delta i_B} = \frac{i_c}{i_b} \tag{7-6}$$

β 为晶体管的电流放大系数。在小信号的条件下，β 是一常数，因此，晶体管的输出电路可用一个受控制的电流源代替，且受控关系为 $i_C = \beta i_B$。从输出端看进去的微变等效电路如图 7-8(b)所示。

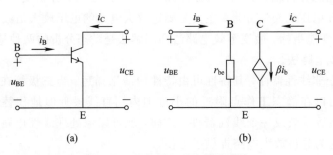

(a)　　　　　　　　　　(b)

图 7-8　晶体管及微变等效电路

② 放大电路的微变等效电路。

由于静态值可利用放大电路的直流通路确定，交流分量可利用放大电路的交流通路来分析计算，因此放大电路的微变等效电路可在放大电路交流通路的基础上得出。放大电路交流通路中的晶体管用它的微变等效电路代替，所得电路即为放大电路的微变等效电路，由此便可以进行动态分析。共射极放大电路的交流通路如图 7-5 所示，其对应的放大电路的微变等效电路如图 7-9 所示。

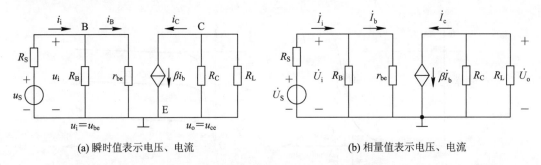

(a) 瞬时值表示电压、电流　　　　　　　　(b) 相量值表示电压、电流

图 7-9　共射极放大电路的微变等效电路

③ 电压放大倍数 A_u。

假设输入为正弦交流，微变等效电路图 7-9(a)中的电压与电流可用相量表示，如图 7-9(b)所示。放大电路输出电压与输入电压的比值称为放大电路的电压放大倍数，用 A_u 表示。即

$$A_u = \frac{\dot{U}_o}{\dot{U}_i} \tag{7-7}$$

由图 7-9可得

$$\dot{U}_i = \dot{I}_b r_{be}, \quad \dot{U}_o = -\dot{I}_c(R_C /\!/ R_L) = -\beta \dot{I}_b(R_C /\!/ R_L)$$

因此可得

$$A_u = \frac{\dot{U}_o}{\dot{U}_i} = -\frac{\beta R'_L}{r_{be}} \tag{7-8}$$

其中，$R'_L = R_C /\!/ R_L$，A_u 的负号表示输出电压与输入电压的相位相反。

④ 放大电路的输入电阻 r_i。

对需要传输和放大的信号源来说，放大电路相当于一个负载，可以用一个电阻来等效，这个电阻称为放大电路的输入电阻，用 r_i 表示。r_i 等于输入电压与输入电流之比，即

$$r_i = \frac{\dot{U}_i}{\dot{I}_i} \tag{7-9}$$

由图 7-9(b)可知，共射极放大电路的输入电阻为

$$r_i = \frac{\dot{U}_i}{\dot{I}_i} = R_B /\!/ r_{be} \approx r_{be} \tag{7-10}$$

输入电阻 r_i 的大小决定了放大器向信号源取用电流的大小，它可以用来衡量放大电路对输入信号源的影响。对于电压放大电路而言，输入电阻越大，从信号源取用的电流越小。这样可以减轻信号源的负担，可以使放大电路从信号源处获得较大的输入信号。如果是后级放大电路的输入电阻作为前级放大电路的负载电阻，还可以提高前级放大电路的电压放大倍数。通常希望放大电路的输入电阻能高一些。

由于 R_B 比 r_{be} 大得多，因此，共射极放大电路的输入电阻 r_i 基本等于晶体管的输入电阻 r_{be}，其值为几百欧到几千欧，一般认为该值较低，并不理想。

⑤ 放大电路的输出电阻 r_o。

放大电路对负载或对后级放大电路来说，是一个信号源，其内阻即为放大电路的输出电阻，用 r_o 表示。输出电阻是用来衡量放大电路带负载能力的参数。如果放大电路的输出电阻较大(相当于信号源的内阻较大)，那么，当负载变化时，输出电压的变化较大，也就是放大电路带负载的能力较差。因此，输出电阻越小，放大电路的带载能力越强。通常希望放大电路输出级的输出电阻小一些。

放大电路的输出电阻可在信号源短路($U_i = 0$)和输出端开路(断开负载电阻 R_L)的条件下求得。从图 7-9(b)中放大电路的微变等效电路可以看出：

当 $\dot{U}_S = 0$，$\dot{I}_b = 0$ 时，$\dot{I}_c = \beta \dot{I}_b = 0$，此时电流源相当于开路，故

$$r_o \approx R_C \tag{7-11}$$

R_C 一般为几千欧，因此，共发射极放大电路的输出电阻较高。

(2) 图解法。

图解法是利用晶体管的特性曲线，在静态分析的基础上，通过作图的方法来分析各个电压和电流交流分量之间的相互关系。通过图解法，可以直观地看出信号的传递过程，各个电压和电流在输入信号 u_i 作用下的变化情况，可对动态工作情况有较全面的了解。图解分析如下。

① 负载开路($R_L = \infty$)。

设图 7-3 所示的共射极放大电路中负载开路，加上输入信号 u_i 后，输出回路方程为 $u_{CE} = U_{CC} - R_C i_C$，输出负载线不变。图 7-10 为交流放大电路有输入信号时的图解分析。

第一，交流信号的传输过程。

首先根据输入信号 u_i，在输入特性曲线上作出关于 u_{be} 的变化曲线图，由此确定基极电

流的变化量 i_b，由 i_b 在输出特性曲线上求出对应的集电极电流 i_c，由 i_c 和 u_{ce} 在输出特性曲线上的变化轨迹确定输出信号 u_o。即交流信号的传输过程为 $u_i(u_{be}) \rightarrow i_b \rightarrow i_c \rightarrow u_o(u_{ce})$。

第二，电压和电流都含有直流分量和交流分量。

由图解过程可知交流分量是叠加在直流分量基础上传递信号的，即

$$u_{BE} = U_{BE} + u_{be} ; \quad i_B = I_B + i_b ;$$
$$u_{CE} = U_{CE} + u_{ce} ; \quad i_C = I_C + i_c$$

由于电容 C_2 的隔直作用，放大电路的输出电压 u_{CE} 中的直流分量 U_{CE} 被隔开，放大器的输出电压 u_O 等于 u_{CE} 中的交流分量 u_{ce}，即

$$u_O = u_{ce}$$

且输出电压 u_O 与输入电压 u_i 反相。

由图 7-10 可计算出放大器的电压放大倍数，即 u_o 与 u_i 的幅值之比或有效值之比。

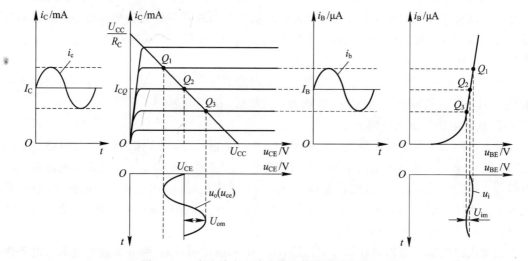

图 7-10　交流放大电路有输入信号时的图解分析

第三，失真现象。

对放大电路的基本要求之一就是输出信号尽可能地不失真。失真是指输出波形和输入波形不一致。引起失真的原因有很多，最基本的原因之一是静态工作点过低或过高，或输入信号太大，使得晶体管工作进入截止或饱和非线性区，这种失真称为非线性失真。

静态工作点 Q 的位置对放大电路性能的影响非常大。在图 7-11 中，Q_1 点过高，当 i_B 按正弦规律变化时，晶体管进入饱和区工作，造成 i_C 和 u_{CE} 的波形失真，输出电压 u_{CE} 的负半周出现底部削平。这是由于晶体管的饱和而引起的，故这种失真称为饱和失真。

当 Q_2 点过低时，在输入正弦电压的负半周，晶体管进入截止区工作，i_B、i_C 和 u_{CE} 严重失真，i_B 的负半轴和输出电压 u_{CE} 的正半轴被削平。这是由于晶体管的截止而引起的，故这种失真称为截止失真。

因此要使放大电路不产生非线性失真，必须有一个合适的静态工作点，静态工作点 Q 应大致选在交流负载线的中点。此外，输入信号的幅值不能太大，以避免同时出现截止失真和饱和失真。

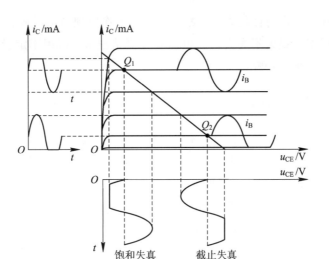

图 7 - 11　工作点与波形失真

② 输出端接入负载 R_L。

上面讨论的是负载开路的情况，实际上放大电路的输出端都接有负载，如图 7 - 5 所示。由于耦合电容 C_2 的隔直作用，R_L 对静态工作点没有影响。因此，直流通路得到的直流负载线的斜率为 $-\dfrac{1}{R_C}$。对于交流通路，由图 7 - 5 可知，由于 C_2 对交流信号可视作短路，电阻 R_C 和 R_L 并联，交流信号 i_c 将在总电阻 $R'_L = R_C /\!/ R_L$ 上产生交流电压，因此，输出电压与 R_C 和 R_L 的并联电阻有关，即：$u_{ce} = -i_c R'_L$。

反映动态时电流 i_C 和电压 u_{CE} 的变化关系的负载线称为交流负载线，其特点如下：

第一，交流负载线的斜率为 $-\dfrac{1}{R'_L}$。

第二，当输入信号为零时，放大电路的工作状态为静态，动态工作点与静态工作点重合，交流负载线通过 Q 点。

第三，由于 $R'_L < R_C$，因此，交流负载线比直流负载线要陡些。

根据以上特点，可画出交流负载线，如图 7 - 12 所示，当 R_L 增大时，R'_L 也增大，R_L 接近于 R_C，交流负载线接近直流负载线；当 R_L 开路时，交流负载线与直流负载线重合。

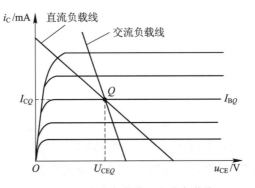

图 7 - 12　直流负载线和交流负载线

　　图解分析法有助于我们直观地了解放大电路的工作原理和信号放大的过程,此方法多用于分析 Q 点的位置、最大不失真输出电压和失真情况等,但用于定量分析时误差较大,而且不适用于复杂电路的分析。

7.2　静态工作点稳定电路

　　放大电路应有合适的静态工作点,才能保证有良好的放大效果。静态工作点不但决定了放大电路是否会产生失真,而且还影响着放大倍数、输入电阻等动态参数。实际上,环境温度的变化、电源电压的波动、元器件老化等外部因素都会使静态工作点偏离合适的位置,从而致使放大电路性能不稳定,甚至无法正常工作。环境温度的变化较为普遍,也不易克服,而且由于三极管是对温度十分敏感的器件,因此在诸多影响因素中,温度的影响是最大的。

　　当温度升高时,晶体管的反向饱和电流 I_{CBO} 和电流放大倍数 β 也会随着增大。固定偏置放大电路中,当 R_B 被选定后,I_B 基本固定不变,故集电极静态电流($I_C = \beta I_B$)随温度升高而增大,管压降($U_{CE} = U_{CC} - R_C I_C$)随之减小,从而导致整个输出特性曲线向上平移,静态工作点 Q 点沿负载线上移,使晶体管进入饱和区造成饱和失真,甚至引起过热,烧坏三极管。为保证信号传输过程不受温度的影响,需要对固定偏置电阻的共射极放大电路进行改造,使环境温度改变时,静态工作点能够自动稳定在合适的位置,电路能正常工作。常采用分压式偏置放大电路,如图 7-13 所示。

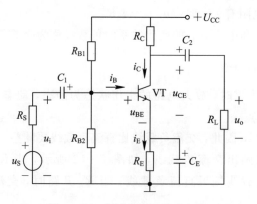

图 7-13　分压式偏置放大电路

　　分压式偏置的共射极放大电路与固定偏置电阻的放大电路相比,基极由一个固定偏置电阻改接为两个分压式偏置电阻。R_{B1} 和 R_{B2} 为分压式偏置电阻,R_{B1} 为上偏置电阻,R_{B2} 为下偏置电阻(取值均为几十千欧)。电源电压 U_{CC} 经 R_{B1}、R_{B2} 分压后得到基极电压 U_B,提供偏置电流 I_B。R_E 是发射极电阻,起到了稳定工作点的作用,从而抑制了温度变化对放大电路产生的影响。C_E 是 R_E 的交流旁路电容,为了不降低交流电压放大倍数,通常在 R_E 两端并联一个大电容 C_E,若 C_E 足够大,则 R_E 两端的交流压降可以忽略不计,使放大器的交流信号放大能力不会因 R_E 的存在而降低。C_E 称为交流旁路电容,它的取值一般为几十微法到几百微法。

1. 静态分析

由图 7-14 所示的直流通路得

$$I_1 = I_2 + I_B \qquad (7-12)$$

若使

$$I_2 \gg I_B \qquad (7-13)$$

则

$$I_1 \approx I_2 \approx \frac{U_{CC}}{R_{B1} + R_{B2}} \qquad (7-14)$$

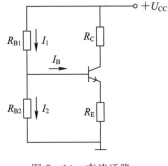

图 7-14　直流通路

基极电位为

$$V_B = R_{B2} I_2 \approx \frac{R_{B2}}{R_{B1} + R_{B2}} U_{CC} \qquad (7-15)$$

所以，基极电位 V_B 与放大电路的晶体管及参数无关，当温度发生变化时，只要 U_{CC}、R_{B1} 和 R_{B2} 固定不变，V_B 值就是确定的，不会受温度变化的影响。

因为

$$U_{BE} = V_B - V_E = V_B - R_E I_E \qquad (7-16)$$

若使

$$V_B \gg U_{BE} \qquad (7-17)$$

则

$$I_C \approx I_E = \frac{V_B - U_{BE}}{R_E} \approx \frac{V_B}{R_E} \qquad (7-18)$$

$$I_B = \frac{I_C}{\beta} \qquad (7-19)$$

$$U_{CE} \approx U_{CC} - I_C(R_C + R_E) \qquad (7-20)$$

通过以上分析可知，只要满足 $I_2 \gg I_B$ 和 $V_B \gg U_{BE}$ 两个条件，V_B 和 I_E 或 I_C 就与晶体管的参数几乎无关，不受温度变化的影响，静态工作点就能基本稳定。对硅管而言，在估算时一般可取 $I_2 = (5 \sim 10) I_B$，$V_B = (5 \sim 10) U_{BE}$。

分压偏置放大电路静态工作点稳定的实质是当集电极电流 I_C 随温度升高而增大时，射极反馈电阻 R_E 上通过的电流 I_E 相应增大，从而使发射极对地电位 V_E 升高，因基极电位 V_B 基本不变，故 $U_{BE} = V_B - V_E$ 减小。从晶体管的输入特性曲线可知，U_{BE} 的减小必然引起基极电流 I_B 的减小，根据晶体管的电流控制原理，集电极电流 I_C 也将随之下降，从而使工作点得以稳定。显然，分压式偏置的共射极放大电路具有温度变化时的自调节能力，从而可有效地抑制温度对静态工作点的影响。

2. 动态分析

画出图 7-13 中分压偏置放大电路的微变等效电路，将图 7-13 中 C_1、C_2 和 C_E 短路，直流电源 U_{CC} 短路，三极管用三极管微变等效电路替代，即可得到图 7-15 所示的分压偏置放大电路的微变等效电路。

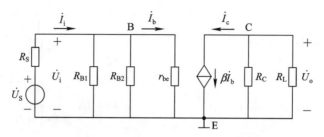

图 7-15　分压偏置放大电路的微变等效电路

由微变等效电路可得，电压放大倍数为

$$A_u = -\beta \frac{R'_L}{r_{be}} \tag{7-21}$$

其中，$R'_L = R_C /\!/ R_L$。

输入电阻为

$$r_i = R_{B1} /\!/ R_{B2} /\!/ r_{be} \approx r_{be} \tag{7-22}$$

输出电阻为

$$r_o = R_C \tag{7-23}$$

7.3　射极输出器

如图 7-16 所示，晶体管的集电极直接与直流电源 U_{CC} 相接，负载接在发射极电阻两端。电路从基极输入信号，从发射极输出信号，所以称此电路为射极输出器。又因为电源 U_{CC} 对交流信号相当于短路，故集电极成为输入与输出回路的公共端，所以，该电路又称为共集电极放大电路。

1. 静态分析

由图 7-17 所示的射极输出器的直流通路可确定射极输出器的静态工作点。根据

$$U_{CC} = I_B R_B + (1+\beta) I_B R_E + U_{BE} \tag{7-24}$$

可得

$$I_B = \frac{U_{CC} - U_{BE}}{R_B + (1+\beta) R_E} \tag{7-25}$$

$$U_{CE} = U_{CC} - I_E R_E \tag{7-26}$$

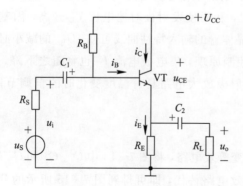

图 7-16　射极输出器

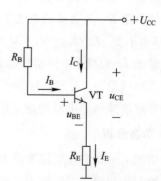

图 7-17　射极输出器的直流通路

2. 动态分析

当电路输入交流信号 u_i 时，将图 7-16 中的直流电源 U_{CC} 及电路中的耦合电容 C_1、C_2 均按短路处理，三极管用三极管的微变等效电路替代，这样就可画出图 7-18 所示的射极输出器的微变等效电路。

1）电压放大倍数

根据图 7-18 可得

$$\dot{U}_o = \dot{I}_e R'_L = (1+\beta)R'_L\dot{I}_b \tag{7-27}$$

式中，$R'_L = R_E /\!/ R_L$。

又因为

$$\dot{U}_i = \dot{I}_b r_{be} + \dot{I}_e R'_L = \dot{I}_b r_{be} + (1+\beta)\dot{I}_b R'_L \tag{7-28}$$

所以

$$A_u = \frac{\dot{U}_o}{\dot{U}_i} = \frac{(1+\beta)R'_L\dot{I}_b}{r_{be}\dot{I}_b + (1+\beta)R'_L\dot{I}_b} = \frac{(1+\beta)R'_L}{r_{be} + (1+\beta)R'_L} \tag{7-29}$$

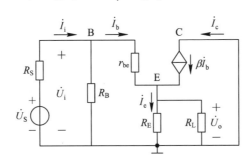

图 7-18 射极输出器微变等效电路

由式(7-29)可知：① $A_u > 0$，说明输入电压与输出电压同相；② $A_u < 1$，说明电路没有电压放大作用，只有电流放大作用。通常 $(1+\beta)R'_L \gg r_{be}$，故式(7-29)中的分子小于或约等于分母，即共集电极放大电路的 A_u 小于或约等于1，说明输出电压的大小与输入电压的大小近似相等。也就是说，射极输出器的输出波形与输入波形相同，输出电压总是跟随输入电压而变，具有跟随作用，故称其为射极跟随器。

2）输入电阻

射极输出器的输入电阻为

$$r_i = \frac{\dot{U}_i}{\dot{I}_i} = R_B /\!/ [r_{be} + (1+\beta)R'_L] \tag{7-30}$$

由此可见，与共射极放大电路相比，共集电极放大电路的输入电阻是比较高的，比共射极放大电路的输入电阻大几十倍到几百倍。

3）输出电阻

射极输出器的输出电阻可按有源二端网络求除源等效电阻的方法得到。图 7-18 中将信号源短路，保留其内阻 R_S，并令 R_S 与 R_B 并联后的等效电阻为 R'_S。在输出端将 R_L 除

去，外加一交流电压 $\dot{U}_o$，产生电流 $\dot{I}_o$，如图 7 - 19 所示，则

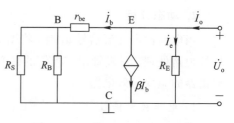

图 7 - 19   求输出电阻的等效电路图

$$\dot{I}_o = \dot{I}_b + \beta \dot{I}_b + \dot{I}_e = \frac{\dot{U}_o}{r_{be} + R'_S} + \beta \frac{\dot{U}_o}{r_{be} + R'_S} + \frac{\dot{U}_o}{R_E} \tag{7-31}$$

故

$$r_o = \frac{\dot{U}_o}{\dot{I}_o} = \frac{1}{\dfrac{1+\beta}{r_{be}+R'_S} + \dfrac{1}{R_E}} = R_E // \frac{r_{be}+R'_S}{1+\beta} \tag{7-32}$$

其中，$R'_S = R_S // R_B$。

通常有 $(1+\beta)R_E \gg r_{be} + R'_S$，所以：

$$r_o \approx \frac{r_{be}+R'_S}{1+\beta} \approx \frac{r_{be}+R'_S}{\beta} \tag{7-33}$$

射极输出器的输出电阻数值一般为几十欧到几百欧，比共射极放大电路的输出电阻低得多。

综上所述，射极输出器的主要特点是：电压放大倍数接近 1，输入电阻高，输出电阻低。由于射极输出器具有上述特点，因此它在电路中的应用比较广泛。因输入电阻高，它常被用在多级放大电路的第一级，可以提高输入电阻，减轻信号源负担。因输出电阻低，它常被用在多级放大电路的末级，可以降低输出电阻，提高带负载能力。也可将射极输出器放在放大电路的两级之间，起到阻抗匹配作用，射极输出器所在的这一级称为缓冲级或中间隔离级。

7.4   差分放大电路

放大器的输入信号一般都很微弱，因此常采用多级放大电路，才可在输出端获得需要的电压幅度或足够的功率，以推动负载工作。多级放大电路的前一级和后一级之间通过一定的方式连接，前一级的输出信号作为后一级的输入信号，这种级与级之间的连接称为耦合。直接耦合是将前级的输出端直接接后级的输入端的一种连接方式，如图 7 - 20 所示。直接耦合的优点是电路既可以放大交流信号，也可以放大直流信号和变化非常缓慢的信号，且信号传输效率高，具有结构简单、便于集成化等优点，所以集成电路中多采用这种耦合方式。但是，直接耦合电

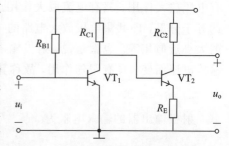

图 7 - 20   直接耦合两级放大电路

路的前级和后级之间存在直流通路相互沟通的情况，它们的静态工作点是相互影响、相互制约的，因此电路的分析设计和调试会很复杂。此外，电路还存在零点漂移问题。

一个理想的放大电路，当输入信号为零时，其输出电压应保持不变。零点漂移是指在输入信号为零的情况下，输出电压偏离原来的初始值而上下波动的现象。由于温度变化是产生零点漂移的主要原因，因此零点漂移也称为温度漂移。

零点漂移严重时会将输入信号淹没，特别是在多级放大电路的各级漂移中，又以第一级的漂移影响最为严重。因此一定要抑制零点漂移，抑制零点漂移最理想的方法就是在输入级采用差分放大电路。

1. 差分放大电路的工作原理

图 7 - 21 所示的电路是基本差分放大电路，它由两个对称的单管放大电路组成。在理想情况下，VT_1 和 VT_2 两管的特性及对应电阻元件的参数值都相同，R_E 是两边公用的发射极电阻。该电路采用双电源供电，信号分别从两个基极与地之间输入，从两个集电极之间输出。

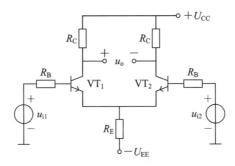

图 7 - 21　基本差分放大电路

静态时，$u_{i1} = u_{i2} = 0$，两输入端与地之间可视为短路，由于电路对称，则 $I_{B1} = I_{B2}$，$I_{C1} = I_{C2}$，$V_{C1} = V_{C2}$，所以 $u_o = V_{C1} - V_{C2} = 0$。

动态时，对差分放大电路的输入信号按以下三种情况来分析。

1）共模输入

若两输入信号 u_{i1} 与 u_{i2} 的大小相等，方向相同，即 $u_{i1} = u_{i2}$，则这样的信号称为共模信号。

共模输入信号通过 $-U_{EE}$ 和 R_E 加到左、右两晶体管的发射结上，若电路完全对称，则两管集电极对地电压 $u_{c1} = u_{c2}$，差分放大电路的输出电压为

$$u_o = u_{c1} - u_{c2} = 0$$

所以差分放大电路能够抑制共模信号，对共模信号没有放大能力，亦即共模电压放大倍数 A_c 为零。差分放大电路正是利用这一点来抑制零点漂移的。因为由温度变化等原因在两边电路中引起的漂移量是大小相等、极性相同的，这与在输入端加上一对共模信号的效果一样。因此，左、右两单管放大电路因零点漂移引起的输出端电压的变化量虽然存在，但大小相等，整个电路的输出漂移电压等于零。但电路完全对称是不可能的，因此为进一步提高电路对零点漂移的抑制作用，电路通过发射极公共电阻 R_E 来减少两单管放大电路本身的零点漂移，从而抑制整个电路的零点漂移。它抑制零点漂移的原理如下：

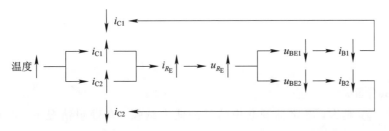

虽然 R_E 愈大，抑制作用愈显著，但是，在 $+U_{CC}$ 一定时，过大的 R_E 会使 I_C 过小，影响静态工作点和电压放大倍数。为此，接入负电源 $-U_{EE}$ 来抵偿 R_E 两端的直流电压降，从而获得合适的静态工作点。

2）差模输入

若两输入信号 u_{i1} 与 u_{i2} 的大小相等，方向相反，即 $u_{i1} = -u_{i2}$，则这样的信号称为差模信号。

差分放大电路输入差模信号时，由于电路对称，因此

$$u_{c1} = -u_{c2} \tag{7-34}$$

所以，差分放大电路的输出电压为

$$u_{od} = u_{c1} - u_{c2} = 2u_{c1} \tag{7-35}$$

可见，差分放大电路能够放大差模信号。

差模电压放大倍数：

$$A_d = \frac{u_{od}}{u_{id}} = \frac{u_{od}}{u_{i1} - u_{i2}} = \frac{2u_{c1}}{2u_{i1}} = A_{d1} \tag{7-36}$$

式中，u_{c1} 是单管集电极输出电压，u_{i1} 是单管的输入电压。

由式（7-36）可见，双端输入-双端输出差分放大电路的差模电压放大倍数等于单管差模的电压放大倍数。

3）任意信号输入

两个输入信号的大小和极性都是任意的，该种信号是自动控制系统中常见的信号。

对于任意信号 u_{i1} 和 u_{i2}，可以采用数学的方法将其分解为一对差模信号和一对共模信号。

设 $u_{ic} = (u_{i1} + u_{i2})/2$，$u_{id} = (u_{i1} - u_{i2})/2$，则

$$u_{i1} = u_{ic} + u_{id} \tag{7-37}$$

$$u_{i2} = u_{ic} - u_{id} \tag{7-38}$$

对于输入任意信号的差分放大电路，如果是双端输出，由于差分放大电路抑制共模信号，放大差模信号，因此电路的输出实际上就是对差模信号的放大输出，其输出为 $u_o = A_d(u_{i1} - u_{i2})$。

对差分放大电路而言，差模信号是需要放大的信号，故希望有较大的差模放大倍数 A_d；而共模信号则是需要抑制的无用信号，所以共模电压放大倍数 A_c 越小越好。为了全面衡量差分放大电路放大差模信号和抑制共模信号的能力，通常以共模抑制比 K_{CMRR} 作为评价指标。其定义为差分放大电路的差模电压放大倍数 A_d 与共模电压放大倍数 A_c 之比值，即

$$K_{CMRR} = \left| \frac{A_d}{A_c} \right| \tag{7-39}$$

或用对数形式表示为

$$K_{CMRR} = 20\lg \left| \frac{A_d}{A_c} \right| \tag{7-40}$$

其单位为 dB（分贝）。

显然，K_{CMRR} 越大，电路抑制共模信号的能力越强。在理想情况下，电路完全对称，

$A_c=0$，所以 $K_{CMRR} \to \infty$。

2. 输入输出方式

差分放大电路信号的输入–输出方式为双端输入–双端输出。根据使用情况的不同，电路也可以采用一端对地输入，该种信号输入方式称为单端输入；或采用一端对地输出，该种信号输出方式称为单端输出。这样差分放大电路的输入–输出方式共有四种：除了上述已经分析了的双端输入–双端输出，还有双端输入–单端输出、单端输入–双端输出和单端输入–单端输出的连接方式。前面已经分析了双端输入–双端输出电路，只要再了解单端输入–单端输出电路，其余电路也就不难理解了。单端输入和单端输出的差分放大电路有以下两种情况。

1) 反相输入

输入信号 u_i 单端输入，分解一对差模信号，电路如图 7-22(a)所示，设 u_i 增加，则有：$u_i>0 \to u_{be1}>0 \to i_{c1}>0 \to u_o<0$。可见，输入电压和输出电压的相位相反，故这种信号的输入–输出方式称为反相输入。

2) 同相输入

电路如图 7-22(b)所示。设 u_i 增加，则有：$u_i>0 \to u_{be1}<0 \to i_{c1}<0 \to u_o>0$。可见，输入电压和输出电压的相位相同，故这种信号的输入–输出方式称为同相输入。

双端输出时，$u_o=2u_{c1}$，而单端输出时 $u_o=u_{c1}$，故在 u_i 相同时，单端输出时的 u_o 较双端输出时减少了一半，即放大倍数为单管放大倍数的一半。不论哪一种输入方式，只有输出方式对差模放大倍数和输入、输出电阻有影响，只要是双端输出，其差模放大倍数就等于单管放大倍数，单端输出差模电压放大倍数为双端输出的 $1/2$。

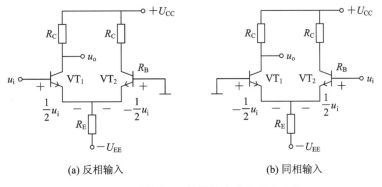

(a) 反相输入　　　　　　(b) 同相输入

图 7-22　单端输入–单端输出差分放大电路

7.5　互补对称功率放大电路

电压放大电路的主要目的是把微弱的电信号进行不失真地放大，希望获得较高的电压增益，这种电路属于小信号放大电路。

功率放大电路工作在大信号状态，其主要任务是在信号不失真或轻度失真的前提下，提高输出功率，以推动负载工作，如喇叭、记录仪表、继电器或伺服电动机等。通常多级放大电路的末级是功率放大电路。

1. 功率放大电路的工作状态

（1）甲类工作状态：在输入信号为正弦信号的情况下，晶体管在输入信号的整个周期内都导通，如图 7-23(a)所示。甲类工作状态静态时 I_C 较大，波形好，但静态功耗大，效率低，一般不会超过 25%。

（2）乙类工作状态：在正弦信号的一个周期内，晶体管只在输入信号的半个周期内导通，在另外半个周期内处于截止状态，如图 7-23(b)所示。乙类工作状态静态时 $I_C=0$，波形严重失真，功耗小，效率高。

（3）甲乙类工作状态：它是介于甲类和乙类之间的工作状态，晶体管导通的时间大于半个周期，如图 7-23(c)所示。甲乙类工作状态接近乙类工作状态，静态时 $I_C \approx 0$，一般功放常采用。

除上述三种工作状态外，还有丙类工作状态和丁类工作状态，丙类工作状态其管子的导通时间小于半个周期，丁类工作状态的管子处于开关状态，它们多用于高频调谐大功率电路中。

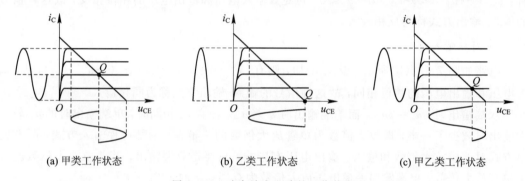

(a) 甲类工作状态　　　　　(b) 乙类工作状态　　　　　(c) 甲乙类工作状态

图 7-23　功率放大电路的工作状态

2. 互补对称功率放大电路

乙类放大电路的效率高，但只有半个周期的信号得到放大，其输出波形严重失真。为了解决这一问题，可以采用两个晶体管轮流工作于正、负半周的方法，这就是下面要介绍的互补对称功率放大电路。

图 7-24 为一个乙类互补对称功率放大电路。其中三极管 VT_1 和 VT_2 分别为 NPN 管和 PNP 管，两管的基极和发射极分别连接在一起，基极接输入信号，发射极接输出信号，R_L 为负载。该电路可以看成是由两个射极输出器合成的功放电路。

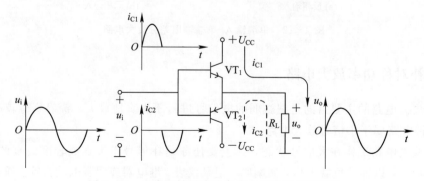

图 7-24　乙类互补对称功率放大电路的工作状态

静态时，当 $U_1 = 0$，两个三极管无直流偏置，$I_B = 0$，$I_C = 0$，R_L 中无电流，$U_O = 0$。

动态时，输入正弦交流信号 u_i，在 u_i 的正半周，VT_1 管导通，VT_2 管截止，电流 i_{c1} 通过负载 R_L，R_L 两端的电压为正半轴输出电压 u_o；在交流信号 u_i 的负半周，VT_1 管截止，VT_2 管导通，电流 i_{c2} 通过负载 R_L，R_L 两端的电压为负半轴输出电压 u_o。所以，在输入正弦交流信号 u_i 的一个周期内，两个三极管轮流导通，负载 R_L 上得到了完整的正弦交流信号 u_o。在这一电路中，两个三极管电路上、下对称，交替工作，互相补充，故该电路称为互补对称电路。由于它工作在乙类功率放大电路，效率较高，在理想状态下效率可达 78.5%，因此这种电路得到了广泛的应用，成为功率放大电路的基本电路。

当输入信号小于晶体管的死区电压时，两个晶体管都截止，这一区域 i_{c1} 和 i_{c2} 都接近于零，使得输出电压在正、负半周的交接处衔接不好而引起失真，这种失真称为交越失真，如图 7-25 所示。因此可给 VT_1、VT_2 的发射结加适当的正向偏压，以便产生一个不大的静态偏流，使静态工作点提高一点，以避开输入特性的死区。也就是说，为避免出现交越失真，采用甲乙类互补对称功率放大电路。

甲乙类互补对称功率放大电路如图 7-26 所示，该电路增加了偏置电阻 R_{B1}、R_{B2} 和二极管 D_1、D_2，为给三极管 VT_1、VT_2 的发射结提供正向偏压。静态时，在 D_1、D_2 产生的压降使 VT_1、VT_2 均处于微导通状态。动态时，由于二极管的动态电阻很小，三极管 VT_1、VT_2 的基极电位对于交流信号可认为是相等的，即均为 u_i。这样，在 u_i 的正半周，VT_1 管导通，VT_2 管截止；在 u_i 的负半周，VT_1 管截止，VT_2 管导通，R_L 两端的信号就消除了交越失真。

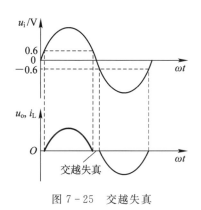

图 7-25　交越失真　　　　　图 7-26　甲乙类互补对称功率放大电路

实战演练

综合实战演练 1： 如图 7-27 所示的共发射极放大电路，已知 $U_{CC} = 12V$，$R_C = 3\text{ k}\Omega$，$R_B = 300\text{ k}\Omega$，$R_L = 3\text{ k}\Omega$，$\beta = 50$。

（1）求放大电路的静态值；

（2）求电压放大倍数 A_u、输入电阻 r_i 和输出电阻 r_o；

（3）若所加信号源的内阻 R_S 为 $3\text{ k}\Omega$，求电压放大倍数 $A_{uS} = \dot{U}_o / \dot{U}_S$。

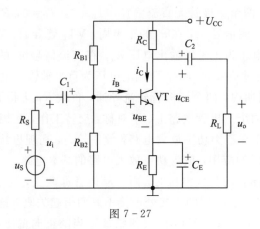

图 7 - 27

解 （1）求静态工作点。易知

$$I_B \approx \frac{U_{CC}}{R_B} = \frac{12}{300 \times 10^3} A = 0.04 \text{ mA} = 40 \text{ } \mu A$$

$$I_C = \beta I_B = 50 \times 0.04 = 2 \text{ mA}$$

$$U_{CE} = U_{CC} - I_C R_C = 12 - 2 \times 3 = 6 \text{ V}$$

（2）求电压放大倍数 A_u、输入电阻 r_i 和输出电阻 r_o。由于

$$I_E \approx I_C = 2 \text{ mA}$$

晶体管的输入电阻为

$$r_{be} \approx 200 \text{ } \Omega + (1+\beta) \frac{26 \text{ mV}}{I_{EQ}} = 200 \text{ } \Omega + (1+50) \times \frac{26 \text{ mV}}{2 \text{ mA}} = 0.863 \text{ k}\Omega$$

电压放大倍数为

$$A_u = -\beta \frac{R_L'}{r_{be}} = -87$$

其中　$R_L' = R_C // R_L = 1.5 \text{ k}\Omega$。

输入电阻为

$$r_i = R_B // r_{be} \approx r_{be} = 0.863 \text{ k}\Omega$$

输出电阻为

$$r_o \approx R_C = 3 \text{ k}\Omega$$

（3）若考虑信号源内阻的影响，输出电压 $\dot{U}_o$ 相对于信号源 $\dot{U}_S$ 的电压放大倍数为

$$A_{uS} = \frac{\dot{U}_o}{\dot{U}_S} = \frac{\dot{U}_i}{\dot{U}_S} \times \frac{\dot{U}_o}{\dot{U}_i} = \frac{r_i}{R_S + r_i} \times A_u = -19.4$$

可见输入电阻越大，$\dot{U}_i$ 越接近 $\dot{U}_S$，A_u 也就越接近 A_{uS}。

综合实战演练 2：在图 7 - 28 中的分压偏置放大电路中，已知：$R_{B1} = 40 \text{ k}\Omega$，$R_{B2} = 20 \text{ k}\Omega$，$R_C = 2.5 \text{ k}\Omega$，$R_E = 2 \text{ k}\Omega$，$U_{CC} = 12 \text{ V}$，$U_{BE} = 0.7 \text{ V}$，晶体管 $\beta = 40$，$R_L = 5 \text{ k}\Omega$。

（1）试求估算静态工作点；

（2）画出微变等效电路；

（3）计算该电路的电压放大倍数 A_u，输入电阻 r_i 和输出电阻 r_o；

（4）若图中不接入 C_E，求电压放大倍数、输入电阻和输出电阻。

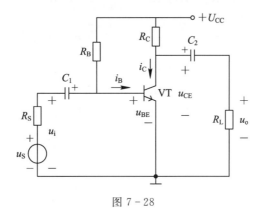

图 7 - 28

解 （1）用估算法计算静态工作点，直流通路如图 7 - 29 所示。

$$V_B \approx \frac{R_{B2}}{R_{B1}+R_{B2}}U_{CC} = \frac{20}{40+20}\times 12 = 4 \text{ V}$$

$$I_C \approx I_E = \frac{V_B - U_{BE}}{R_E} = \frac{4-0.7}{2} = 1.65 \text{ mA}$$

$$I_B \approx \frac{I_C}{\beta} = \frac{1.65}{40}\text{mA} = 41 \ \mu\text{A}$$

$$U_{CE} \approx U_{CC} - I_C(R_C + R_E) = 12 - 1.65\times(2.5+2) = 4.575 \text{ V}$$

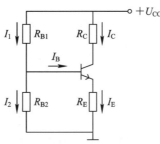

图 7 - 29 直流通路

（2）微变等效电路如图 7 - 30 所示。

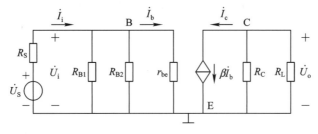

图 7 - 30 微变等效电路图

（3）晶体管的输入电阻为

$$r_{be} = 200 \ \Omega + (1+\beta)\frac{26 \text{ mV}}{I_E} = 200 \ \Omega + 41\times\frac{26}{1.65}\Omega = 0.85 \text{ k}\Omega$$

$$R'_{L} = R_{L} /\!/ R_{C} = \frac{2.5 \times 5}{2.5 + 5} = 1.67$$

$$A_{u} = -\beta \frac{R'_{L}}{r_{be}} = -40 \times \frac{1.67}{0.85} = -78.43$$

$$r_{i} = R_{B1} /\!/ R_{B2} /\!/ r_{be} \approx 0.799 \text{ k}\Omega$$

$$r_{o} = R_{C} = 2.5 \text{ k}\Omega$$

（4）若图中不接入电容 C_{E}，则该电路的微变等效电路如图 7-31 所示。易知

$$\dot{U}_{i} = \dot{I}_{b} r_{be} + (1+\beta) \dot{I}_{b} R_{E}, \quad \dot{U}_{o} = -\beta \dot{I}_{b} R'_{L}$$

电压放大倍数为

$$A_{u} = -\frac{\beta R'_{L}}{r_{be} + (1+\beta) R_{E}} = -40 \times \frac{1.67}{0.85 + (1+40) \times 2} = -0.806$$

输入电阻为

$$r_{i} = R_{B1} /\!/ R_{B2} /\!/ [r_{be} + (1+\beta) R_{E}] = 40 /\!/ 20 /\!/ [0.85 + (1+40) \times 2] = 11.48 \text{ k}\Omega$$

输出电阻为

$$r_{o} = R_{C} = 2.5 \text{ k}\Omega$$

可见若不接旁路电容，虽然电路的电压放大倍数减小了，但改善了电路的其他参数，如提高了放大电路的输入电阻。

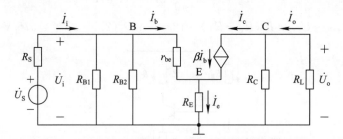

图 7-31　去掉旁路电容 C_{E} 的放大电路微变等效电路

综合实战演练 3：如图 7-32 所示的放大电路中，已知 $U_{CC} = 12$ V，$R_{E} = 2$ kΩ，$R_{B} = 200$ kΩ，$R_{L} = 3$ kΩ，晶体管 $\beta = 50$，$U_{BE} = 0.6$ V，信号源内阻 $R_{S} = 100\Omega$。

（1）求静态工作点；

（2）求电路的电压放大倍数 A_{u}、输入电阻 r_{i} 和输出电阻 r_{o}。

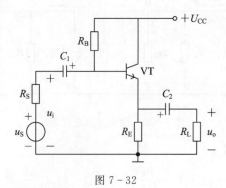

图 7-32

解 （1）画出放大电路的直流通路，如图 7 - 33 所示，计算静态值。

$$I_{\text{B}}=\frac{U_{\text{CC}}-U_{\text{BE}}}{R_{\text{B}}+(1+\beta)R_{\text{E}}}=\frac{12-0.6}{200+(1+50)\times2}\text{mA}=37.7\ \mu\text{A}$$

$$I_{\text{C}}\approx I_{\text{E}}=(\beta+1)I_{\text{B}}=(50+1)\times0.0377=1.92\ \text{mA}$$

$$U_{\text{CE}}=U_{\text{CC}}-I_{\text{E}}R_{\text{E}}=12-2\times1.92=8.16\ \text{V}$$

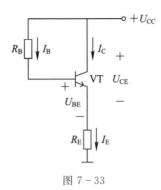

图 7 - 33

（2）画出微变等效电路，如图 7 - 34 所示，由微变等效电路求 A_u、r_{i}、r_{o}。

$$r_{\text{be}}\approx200\ \Omega+(1+\beta)\frac{26\ \text{mV}}{I_{\text{E}}}=\left(200+51\times\frac{26}{1.92}\right)\Omega=0.89\ \text{k}\Omega$$

$$A_u=\frac{(1+\beta)R_{\text{L}}'}{r_{\text{be}}+(1+\beta)R_{\text{L}}'}=\frac{(1+50)\times1.2}{0.89+(1+50)\times1.2}=0.99$$

其中 $R_{\text{L}}'=R_{\text{E}}/\!/R_{\text{L}}=2/\!/3=1.2\ \text{k}\Omega$。

$$r_{\text{i}}=R_{\text{B}}/\!/[r_{\text{be}}+(1+\beta)R_{\text{L}}']=200/\!/[0.89+(1+50)\times1.2]=47.4\ \text{k}\Omega$$

$$r_{\text{o}}\approx\frac{r_{\text{be}}+R_{\text{S}}'}{\beta}=\frac{890+100}{50}\Omega\approx20\ \Omega$$

其中 $R_{\text{S}}'=R_{\text{S}}/\!/R_{\text{B}}\approx100\ \Omega$。

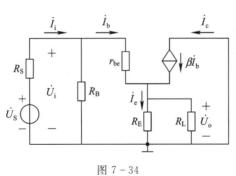

图 7 - 34

知识小结

本章讨论了由分立元件组成的各种基本放大电路，重点介绍了共发射极放大电路和射极输出器，简要介绍了差分放大电路、互补对称功率放大电路。

1. 若在一个放大电路中，从基极输入信号，从集电极输出信号，发射极作为输入信号和输出信号的公共端，则该放大电路称为共发射极放大电路。放大电路的分析分为静态分析和动态分析。静态是指输入信号为零时的工作状态，此状态下只有直流电源。静态分析主要是确定放大电路中的静态值：I_B、I_C 和 U_{CE}，采用直流通路分析。动态是指输入信号不等于零时的工作状态，此时电路中各处的电压、电流都处于变动状态，故该工作状态也称为交流工作状态。动态分析主要是确定放大电路的电压放大倍数 A_u、输入电阻 r_i 和输出电阻 r_o，采用交流通路分析。由于晶体管是非线性器件，故放大电路在本质上是非线性电路，因此可采用图解法和一定条件下的近似线性法来分析放大电路。

2. 放大电路应有合适的静态工作点，才能保证有良好的放大效果。静态工作点不但决定了放大电路是否会产生失真，而且还影响着放大倍数、输入电阻等动态参数。实际上，外部因素会造成静态工作点不稳定，其中温度的影响最大。如果放大电路不采取稳定措施，那么静态工作点就会随温度的变化发生漂移，从而影响放大电路的稳定性。

3. 射极输出器属于一种基本的放大电路形式。其特点是：电压放大倍数接近 1，输入电阻高，输出电阻低。由于射极输出器具有上述特点，因此它在电路中的应用非常广泛。

4. 直接耦合放大电路的主要问题是零点漂移。差分放大电路通过采用特殊的对称结构以及发射极电阻对温度漂移信号的抑制作用可以解决零点漂移问题。

5. 功率放大电路工作在大信号状态，其主要任务是在信号不失真或轻度失真的前提下，提高输出功率，以推动负载工作，通常作为多级放大电路的末级。

 课后练习

一、选择题

1. 晶体管的控制方式为（　　　　）。

A. 输入电流控制输出电压　　　　　　　　B. 输入电流控制输出电流

C. 输入电压控制输出电压　　　　　　　　D. 输入电压控制输出电流

2. 如图 7-4 所示，若将 R_B 减小，则集电极电流 I_C（　　　），集电极电位 V_C（　　　）。

A. 增大，增大　　　　　　　　　　　　　B. 减小，减小

C. 增大，减小　　　　　　　　　　　　　D. 减小，增大

3. 如图 7-4 所示，$U_{CC}=12$ V，$R_C=3$ kΩ，$\beta=50$，U_{BE} 可忽略，若使 $U_{CE}=6$ V，则 R_B 应为（　　　）。

A. 360 kΩ　　　　　　　B. 300 kΩ　　　　　　　C. 600 kΩ

4. 在共发射极交流放大电路中，（　　　）是正确的。

A. $\dfrac{u_{BE}}{i_B}=r_{be}$　　　　　　B. $\dfrac{U_{BE}}{I_B}=r_{be}$　　　　　　C. $\dfrac{u_{be}}{i_b}=r_{be}$

5. 在图 7-13 所示的分压式偏置放大电路中，若将旁路电容 C_E 除去，则电压放大倍数 $|A_u|$（　　　）。

A. 减小　　　　　　　B. 增大　　　　　　　C. 不变

6. 射极输出器（　　　）。

A. 有电流放大作用，没有电压放大作用

B. 有电流放大作用，也有电压放大作用

C. 没有电流放大作用，也没有电压放大作用

7. 在图 7 - 21 所示的基本差分放大电路中，发射极电阻 R_E 对(　　)起抑制作用。

A. 差模信号　　　　　　B. 共模信号　　　　　　C. 差模信号和共模信号

8. 共模抑制比 K_{CMRR} 越大，表明电路(　　)。

A. 交流电压放大倍数越大　　　　　　　B. 放大倍数越稳定

C. 抑制温漂能力越强　　　　　　　　　D. 输入信号中差模成分越大

二、判断题

1. 放大电路的输出电阻越小越好，输出电阻越小，输出电压越大，电路越稳定。(　　)

2. 放大电路的输入电阻越小越好，输入电阻越小，对信号源的影响越小，输入信号的衰减越小。　　　　　　　　　　　　　　　　　　　　　　　　　　　　　　(　　)

3. 差模输入信号指的是在两个输入端加上的大小相等、极性相同的信号。　(　　)

4. 共模输入信号指的是在两个输入端加上的大小相等、极性相反的信号。　(　　)

5. 差模电压增益反映了差分放大器放大有用信号的能力。　　　　　　　　(　　)

6. 共模电压增益反映了差分放大器放大无用信号的能力。　　　　　　　　(　　)

三、简答题

射极输出器的特点是什么?

四、计算题

1. 已知图 7 - 35 所示电路中晶体管的 $\beta=100$。

(1) 现已测得静态管压降 $U_{CEQ}=6$ V，估算 R_B 约为多少千欧?

(2) 若测得 $\dot{U}_i$ 和 $\dot{U}_o$ 的有效值分别为 1 mV 和 100 mV，则负载电阻 R_L 为多少千欧?

2. 放大电路如图 7 - 36 所示，电源 $U_{CC}=12$ V。

(1) 若 $R_C=3$ kΩ，$R_L=1.5$ kΩ，$R_B=240$ kΩ，晶体管 $\beta=40$，$r_{be}\approx0.8$ kΩ，试估算静态工作点和电压放大倍数 A_u。

(2) 若 $R_C=3.9$ kΩ，晶体管 $\beta=60$，要使 $I_B=20$ μA，试计算 R_B、I_C、U_{CE}。

(3) 电路参数同(2)，要将 I_C 调整到 1.8 mA，R_B 阻值应取多大?

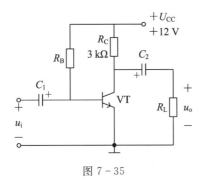

图 7 - 35

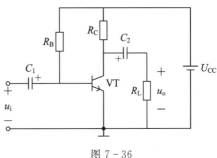

图 7 - 36

3. 电路如图 7 - 37 所示，已知 $R_{B1}=30$ kΩ，$R_{B2}=10$ kΩ，$R_C=5.1$ kΩ，$R_E=2.3$ kΩ，$U_{CC}=12$ V，$U_{BE}=0.7$ V，$\beta=60$，$R_L=3.3$ kΩ。试计算:

（1）静态工作点；

（2）电压放大倍数；

（3）输入电阻和输出电阻。

4．将上一题电路中的 R_E 分成两部分，如图 7 - 38 所示，设 $R_{E1}=300\ \Omega$，$R_{E2}=2\ k\Omega$，电路其他参数与上一题相同。试求：

（1）静态工作点；

（2）电压放大倍数；

（3）输入电阻和输出电阻。

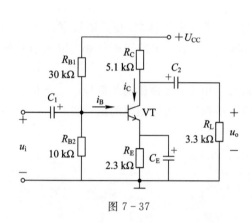

图 7 - 37

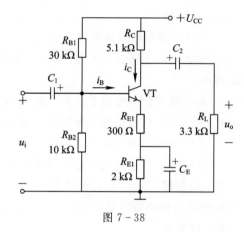

图 7 - 38

5．电路如图 7 - 39 所示，晶体管的 $\beta=80$。

（1）求出 Q 点；

（2）分别求出 $R_L=\infty$ 和 $R_L=3\ k\Omega$ 时电路的 A_u 和 r_i；

（3）求出 r_o。

6．如图 7 - 40 所示，放大电路有两个输出端，u_{o1} 从集电极输出，u_{o2} 从发射极输出，已知 $R_C=(1+\beta)R_E/\beta$。试求：

（1）信号从集电极输出时的电压放大倍数 A_{u1}；

（2）信号从发射极输出时的电压放大倍数 A_{u2}，并将 A_{u2} 和 A_{u1} 做一比较。

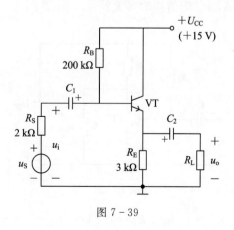

图 7 - 39

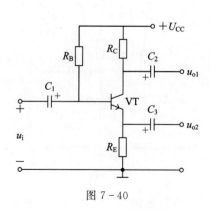

图 7 - 40

7．在图 7 - 41 所示的差分放大电路中，已知 $U_{CC}=12\ V$，$U_{EE}=12\ V$，$\beta=50$，$R_C=$

$10\ \text{k}\Omega$，$R_E = 10\ \text{k}\Omega$，$R_B = 20\ \text{k}\Omega$，并在输出端接负载电阻 $R_L = 20\ \text{k}\Omega$，试求电路的静态值和差模电压放大倍数。

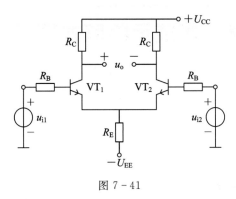

图 7 - 41

第8章　集成运算放大器及其应用

 章节导读

集成运算放大器是具有高开环放大倍数，并带有深度负反馈的多级直接耦合放大电路，最初应用于模拟电子计算机中实现某些数学运算，用途十分广泛，并因此而得名。随着半导体技术的发展，其用途得到了极大的扩展，在测量装置、自动控制系统等技术领域得到广泛应用。

集成电路是把整个电路的各个元件以及相互之间的连接同时制造在一块半导体芯片上，组成一个不可分割的整体。集成电路具有元件密度高、体积小、重量轻、功耗小、特性好和可靠性高等一系列优点。集成电路按集成度可分为小规模、中规模、大规模和超大规模集成电路。本章主要介绍集成运算放大器的相关知识、放大电路中的负反馈和集成运算放大器的应用。

 知识情景化

（1）在实验时需要形状各异的呈周期性变化的信号，如正弦波、三角波、矩形波、锯齿波等，它们是怎样产生的呢？

（2）霍尔计数器是具有较高灵敏度的集成霍尔元件，能感受到很小的磁场变化，可以检测出黑色金属的有无，它的工作原理是什么？

（3）请利用集成运算放大器设计一个温度检测控制电路。

内容详解

8.1　集成运算放大器概述

集成运算放大器（简称集成运放）是由多级放大电路组成的。集成运算放大器的类型相当丰富，但它们在结构上基本一致，其内部通常包含四个基本组成部分：输入级、中间级、输出级以及偏置电路，如图 8-1 所示。

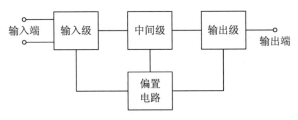

图 8-1 集成运算放大器的组成

输入级是集成运放的重要组成部分，它往往是一个两端输入的高性能差分放大电路。要求该差分放大电路输入电阻高、差模放大倍数大、抑制共模信号的能力强和静态电流小，能有效地抑制零点漂移和干扰。同时，该差分放大电路有同相和反相两个输入端。

中间级一般由共射极放大电路构成，其主要任务是提供足够大的电压放大倍数。

输出级与负载相连，要求输出级具有输出电阻低、带负载能力强等特点，且能输出足够大的电压和电流。输出级一般由互补功率放大电路构成。

偏置电路的作用是向各放大级电路提供合适的偏置电流，确定各级静态工作点。偏置电路一般由各种恒流源电路构成。

1. 集成运算放大器的符号

集成运算放大器的图形符号如图 8-2 所示，其中，▷表示信号传输的方向，A_{uo} 表示开环差模电压放大倍数，集成运算放大器有两个输入端，左侧"－"端为反相输入端，左侧"＋"端为同相输入端，右侧"＋"端为输出端。

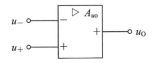

图 8-2 集成运算放大器的图形符号

当信号从反相输入端与地之间输入时，输出信号与输入信号的相位相反。信号的这种输入方式称为反相输入。

当信号从同相输入端与地之间输入时，输出信号与输入信号的相位相同。信号的这种输入方式称为同相输入。

如果将两个输入信号分别从上述两端与地之间输入，那么信号的这种输入方式称为差分输入。

2. 集成运算放大器的主要参数

集成运放的参数是评价其性能优劣的主要指标，也是正确选择和使用集成运放的依据。

1）开环电压放大倍数

开环电压放大倍数是指运放不接反馈电路时的差模电压放大倍数，也称为开环电压增益，用符号 A_{uo} 表示。其单位常用分贝（dB）表示，$A_{uo}=20 \lg (U_o/U_i)$。它体现了集成运放的电压放大能力，一般为 $10^4 \sim 10^7$，即开环增益为 80～140 dB。A_{uo} 参数越高，其运算电路越稳定，精度也越高。

2）最大输出电压

最大输出电压是指输出和输入保持不失真关系的最大输出电压，常用符号 U_{OPP} 表示。

3）共模抑制比

共模抑制比用符号 K_{CMR} 表示，常用来综合衡量集成运放的放大能力和抗温漂、抗共模干扰的能力。K_{CMR} 主要由运放输入级的差分电路决定，其值越大越好。

4）差模输入电阻

差模输入电阻是指差模信号作用时集成运放的输入电阻，常用符号 r_{id} 表示。r_{id} 一般在 1 MΩ 以上。r_{id} 越大，运放的性能越好。

5）开环输出电阻

开环输出电阻是指集成运放在没有引入负反馈情况下的输出电阻，常用符号 r_o 表示。r_o 反映了集成运放带负载的能力，其值越小越好，一般只有几十欧至几百欧。

此外还有最大共模输入电压 U_{ICM}、输入偏置电流 I_{IB}、输入失调电压 U_{IO} 和最大差模输入电压 U_{IDM} 等参数，这些参数及相关要求在相关的产品手册中都有说明，此处不再叙述。

3．集成运算放大器的电压传输特性

集成运算放大器的电压传输特性是指输出电压与输入电压之间的关系特性曲线，即 $u_O=f(u_I)$。如图 8-3 所示，电压传输特性曲线分为线性区和饱和区两部分。

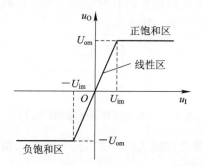

图 8-3　集成运算放大器的电压传输特性

当 $|u_I|<U_{im}$ 时，运放在线性区工作，u_I 与 u_O 之间是线性关系：

$$u_O=A_{uo}(u_+-u_-)=A_{uo}u_I \tag{8-1}$$

式中，A_{uo} 是开环时的差模电压放大倍数；u_+ 和 u_- 分别是同相输入端和反相输入端的对地电压。

线性区的斜率取决于 A_{uo} 大小，由于受电源电压的限制，u_O 不可能随 u_I 的增大而无限增大。

当 $|u_I|>U_{im}$ 时，运放在饱和区工作，即在非线性区工作，此时输出电压的取值有两种可能：

$$当\ u_I>U_{im}\ 时，u_O=+U_{om}$$
$$当\ u_I<-U_{im}\ 时，u_O=-U_{om}$$

式中，$\pm U_{om}$ 为输出电压饱和值，此值的绝对值略低于正负电源电压的绝对值。

集成运放在应用时,工作于线性区的称为线性应用,工作于饱和区的称为非线性应用。由于集成运放的开环电压放大倍数 A_{uo} 很大,因此其线性区很窄。而且,集成运放的输出电压为有限值,即使其输入电压很小,由于外部干扰等原因,不引入深度负反馈的集成运放很难在线性区稳定工作。

4. 理想运算放大器

为了简化分析过程,同时又满足工程的实际需要,通常把集成运放理想化,满足下列参数指标的运算放大器可以视为理想运算放大器。

(1)开环电压放大倍数 $A_{uo} \to \infty$;

(2)开环差模输入电阻 $r_{id} \to \infty$;

(3)开环输出电阻 $r_o \to 0$;

(4)共模抑制比 $K_{CMR} \to \infty$。

由于实际运算放大器的上述指标接近理想条件,因此,在分析时用理想运算放大器代替实际运算放大器所造成的误差并不严重,在工程上是允许的。图 8-4 表示理想运算放大器的图形符号,图中 ∞ 表示电压放大倍数 $A_{uo} \to \infty$。图 8-5 表示理想运算放大器的传输特性曲线。

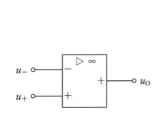

图 8-4 理想运算放大器图形符号

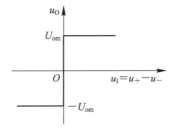

图 8-5 理想运放的传输特性

由于开环电压放大倍数 $A_{uo} \to \infty$,线性区几乎与纵轴重合。

当理想运算放大器分别在线性区和饱和区工作时,各自有若干个重要的特点,现分别进行讨论。

1)理想运算放大器在线性区工作的特点

根据集成运放的理想化条件,可以在输入端导出以下两条重要结论。

(1)虚短:理想运算放大器在线性区工作时,由于 $u_O = A_{uo}(u_+ - u_-) = A_{uo}u_I$,且 $A_{uo} = \infty$,输出电压在有限值之间变化,因此

$$u_I = u_+ - u_- = \frac{u_O}{A_{uo}} \approx 0 \qquad (8-2)$$

即 $u_+ \approx u_-$。

运放的两个输入端等电位,但又不是真正的短路,所以这种情况称为"虚短"。

若信号从反相输入端输入,而同相输入端接地,则 $u_+ \approx u_- = 0$,则反相输入端的电位为地电位,通常称为"虚地"。

虚短是高增益的运算放大器组件引入深度负反馈的必然结果,只有在闭环状态下,工作于线性区的运算放大器才有虚短现象,离开上述前提条件,虚短现象将不存在。

（2）虚断：因为差模输入电阻 $r_{id} \rightarrow \infty$，所以，$i_+ = i_- \approx 0$。

集成运放的输入电流恒为零，相当于运放的输入端开路，显然，运放的输入端并没有真正断开，所以这种情况称为"虚断"。

2）理想运算放大器在非线性工作区的特点

若运算放大器的工作信号超出了线性放大的范围，则输出电压不再随着输入电压线性增大，而将达到饱和，运算放大器将在饱和区工作；此时，当 $u_+ > u_-$ 时，$u_O = +U_{om}$；当 $u_+ < u_-$ 时，$u_O = -U_{om}$。

在非线性区，运算放大器的差模输入电压（$u_+ - u_-$）可能很大，即 $u_+ \neq u_-$。也就是说，此时，"虚短"现象将不存在。

在非线性区，运算放大器的两端输入电压不相等，但因为差模输入电阻 $r_{id} \rightarrow \infty$，故仍认为此时输入电流等于 0，即 $i_+ = i_- \approx 0$，"虚断"在非线性区也成立。

8.2 放大电路中的负反馈

反馈在电子技术中的应用非常广泛，它既可以改善放大电路的性能，又可以通过反馈技术改善放大电路的工作性能，以达到预定的指标。

1. 反馈的基本概念

通过一定的电路形式，把放大电路输出信号的一部分或全部按一定的方式送回放大电路的输入端，并对放大电路的输入信号产生影响的方式称为反馈。

引入反馈后，基本放大电路和反馈网络构成一个闭环，称为闭环放大电路。无反馈时的放大电路称为开环放大电路。图 8-6 为带有反馈网络的电路框图，在正弦信号作用下，$\dot{X}_i$、$\dot{X}_f$、$\dot{X}_o$ 分别表示输入信号、反馈信号和输出信号的相量，$\dot{X}_d$ 为输入信号与反馈信号叠加后的净输入信号的相量，它们代表电压或电流。A 称为基本放大电路的放大倍数，即开环放大倍数；F 为反馈网络的反馈系数。

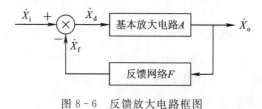

图 8-6 反馈放大电路框图

基本放大电路的放大倍数为

$$A = \frac{\dot{X}_o}{\dot{X}_d} \tag{8-3}$$

反馈网络的反馈系数为

$$F = \frac{\dot{X}_f}{\dot{X}_o} \tag{8-4}$$

引入反馈后，闭环放大倍数 A_f 的表达式为

$$A_f = \frac{\dot{X}_o}{\dot{X}_i} \tag{8-5}$$

根据式(8-3)~(8-5)，可得

$$A_f = \frac{\dot{X}_o}{\dot{X}_i} = \frac{\dot{X}_o}{\dot{X}_d' + \dot{X}_f} = \frac{A\dot{X}_d}{\dot{X}_d + \dot{X}_f} = \frac{A\dot{X}_d}{\dot{X}_d + AF\dot{X}_d} \tag{8-6}$$

由此可得

$$A_f = \frac{A}{1 + AF} \tag{8-7}$$

式中，$(1+AF)$ 值的大小是衡量负反馈程度的重要指标，称为反馈深度，用于表征负反馈的深浅程度。由于 $(1+AF) > 1$，所以 $A_f < A$，可以看出，引入负反馈后，放大电路的放大倍数下降。$(1+AF)$ 越大，反馈深度越深。当 $AF \gg 1$ 时的反馈称为深度负反馈。此时，

$$A_f \approx \frac{1}{F} \tag{8-8}$$

可以认为放大电路的放大倍数只由反馈电路决定，而与基本放大电路的放大倍数无关。运算放大器的负反馈电路一般均满足深度负反馈的条件。

2. 有无反馈的判断与分馈分类

若放大电路中存在将输出回路与输入回路相连的反馈通路，并由此影响放大电路的净输入量，则表明电路引入了反馈；否则电路中便没有反馈。反馈元件可以是一个或几个，例如，反馈元件可以是一根连接导线，也可以是由一系列运放、电阻、电容和电感组成的网络，但它们都是一端直接或间接地接于输入端，另一端直接或间接地接于输出端。

根据反馈的极性不同，反馈信号的取样对象不同，以及反馈电路在放大电路中的连接方式不同，反馈大致分为以下几类。

1) 正反馈和负反馈

按反馈极性，反馈可分为正反馈和负反馈两种。若反馈信号对输入产生的影响是使输入信号的净输入量增强，则这种反馈形式称为正反馈；若反馈信号对输入产生的影响是使输入信号的净输入量削弱，则这种反馈形式称为负反馈。电路中引入负反馈后，其放大倍数要降低；但可以提高基本放大电路的工作稳定性。

反馈极性的判断常用"瞬时极性法"，即首先假定输入信号处于某一瞬时极性(在电路中用符号⊕、⊖来表示瞬时极性的正、负，分别代表该点的瞬时信号的变化为升高和下降)，然后逐级推出电路其他各有关点的瞬时极性，最后判断反馈到输入端信号的瞬时极性是增强还是削弱了原来的信号。若是增强了原来的信号，则为正反馈；若是减弱了原来的信号，则为负反馈。

2) 直流反馈和交流反馈

若反馈环路内直流信号可以流通，则产生直流反馈；若反馈环路内交流信号可以流通，

则产生交流反馈；若反馈环路内直流信号和交流信号均可以流通，则既有直流反馈，又有交流反馈。

3）电压反馈和电流反馈

按反馈信号的取样，反馈可分为电压反馈和电流反馈。如果反馈信号取自输出电压，与输出电压成比例，那么这种反馈称为电压反馈，如图 8-7(a)所示。如果反馈信号取自输出电流，与输出电流成比例，那么这种反馈称为电流反馈，如图 8-7(b)所示。

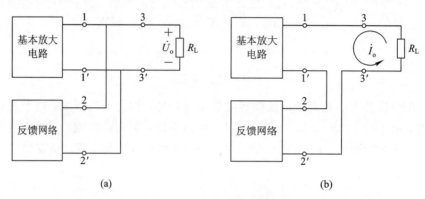

(a)　　　　　　　　　　　　(b)

图 8-7　电压反馈和电流反馈

判断方法：假设将输出端短路，若反馈信号消失，则为电压反馈，否则为电流反馈。

4）串联反馈和并联反馈

按反馈电路在放大电路输入端的连接方式，反馈可分为串联反馈和并联反馈。若反馈到输入端的信号以电压形式与输入信号叠加，即为串联反馈。若反馈到输入端的信号以电流形式与输入信号叠加，即为并联反馈。

判断方法：从放大电路的输入端看，如果反馈信号与输入信号分别接在放大电路的两个输入端上，以电压方式相叠加，那么这种反馈称为串联反馈，如图 8-8(a)所示。如果反馈信号与输入信号接在放大电路的同一输入端上，反馈量与输入量以电流方式相叠加，那么这种反馈称为并联反馈，如图 8-8(b)所示。

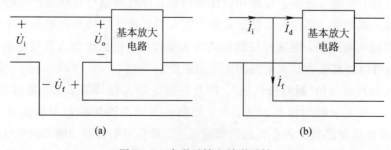

(a)　　　　　　　　　　　　(b)

图 8-8　串联反馈和并联反馈

根据以上分类，对于交流负反馈有四种组态，分别是电压串联负反馈、电压并联负反馈、电流串联负反馈和电流并联负反馈。它们的电路框图如图 8-9(a)、(b)、(c)、(d)所示。

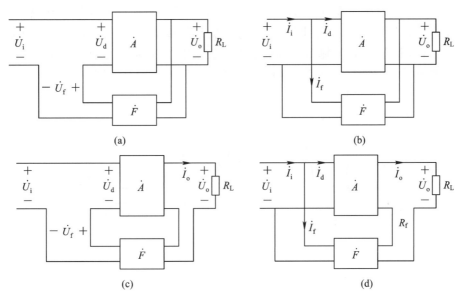

图 8-9　负反馈电路四种基本类型的框图

3. 负反馈对放大电路性能的影响

（1）负反馈提高了放大电路的稳定性。

在放大电路中，环境温度等因素的变化，都会引起输出电压的变化，从而使放大倍数发生改变，放大倍数的不稳定会影响放大电路的准确性和稳定性。引入负反馈可以减小外部因素对放大倍数的影响，从而使放大倍数得到稳定。

因为 $A_f = \dfrac{A}{1 + AF}$，可得

$$\frac{\mathrm{d}A_f}{A_f} = \frac{\mathrm{d}A}{A} \cdot \frac{1}{1 + AF} \tag{8-9}$$

式（8-9）表明，电路引入负反馈后的放大倍数 A_f 的相对变化量是其基本放大电路放大倍数 A 相对变化量的 $1/(1+AF)$，即放大电路的放大倍数的稳定性提高了 $1+AF$ 倍。

（2）拓宽了通频带。

通频带是放大电路的技术指标之一，通常要求放大电路有较宽的通频带。引入负反馈是拓宽通频带的有效措施之一。放大电路的频率特性如图 8-10 所示，无反馈时放大电路的幅频特性及通频如图 8-10 中上面曲线所示，有负反馈后，放大倍数由 $|A_0|$ 降至 $|A_f|$，幅频特性变为下面的曲线。由于放大倍数稳定性的提高，在低频段和高频段的电压放大倍数下降程度减小，使得下限频率和上限频率由原来的 f_1

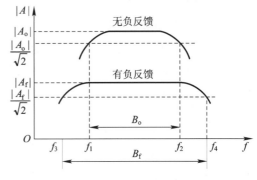

图 8-10　放大电路的频率特性

和 f_2 变成了 f_3 和 f_4，从而使通频带由 B_0 加宽到了 B_f。

（3）改善了非线性失真。

当晶体管进入饱和区和截止区工作时会引起非线性失真。放大电路引入负反馈后，在

一定程度上补偿了输出信号的失真。图 8-11(a)是无反馈时的放大电路框图，输入信号 u_i 为正弦波，由于非线性失真，输出信号 u_o 为一个上半轴大、下半轴小的波形。电路引入负反馈后，由于反馈信号 u_f 与输出信号呈正比关系，因此，反馈信号也是一个上半轴大、下半轴小的波形，输入信号 u_i 与反馈信号 u_f 叠加后，得到的净输入信号 u_d 是一个上半轴小、下半轴大的波形，这个波形经过放大电路后可使输出信号 u_o 的波形得到补偿，输出波形接近正弦波，如图 8-11(b)所示。

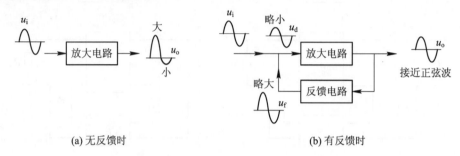

(a) 无反馈时   (b) 有反馈时

图 8-11　非线性失真的改善

（4）负反馈改变了输入电阻和输出电阻。

负反馈对放大电路输入电阻的影响只取决于反馈电路在输入端的连接方式。串联负反馈使输入电阻增加；并联负反馈使输入电阻减小。

负反馈对输出电阻的影响与反馈信号的取样对象是电压信号还是电流信号有关。电压负反馈使输出电阻减小；电流负反馈使输出电阻增加。

8.3　基本运算电路

当集成运放通过外接电路引入负反馈时，集成运放呈闭环状态，并且工作于线性区。在线性区工作的运放可构成模拟信号运算放大电路、正弦波振荡电路和有源滤波电路等。

当集成运放处于开环状态或外加正反馈，且在非线性区工作时，运放可构成各种幅值比较电路和矩形波电路等。

1. 比例运算电路

1）反相比例运算电路

输入信号从运算放大器的反相输入端引入的运算称为反相运算。如图 8-12 所示的电路是反相比例运算电路。输入信号 u_1 经电阻 R_1 送到运算放大器的反相输入端，同相输入端通过电阻 R_2 接"地"，反馈电阻 R_F 引入电压并联负反馈。电阻 R_2 称为平衡电阻，其作用是保持运放输入级电路的对称性。因为运放的输入级为差分放大电路，它要求两边电路的参数对称，以保持电路图的静态平衡。

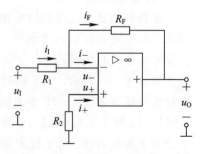

图 8-12　反相比例运算电路

为保证电路处于对称状态，就要使运放的反相输入端和同相输入端的外接电阻相等。而静态时，$u_1=0$，$u_O=0$，"+"端对地等效电阻为 R_2，"－"端对地等效电阻为 $R_1/\!/R_F$，所以，取 $R_2=R_1/\!/R_F$。

根据运算放大器工作在线性区时"虚短"和"虚断"的两条分析依据,可得

$$i_+ = i_- = 0, \ i_1 \approx i_F$$

$$u_- \approx u_+ = 0$$

则

$$i_1 = \frac{u_1 - u_-}{R_1} = \frac{u_1}{R_1}$$

$$i_F = \frac{u_- - u_O}{R_F} = -\frac{u_O}{R_F}$$

由此得出

$$u_O = -\frac{R_F}{R_1} u_1 \tag{8-10}$$

闭环电压放大倍数为

$$A_u = \frac{u_O}{u_1} = -\frac{R_F}{R_1} \tag{8-11}$$

由式(8-11)可知,输出电压的大小与输入电压的大小呈比例变化,比例系数只取决于外接电阻 R_1 和反馈电阻 R_F 的大小,与运放本身的参数无关。式中负号说明输出电压 u_O 与输入电压 u_1 反相。此种运算关系简称反相比例运算。要想获得所需要的输出、输入电压运算关系,只需选择合适的外接电阻元件即可,而且外接电阻的阻值精度越高,运放的精度和稳定性也越好。

当 $R_1 = R_F$ 时,由式(8-10)和式(8-11)得

$$u_O = -u_1 \tag{8-12}$$

$$A_u = \frac{u_O}{u_1} = -1 \tag{8-13}$$

式(8-12)表明输出电压与输入电压大小相等、极性相反,运放作一次变号运算,故也常把反相比例运算电路称为反相器。

2) 同相比例运算电路

输入信号从运算放大器的同相输入端引入的运算称为同相运算。如图 8-13 所示的电路是同相比例运算电路。输入信号从同相输入端加入,反相输入端经 R_1 接地,R_F 接在运放的输出端与反相输入端之间,构成电压串联负反馈电路。

同样,根据理想运算放大器在线性区工作时的分析依据,可得

$$i_1 \approx i_F, \ u_- \approx u_+ = u_1$$

由图 8-13 可得

$$i_1 = -\frac{u_-}{R_1} = -\frac{u_1}{R_1} \tag{8-14}$$

$$i_F = \frac{u_- - u_O}{R_F} = \frac{u_1 - u_O}{R_F} \tag{8-15}$$

所以

$$u_O = \left(1 + \frac{R_F}{R_1}\right) u_1 \tag{8-16}$$

闭环电压放大倍数为

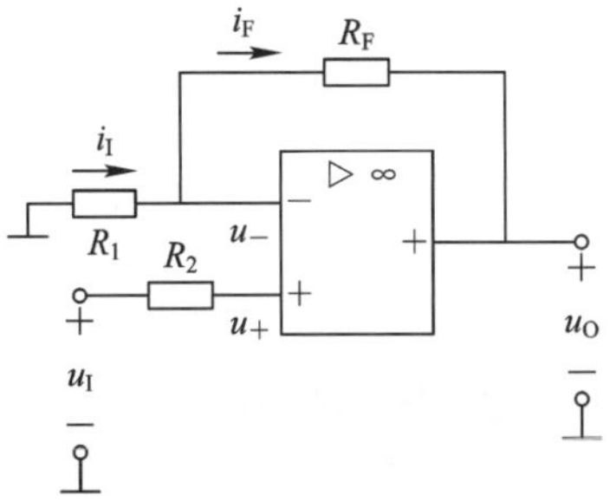

图 8-13　同相比例运算电路

$$A_u = \frac{u_O}{u_1} = 1 + \frac{R_F}{R_1} \qquad (8-17)$$

式(8-16)表明输出电压与输入电压同相,电路的比例系数恒大于1,而且仅由外接电阻 R_1 和反馈电阻的数值来决定,与运放本身的参数无关。

当外接电阻 $R_1 = \infty$ 或反馈电阻 $R_F = 0$ 时,有

$$A_u = \frac{u_O}{u_1} = 1 \qquad (8-18)$$

称此种条件下的运算电路为电压跟随器。虽然电压跟随器的放大倍数为1,但放大电路的输入电阻趋于无穷大,且输出电阻很小,可以提高带负载能力。

【例 8-1】 图 8-14 为两级运放组成的电路,已知 $u_1 = 2$ V,求 u_O。

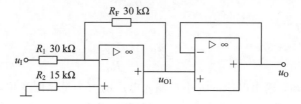

图 8-14　两级运放组成的电路

解　第一级运放为反相比例运算电路,则

$$u_{O1} = -\frac{R_F}{R_1} u_1 = -\frac{30}{30} \times 2 = -2 \text{ V}$$

第二级运放为电压跟随器,则

$$u_O = u_{O1} = -2 \text{ V}$$

2. 加法运算电路

在反相比例运算电路的基础上,增加若干个输入信号支路,就构成了加法运算电路,如图 8-15 所示,其中平衡电阻 $R_2 = R_{11} /\!/ R_{12} /\!/ R_F$。

根据理想运算放大器在线性区工作的分析依据可知

$$u_- \approx u_+ = 0, \ i_F = i_{I1} + i_{I2}$$

由图 8-15 得

$$i_{I1} = \frac{u_{I1}}{R_{11}}, \ i_{I2} = \frac{u_{I2}}{R_{12}}, \ i_F = \frac{-u_O}{R_F}$$

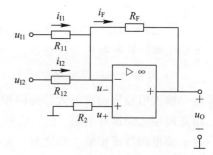

图 8-15　加法运算电路

所以

$$u_O = -\left(\frac{R_F}{R_{11}} u_{I1} + \frac{R_F}{R_{12}} u_{I2} \right) \qquad (8-19)$$

当 $R_{11} = R_{12} = R_1$ 时,有

$$u_O = -\frac{R_F}{R_1} (u_{I1} + u_{I2}) \qquad (8-20)$$

当 $R_F = R_1$ 时,有

$$u_O = -(u_{I1} + u_{I2}) \qquad (8-21)$$

加法运算电路不限于两个输入,它可以实现多个输入信号的相加。

3. 减法运算电路

集成运放的两个输入端都加上输入信号，就构成了减法运算电路，双端输入运算电路实际上是一个差分输入运算放大器，如图 8-16 所示。输入信号 u_{I1} 和 u_{I2} 分别经电阻 R_1 和 R_2 加在反相输入端和同相输入端。由于放大器在线性区工作，因此可用叠加定理分析电路的输出和输入关系。

首先令 $u_{I1}=0$，只考虑 u_{I2} 单独作用下的情况。显然，这时的电路是一个同相输入运算电路，由图 8-16 可得，由于"虚断"同相输入端电位为

$$u_+ = \frac{R_3}{R_2+R_3} u_{I2}$$

所以

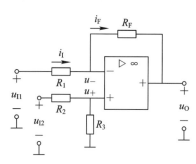

图 8-16　差分减法运算电路

$$u_O' = \left(1+\frac{R_F}{R_1}\right)u_+ = \left(1+\frac{R_F}{R_1}\right)\frac{R_3}{R_2+R_3}u_{I2}$$

当 u_{I1} 单独作用时，令 $u_{I2}=0$，此时电路实现反相比例运算，即

$$u_O'' = -\frac{R_F}{R_1}u_{I1}$$

根据叠加原理得

$$u_O = u_O' + u_O'' = \left(1+\frac{R_F}{R_1}\right)\frac{R_3}{R_2+R_3}u_{I2} - \frac{R_F}{R_1}u_{I1} \qquad (8-22)$$

若取 $R_2=R_1$，$R_3=R_F$，则

$$u_O = \frac{R_F}{R_1}(u_{I2}-u_{I1}) \qquad (8-23)$$

由此分析可得，电路可以实现比例减法运算。

若取 $R_2=R_1=R_3=R_F$，则

$$u_O = u_{I2}-u_{I1} \qquad (8-24)$$

由此分析可得，电路能够实现减法运算。

【例 8-2】 图 8-17 为两级集成运放组成的电路，已知 $u_{I1}=0.1\text{ V}$，$u_{I2}=0.2\text{ V}$，$u_{I3}=0.3\text{ V}$，求 u_O。

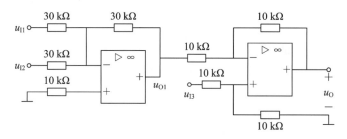

图 8-17

解　第一级为加法运算电路，第二级为减法运算电路。

第一级输出：$u_{O1}=-(u_{I1}+u_{I2})$

第二级输出：$u_O=u_{I3}-u_{O1}=u_{I1}+u_{I2}+u_{I3}=0.1+0.2+0.3=0.6$ V

4. 积分运算电路

将反相比例运算电路中的反馈元件 R_F 用电容 C_F 替代，就可实现积分运算。积分运算电路如图 8-18 所示，其中 $R_1=R_2$。

根据理想运算放大器在线性区工作的分析依据可知

$$i_1\approx i_F,\ u_-\approx u_+=0$$

故

$$i_1=i_F=\frac{u_I}{R_1}$$

因为

$$u_O=-u_C=-\frac{1}{C_F}\int i_F\mathrm{d}t \tag{8-25}$$

所以

$$u_O=-\frac{1}{R_1C_F}\int u_I\mathrm{d}t \tag{8-26}$$

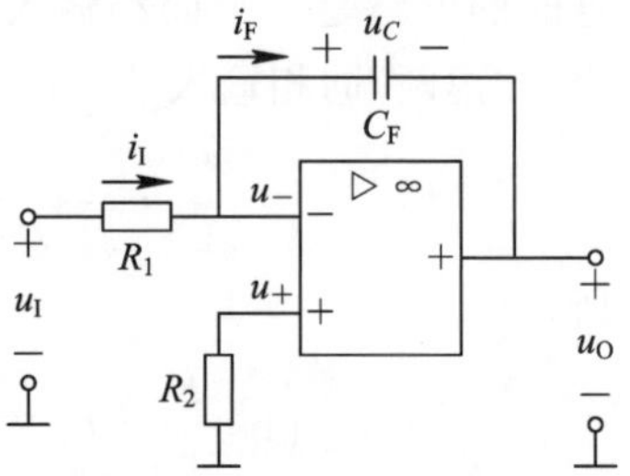

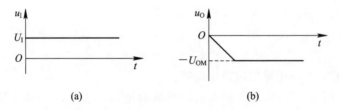

图 8-18　积分运算电路

式(8-26)表明输出电压正比于输入电压的积分，式中的负号表示两者相位相反。R_1C_F 称为积分时间常数。

作为积分运算的特例，当 u_I 为图 8-19(a)所示的正阶跃电压时，在 $t\geqslant 0$ 时，积分运算电路的输出电压为

$$u_O=-\frac{U_I}{R_1C_F}t$$

其输出波形如图 8-19(b)所示，u_O 的绝对值随时间线性增大，u_O 最后达到负饱和值 $-U_{OM}$。

(a)　　　　(b)

图 8-19　积分运算电路的阶跃响应

5. 微分运算电路

微分运算是积分运算的逆运算，将积分运算电路中反相输入端的电阻和反馈电容调换位置，就成为微分运算电路，如图 8-20 所示。

由于 $u_-\approx u_+=0$，"-"端为虚地端，因此

$$u_O=-R_Fi_F$$

$$u_I=u_C$$

$$i_I=i_F=C_1\frac{\mathrm{d}u_C}{\mathrm{d}t}=C_1\frac{\mathrm{d}u_I}{\mathrm{d}t}$$

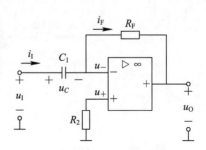

图 8-20　微分运算电路

所以
$$u_O = -R_F C_1 \frac{du_I}{dt} \qquad (8-27)$$

可见输出电压 u_O 与输入电压 u_I 的微分呈正比关系。

8.4　电压比较器

电压比较器是用来比较两输入电压大小的电路。通常，一个输入信号为固定不变的参考电压，另一个为变化的信号电压，在输出端用高电平或低电平显示比较的结果，因此，电压比较器的输出信号属于具有数字性质的信号。由于电压比较器的输入信号可以为连续变化的模拟量，因此，电压比较器常用作模拟电路和数字电路的接口电路，在测量、通信和波形变换等方面应用广泛。

绝大多数电压比较器是通过集成运放不加反馈或加正反馈来实现的，工作于电压传输特性的饱和区，所以电压比较器属于集成运放的非线性应用。集成运放在非线性区工作，"虚短"不成立，但因为理想运放的差模输入电阻无穷大，故净输入电流仍为零，集成运放的"虚断"仍然成立。

1. 单门限电压比较器

只要将集成运放的反相输入端和同相输入端中的任意一端加上输入信号电压 u_I，另一端加上固定的参考电压 U_R（也称为比较电压），就成了电压比较器。图 8-21(a) 所示的电路为单门限电压比较器。通常情况下，我们将使 u_O 从高电平转为低电平或从低电平转为高电平的输入电压称为门限电压，记作 U_T。当把输入信号电压 u_I 接入反相输入端，参考电压 U_R 接在同相输入端时，$U_T = U_R$，对应电路的工作特性为

$$u_O = +U_{OM} \quad (u_I < U_R) \qquad (8-28)$$

$$u_O = -U_{OM} \quad (u_I > U_R) \qquad (8-29)$$

由图 8-21(b) 所示的传输特性可以看出，$u_I = U_R$ 是电路的状态转换点，此时输出电压 u_O 产生跃变。

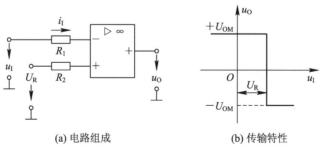

(a) 电路组成　　　　　　　　　　(b) 传输特性

图 8-21　单门限电压比较器

同样，可以把输入信号电压 u_I 接入同相输入端，参考电压 U_R 接在反相输入端，对应电路的工作特性也随之改变为

$$u_O = +U_{OM} \quad (u_I > U_R) \qquad (8-30)$$

$$u_O = -U_{OM} \quad (u_I < U_R) \qquad (8-31)$$

由于这种电路只有一个参考电压值 U_R，故该电路称为单门限电压比较器。

若参考电压 $U_R = 0$，这种比较器称为过零比较器。其电路和传输特性如图 8-22 所示。若输入电压 u_1 为正弦波，输出电压 u_0 的波形将如图 8-23 所示，是与 u_1 同频率的方波，输入电压每过一次零，输出电压就产生一次跃变。

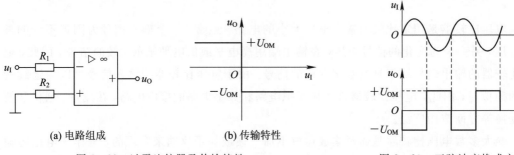

图 8-22　过零比较器及传输特性　　　　　图 8-23　正弦波变换成方波

2. 具有限幅措施的过零比较器

为了适应后级电路的需要，减小输出电压，电路中常用稳压管限幅。在过零比较器的输出端接入双向稳压二极管 D_Z，如图 8-24(a)所示，R_Z 和 D_Z 组成的稳压电路可以限制比较器输出电压的幅值，从而把输出电压限制在某一特定值，以和接在数字电路的电平匹配。稳压管的电压为 U_Z，u_1 与零电平比较，输出电压 u_0 为 $+U_Z$ 或 $-U_Z$。图 8-24(b)为限幅电路的传输特性。

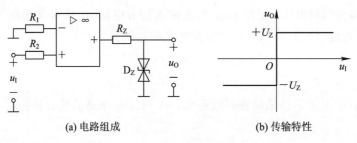

(a) 电路组成　　　　　　　　　　　　(b) 传输特性

图 8-24　具有限幅措施的过零比较器

3. 迟滞电压比较器

在具有限幅措施的过零比较器的基础上引入正反馈，即将输出电压通过电阻 R_F 反馈到同相输入端形成电压串联正反馈，就构成了迟滞电压比较器，其电路如图 8-25(a)所示。

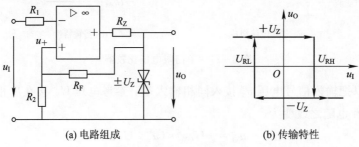

(a) 电路组成　　　　　　　　　　　　(b) 传输特性

图 8-25　迟滞电压比较器

因为 $u_+ = \dfrac{R_2}{R_2 + R_F} u_O$，而且，$u_O = \pm U_Z$，所以，门限电压为

$$U_T = u_+ = \frac{R_2}{R_2 + R_F} u_O = \pm \frac{R_2}{R_2 + R_F} U_Z \qquad (8-32)$$

上门限电压为

$$U_{RH} = \frac{R_2}{R_2 + R_F} U_Z \qquad (8-33)$$

下门限电压为

$$U_{RL} = -\frac{R_2}{R_2 + R_F} U_Z \qquad (8-34)$$

设某一时刻，$u_O = +U_Z$，上门限电压为 U_{RH}，输入电压只有增大到 $u_I \geqslant U_{RH}$ 时，输出电压才能由 $+U_Z$ 跃变到 $-U_Z$。当下门限电压为 U_{RL} 时，若 u_I 持续减小，只有减小到 $u_I \leqslant U_{RL}$ 时，输出电压才能又跃变到 $+U_Z$。由此，得出迟滞电压比较器的传输特性如图 8-25(b) 所示。

显然，它和单门限电压比较器的传输特性不同。由于通过正反馈使 u_O 影响了同相端电位的大小，因此，u_O 从 $+U_Z$ 跃变为 $-U_Z$ 和从 $-U_Z$ 跃变为 $+U_Z$ 时，分别对应两个不同的门限电压，传输特性形成了迟滞回线。另外，正反馈加速了翻转过程，使传输特性更加接近理想化，改善了输出波形；回差电压的存在，提高了电路的抗干扰能力。

8.5　信号发生器

信号发生器是一种能提供各种频率、波形和输出电平电信号的设备。在测量各种电信系统或电信设备的振幅特性、频率特性、传输特性和其他电参数时，以及测量元器件的特性与参数时，信号发生器可用作测试的信号源或激励源。信号发生器又称为信号源或振荡器，在生产实践和科技领域中有着广泛的应用，能够产生三角波、锯齿波、矩形波（含方波）、正弦波等多种波形。

1. 方波信号发生器

方波信号发生器是迟滞电压比较器的应用，其电路如图 8-26(a) 所示。

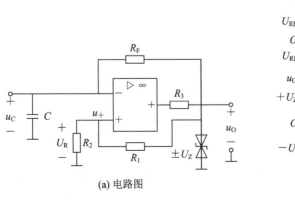
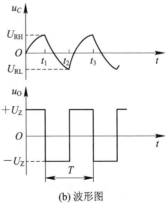

(a) 电路图　　　　　　　　　(b) 波形图

图 8-26　方波信号发生器

在迟滞电压比较器的基础上增加 $R_F C$ 充放电电路就构成了方波信号发生器。由迟滞电压比较器可知，输出电压 u_O 的值为 $+U_Z$ 或 $-U_Z$。对应的上门限电压为 $U_{RH} = \dfrac{R_2}{R_1 + R_2} U_Z$；下门限电压为 $U_{RL} = -\dfrac{R_2}{R_1 + R_2} U_Z$。设 $t = 0$ 时，$u_O = +U_Z$，$u_+ = U_{RH}$，u_O 的输出电压 $+U_Z$ 通过 R_F 对电容 C 进行充电，u_C 即 u_- 升高，当 $u_- > U_{RH}$ 时，u_O 就从 $+U_Z$ 转到 $-U_Z$。此刻，运放同相端的电位也发生了变化，即 $u_+ = U_{RL}$，而 $u_O = -U_Z$。这时输出端的电压 $-U_Z$ 将通过 R_F 对 C 进行反方向充电，使 u_C 下降。当 u_C 下降到 $u_- < U_{RL}$ 时，运放输出电压 u_O 又从 $-U_Z$ 转到 $+U_Z$。周而复始，电容器上的电压 u_C 在 U_{RH} 和 U_{RL} 之间变化，输出电压在 $-U_Z$ 和 $+U_Z$ 之间转换，这样输出端形成方波振荡。图 8-26(b) 为方波信号发生器的波形图。

2. 三角波信号发生器

图 8-27(a) 所示的电路为三角波信号发生器，其中，运放 A_1 组成了电压比较器，运放 A_2 组成了积分电路。电压比较器的输出电压 u_{O1} 是积分电路的输入信号。集成运放 A_2 的输出随时间直线上升或下降形成三角波。

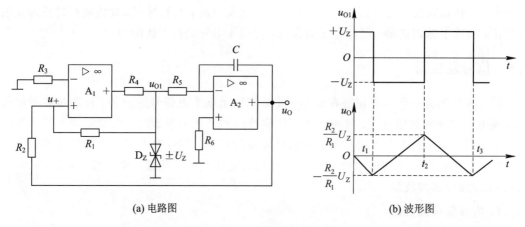

(a) 电路图　　　　　　　　　　　　　　　(b) 波形图

图 8-27　三角波信号发生器

由前面的分析可知，运放 A_1 的输出电压为 $u_{O1} = \pm U_Z$。设电容 C 无初始电压，在 $t = 0$ 时，集成运放 A_1 正饱和，$u_{O1} = +U_Z$，于是 u_{O1} 经 R_5 向电容 C 充电，由积分电路的特性可知，运放 A_2 的输出为

$$u_O = -\frac{1}{R_5 C} \int_0^t u_{O1} \, \mathrm{d}t = -\frac{U_Z}{R_5 C} t \quad (0 \leqslant t < t_1) \tag{8-35}$$

式(8-35)表明，u_O 的波形为一条过原点、斜率为负的直线。u_O 通过 R_2 反馈回比较器的同相端，和 u_{O1} 共同控制 A_1 同相输入电压 u_+。u_+ 的值为

$$u_+ = \frac{R_2}{R_1 + R_2} u_{O1} + \frac{R_1}{R_1 + R_2} u_O = \frac{R_2}{R_1 + R_2} U_Z + \frac{R_1}{R_1 + R_2} u_O \tag{8-36}$$

u_O（负值）随着时间的增长而线性下降，u_+ 随着 u_O 的下降而下降。当 $t = t_1$，$u_+ = 0$ 时，$u_O(t_1) = -\dfrac{R_2}{R_1} U_Z$，$u_O$ 再稍下降，使得 $u_+ < 0$，于是 A_1 负饱和，电压比较器 $u_{O1} = -U_Z$。

此后电容 C 被反方向充电，此时，u_O 的值为

$$u_O = -\frac{R_2}{R_1}U_Z - \frac{1}{R_5C}\int_{t_1}^{t} u_{O1}\mathrm{d}t = -\frac{R_2}{R_1}U_Z + \frac{U_Z}{R_5C}(t-t_1) \qquad (t_1 \leqslant t < t_2) \quad (8-37)$$

可见 u_O 将从 $-\dfrac{R_2}{R_1}U_Z$ 开始随时间线性上升，形成正斜率为 $\dfrac{U_Z}{R_5C}$ 的直线。此时，u_+ 的值为

$$u_+ = -\frac{R_2}{R_1+R_2}U_Z + \frac{R_1}{R_1+R_2}u_O \qquad\qquad (8-38)$$

u_+ 将随着 u_O 的增加从负值向正值变化。当 $t=t_2$，$u_+=0$ 时，$u_O(t_2)=\dfrac{R_2}{R_1}U_Z$，$u_O$ 再稍上升，使得 $u_+>0$，集成运放 A_1 正饱和，$u_{O1}=+U_Z$。如此不断循环，u_{O1} 的正、负变化分别使 u_O 的斜率产生正、负不同变化，从而形成了三角波，如图 8-27(b) 所示。

3. 正弦波信号发生器

1）自激振荡的产生条件

在放大电路的输入端没有外接信号的情况下，输出端仍然有一定频率和幅值的正弦波输出的电路称为正弦波信号发生器，这种现象称为放大电路的自激振荡。

图 8-28 为接有反馈电路的放大电路框图，其中 A 为放大电路的放大倍数，F 为反馈电路的反馈系数。

则有

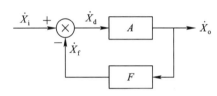

$$\dot{X}_f = \dot{X}_o F, \quad \dot{X}_d = \frac{\dot{X}_o}{A}$$

图 8-28　自激振荡原理框图

当 $\dot{X}_i = 0$ 时，若使 $\dot{X}_o$ 有稳定的输出，则必须满足：$\dot{X}_f = \dot{X}_d$。所以

$$\dot{X}_o F = \frac{\dot{X}_o}{A}$$

可得

$$AF = 1 \qquad\qquad (8-39)$$

式(8-39)是电路产生自激振荡的条件。

由于 $A = |A| \angle \varphi_A$，$F = |F| \angle \varphi_F$，故从式(8-39)可得出两个平衡条件。

(1) 幅值平衡条件：$|AF| = 1$　　　　　　　　　　　　　　　　　　　(8-40)

(2) 相位平衡条件：$\varphi_A + \varphi_F = 2n\pi$，$n = 0, 1, 2, \cdots$　　　　　　　　(8-41)

2）自激振荡的产生

振荡电路的起振条件是：电路中引入的反馈必须是正反馈，且起振时 $|AF| > 1$。

当振荡电路接通电源时，电路中会产生噪声和扰动信号，这就是起振信号。起振信号经过放大电路放大输出，再经过正反馈电路反馈到输入端。只要满足起振的条件，反馈信号经放大电路后不断被放大，如此循环，输出信号逐渐由小变大，使电路起振。最后利用非线性元件使输出电压的幅度自动稳定在一个数值上，电路产生自激振荡。所以，自激振荡的建立过程是从 $|AF| > 1$ 到 $|AF| = 1$ 的变化过程。

　　起振信号包含各种不同频率的正弦量，为了得到单一频率的正弦输出电压，正弦波振荡电路中除了有放大电路和正反馈电路，还必须有选频电路，即能够满足自激振荡条件的某一特定频率信号被选出。

　　由上述分析可知，正弦波信号发生器所必须具有的环节是放大环节、正反馈环节、稳幅环节和选频网络。选频网络一般由 RC 电路或 LC 电路构成。

4. RC 正弦波振荡器

　　图 8-29 是由集成电路组成的 RC 正弦波振荡电路。其中集成运放是振荡器的放大环节，R_1、R_F 构成的负反馈可以改善振荡的输出波形，可作为稳幅环节；R、C 串并联组成正反馈电路和选频网络；反馈电压 U_f 是运算放大器的输入电压。

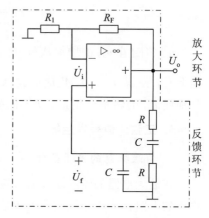

图 8-29　RC 正弦波振荡电路

　　由于运算放大器接成同相比例放大电路，则放大倍数为

$$A = A_u = 1 + \frac{R_F}{R_1} \qquad (8-42)$$

R、C 串并联组成的反馈网络的反馈系数 F 为

$$F = \frac{\dot{U}_f}{\dot{U}_o} = \frac{R /\!/ \frac{1}{j\omega C}}{R /\!/ \frac{1}{j\omega C} + R + \frac{1}{j\omega C}} = \frac{1}{3 + j\left(\omega RC - \frac{1}{\omega RC}\right)} \qquad (8-43)$$

由振荡条件可知，上式分母的虚部应等于零，设此时频率为 f_o，即

$$2\pi f_o RC = \frac{1}{2\pi f_o RC}$$

则

$$f_o = \frac{1}{2\pi RC} \qquad (8-44)$$

此时

$$F = \frac{1}{3} \qquad (8-45)$$

　　由于振荡器幅值平衡条件为 $|AF| = 1$，因此，振荡器在稳幅振荡时的放大倍数 $A_u = 3$，由式(8-42)得

$$R_F = 2R_1 \qquad (8-46)$$

而起振时要求 $|AF| > 1$，那么，$A_u > 3$。所以

$$R_F > 2R_1$$

　　R_F 常用负温度系数的热敏电阻，起振时，$R_F > 2R_1$，$|AF| > 1$。随着输出电压幅值的增大，流过 R_F 的电流增加，R_F 的温度增加，电阻值减小，A 下降，直到 $R_F = 2R_1$，最后稳定于 $|AF| = 1$，从而达到自动稳幅的目的。此时，正弦波振荡器以频率 f_o 稳定振荡。改变 R 和 C 即可改变输出电压的频率。

实战演练

综合实战演练 1：一个测量系统的输出电压和一些待测量（经传感器变换为信号）的关系为 $u_O = 2u_{I1} + 0.5u_{I2} + 4u_{I3}$，试用集成运算放大器构成信号处理电路，若取 $R_F = 100\ \text{k}\Omega$，求各电阻阻值。

解 输入信号为加法关系，故第一级采用加法电路，因输入信号与输出信号要求同相位，所以需加一级反相器，电路构成如图 8-30 所示。

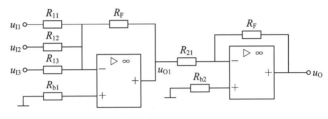

图 8-30

第一级电路中，易知

$$u_{O1} = -\left(\frac{R_F}{R_{11}}u_{I1} + \frac{R_F}{R_{12}}u_{I2} + \frac{R_F}{R_{13}}u_{I3}\right)$$

因 $u_O = 2u_{I1} + 0.5u_{I2} + 4u_{I3}$，由 $R_F = 100\ \text{k}\Omega$ 得

$$R_{11} = 50\ \text{k}\Omega,\ R_{12} = 200\ \text{k}\Omega,\ R_{13} = 25\ \text{k}\Omega$$

平衡电阻为

$$R_{b1} = R_{11}/\!/R_{12}/\!/R_{13}/\!/R_F = 50/\!/200/\!/25/\!/100 = 16\ \text{k}\Omega$$

第二级为反相电路，易知

$$R_{21} = R_F = 100\ \text{k}\Omega$$

平衡电阻为

$$R_{b2} = R_F/\!/R_{21} = 100/\!/100 = 50\ \text{k}\Omega$$

综合实战演练 2：图 8-31 所示的仪用放大器为两级放大电路，A_1 和 A_2 结构对称、元件对称，具有差分放大电路的特点，试求该仪用放大器的总电压放大倍数。

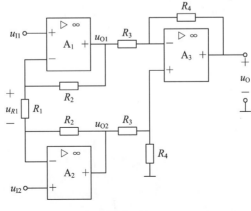

图 8-31

解　第一级由 A_1 和 A_2 组成，A_1 和 A_2 都采用了同相输入；第二级由 A_3 组成，A_3 采用了差分输入方式。

从图 8 - 31 中可以看出，由 A_1 和 A_2 "虚短"得

$$u_{R1} = u_{I1} - u_{I2}$$

由 A_1 和 A_2 "虚断"得到 R_1、R_2 上电流相等，则

$$\frac{u_{O1} - u_{O2}}{2R_2 + R_1} = \frac{u_{I1} - u_{I2}}{R_1}$$

得

$$u_{O1} - u_{O2} = \frac{2R_2 + R_1}{R_1}(u_{I1} - u_{I2})$$

A_3 为差分输入，所以

$$u_O = \frac{R_4}{R_3}(u_{O2} - u_{O1})$$

得

$$u_O = -\frac{R_4}{R_3}\left(1 + \frac{2R_2}{R_1}\right)(u_{I1} - u_{I2})$$

所以，该仪用放大器的总电压放大倍数为

$$A_u = -\frac{R_4}{R_3}\left(1 + \frac{2R_2}{R_1}\right)$$

综合实战演练 3：图 8 - 32 中，A_1、A_2、A_3 均为理想运放，试计算各级的输出值。

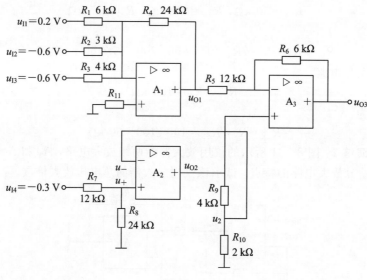

图 8 - 32

解　A_1 为加法运算电路，易知

$$u_{O1} = -\left(\frac{R_4}{R_1}u_{I1} + \frac{R_4}{R_2}u_{I2} + \frac{R_4}{R_3}u_{I3}\right) = 7.6 \text{ V}$$

因为

$$u_2 = u_- = \frac{R_{10}}{R_9 + R_{10}}u_{O2}$$

$$u_+ = \frac{R_8}{R_7+R_8}u_{I4}$$

又因为 $u_+ \approx u_-$，所以

$$\frac{R_{10}}{R_9+R_{10}}u_{O2} = \frac{R_8}{R_7+R_8}u_{I4}$$

则

$$u_{O2} = -0.6\ \mathrm{V}$$

根据"虚短"与"虚断"原则

$$\frac{u_{O1}-u_{O2}}{R_5} = \frac{u_{O2}-u_{O3}}{R_6}$$

所以

$$u_{O3} = \left(1+\frac{R_6}{R_5}\right)u_{O2} - \frac{R_6}{R_5}u_{O1} = -4.1\ \mathrm{V}$$

 知识小结

　　集成运算放大器，简称集成运放，是一种应用极为广泛的模拟集成电路。它是一种多级直接耦合的高增益放大电路。

　　1. 运算放大器主要由输入级、中间级、输出级和偏置电路四部分组成。输入级一般采用差动放大电路，中间级一般由共射极放大电路构成，提供足够大的电压放大倍数，输出级一般由互补功率放大电路构成。理想运算放大器在线性区工作时有两条基本特点：一是反相和同相输入端电位基本上相等，即 $u_+ \approx u_-$，称为"虚短"。若反相输入时同相输入端接"地"，则反相输入端为"虚地"。二是运放本身不取用电流，即 $i_+ = i_- \approx 0$，称为"虚断"。运算放大器在线性区工作时，必须引入深度负反馈，其结果导致运放闭环放大倍数与运放组件本身的参数无关，成为较理想的线性运放器件。

　　2. 运放在线性应用时可以有三种输入方式：反相输入、同相输入和差分输入。运放可实现比例求和、差、微分和积分等多种数学运算。如果运算放大器不加负反馈开环或将反馈网络接到同相输入端成为正反馈，此时运放在很小的输入电压或干扰的作用下，输出电压接近正或负电源电压值。利用这种非线性特点可以组成各种比较器及波形发生器等。

　　3. 自激振荡的平衡条件：满足幅值平衡条件，即 $|AF|=1$；满足相位平衡条件，即 $\varphi_A+\varphi_F = 2n\pi$（$n$ 为整数）。起振时要求电路中引入的反馈必须是正反馈，且起振时 $|AF|>1$。

 课后练习

一、选择题

1. 图 8-33 的电路中，输出电压 u_O 为（　　　　）。

A. u_I　　　　　　B. $-u_I$　　　　　　C. $2u_I$　　　　　　D. $-u_I$

2. 电路如图 8-34 所示，该电路的闭环电压放大倍数为(　　　　)。

A. 1　　　　　B. -1　　　　　C. R_1

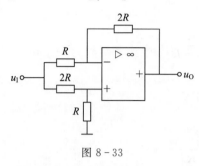

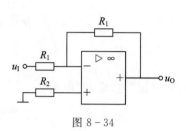

图 8-33　　　　　　　　　　　　　　图 8-34

3. 反相比例运算电路如图 8-35 所示。R_2 为平衡电阻，其取值约为(　　　　)。

A. R_1　　　　　　　　　　　B. $R_1 + R_F$

C. $R_1 /\!/ R_F$　　　　　　　　　　D. 放大倍数与 R_2 无关，R_2 可随意取值

4. 电路如图 8-36 所示，该电路的闭环电压放大倍数为(　　　　)。

A. 1　　　　　B. -1　　　　　C. R

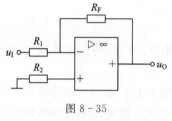

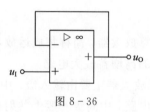

图 8-35　　　　　　　　　　　　　　图 8-36

5. 在图 8-37 所示的电路中，若 $u_1 = 1$ V，则 u_0 为(　　　　)。

A. 6 V　　　　　B. 4 V　　　　　C. -6 V

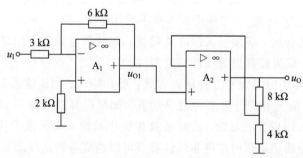

图 8-37

二、计算题

1. 负反馈放大电路的开环放大倍数为 $A = 2000$，反馈电路的反馈系数为 $F = 0.007$。求：

(1) 闭环放大倍数 $A_f = $?

(2) 若 A 发生 $\pm 15\%$ 的变化，A_f 的相对变化范围为多少？

2. 在图 8-38 所示的电路中，已知 $R_F = 2R_1$，$u_1 = -2$ V。试求输出电压 u_0，并说明放大器 A_1 的作用。

3. 在图 8 - 39 所示的反相比例运算电路中，设 $R_1 = 10$ kΩ，$R_F = 500$ kΩ。试求闭环电压放大倍数 A_f 和平衡电阻 R_2。若 $u_1 = 10$ mV，则 u_O 为多少？

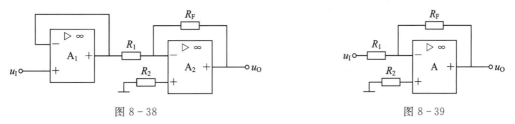

　　图 8 - 38　　　　　　　　　　　　　　　　　　图 8 - 39

4. 试求图 8 - 40 所示加法运算电路的输出电压 u_O。

5. 电压跟随器如图 8 - 41 所示。

（1）求输出电压 u_O 的表达式；

（2）若 $R_1 = R_2$，求 u_O。

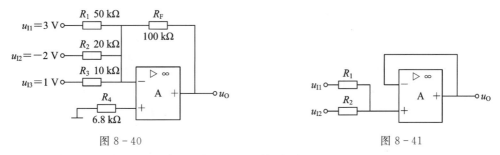

　　图 8 - 40　　　　　　　　　　　　　　　　　　图 8 - 41

6. 电路如图 8 - 42 所示，求 u_O 与 u_1 的运算关系。

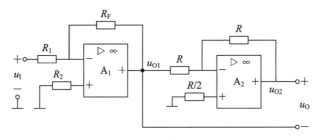

图 8 - 42

7. 电路如图 8 - 43 所示，$u_{I1} = 2$ V，$u_{I2} = 1$ V，试求输出电压 u_O 的大小。

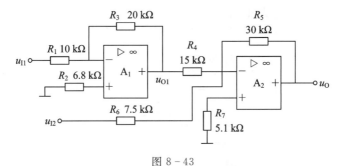

图 8 - 43

8. 电路如图 8 - 44 所示。

（1）试写出 u_O 与输入电压 u_{I1}、u_{I2} 的函数关系式；

（2）若 $u_{I1}=1.6$ V，$u_{I2}=-0.8$ V，求 u_O。

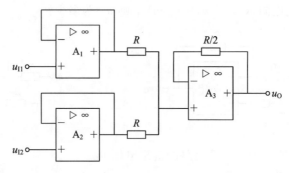

图 8-44

9. 在图 8-45 所示的积分运算电路中，已知 $R=10$ kΩ，$C=1$ μF，在 $t=0$ 时加入 $u_I=-15$ mV（直流），集成运放的额定输出电压为 ±12 V，试求加入 u_I 后 2 s 时的 u_O。

10. 电路如图 8-46 所示，试求输出电压 u_O。

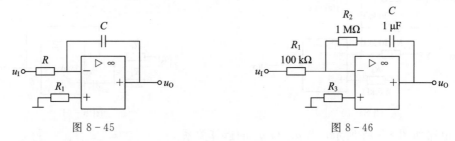

图 8-45   图 8-46

11. 如图 8-47 所示，在 $t=0$ 时加入 $u_{I1}=U_{I1}=50$ mV，$u_{I2}=U_{I2}=0.1$ V。试求 $t=10$ s 时的 u_O 值。

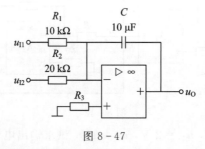

图 8-47

12. 如图 8-48 所示，电路中电源电压为 ±15 V，$u_{I1}=1.1$ V，$u_{I2}=1$ V。试问接入输入电压后，输出电压 u_O 由 0 上升到 10 V 所需的时间为多少？

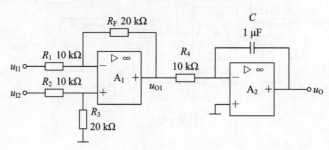

图 8-48

13. 画出图 8-49 所示各电压比较器的传输特性曲线。

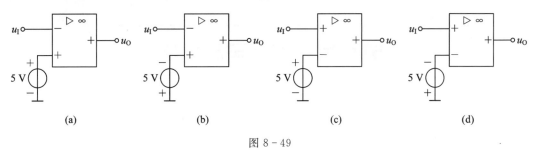

图 8-49

14. 电路如图 8-50(a)所示，设 $R_1 = 10$ kΩ，$R_2 = 20$ kΩ，$R_F = 20$ kΩ，$R_3 = 1$ kΩ，$U_{OM} = \pm 10$ V，输入信号 u_I 的波形如图 8-50(b)所示。

(1) 试求门限电压；

(2) 画出输出电压 u_O 的波形。

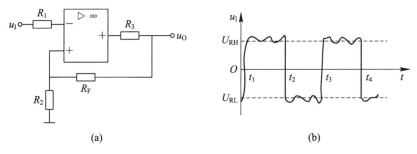

图 8-50

15. 试分析图 8-51 所示电路的工作原理并画出 u_{O1}、u_{O2} 的波形，计算 u_{O1} 的频率。其中，$R_1 = R_2 = 5$ kΩ，$C_1 = C_2 = 0.1$ μF，$R_F = 2R_f$，$U_{OM} = \pm 12$ V。

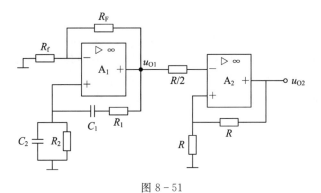

图 8-51

第 9 章　　数字电路基础

 章节导读

模拟电路和数字电路是电子电路的重要基础。模拟电路是用于传输、处理模拟信号的电路，数字电路是用于传输、处理二进制数字信号的电路，数字信号只有 1 和 0 两种离散状态。例如，灯泡的亮与灭、开关的合与闭、电平的高与低可分别表示为 1 和 0 状态。数字电路主要研究的是电路中输入信号与输出信号之间的逻辑关系，即电路的逻辑功能，因此，数字电路通常可称为逻辑电路。由于数字信号易于存储、压缩和传输，而且数字电路具有结构简单、集成性高等特点，因此数字电路可广泛应用于电子计算机、数字仪表、数字控制等多个领域。本章内容将重点介绍数字电路的基础知识，主要包括数制、基本门电路、复合逻辑门电路、逻辑代数及运算规律、逻辑函数表示与化简。

 知识情景化

（1）数字电路已广泛应用于日常生活中，如计算机、交通灯、抢答器、万年历等。以交通灯为例，你知道哪部分属于数字电路吗？你还能列举出生活中其他的数字电路吗？

（2）数字电路中的逻辑状态"0"和"1"是如何实现的？

（3）你能分别列举出生活中具有与、或、非逻辑关系的实例吗？

（4）你知道哪几种数制？不同数制是如何进行计算和转换的？计算机中数据传输与数制有什么关系？

内容详解

9.1　数字电路概述

模拟信号是指信号的幅度值随时间的变化而发生连续变化，即在时间上和数值上连续的信号，如图 9-1 所示。对模拟信号进行传输、加工和处理的电子电路称为模拟电路。模拟电路研究的是输出信号与输入信号之间的大小、相位、失真等方面的关系。

　　数字信号是指信号的幅度值随时间的变化而发生不连续变化，具有离散变化的特性，即在时间上和数值上不连续的（即离散的）信号，如图 9-2 所示。对数字信号进行传输、存储、变换、运算的电子电路称为数字电路。数字电路研究的是输出信号与输入信号之间的逻辑关系（或因果关系）。

图 9-1　模拟信号

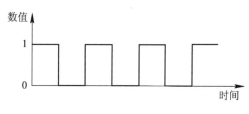

图 9-2　数字信号

　　此外，模拟电路中的三极管在线性放大区工作，是一个放大元件；数字电路中的三极管在饱和或截止状态下工作，起开关作用，可认为是一个开关元件。

1. 数字电路的特点

数字电路具有以下特点。

　　（1）数字电路的工作信号是二进制的数字信号，在时间上和数值上是离散的（不连续的），电路有低电平和高电平两种状态（即"0"和"1"两个逻辑值）。

　　（2）数字电路主要研究的内容是电路的逻辑功能，即输入信号的状态和输出信号的状态之间的关系。

　　（3）数字电路对组成电路的器件的精度要求不高，只要在工作时能够可靠地区分 0 和 1 两种状态即可。

2. 数字电路的分类

　　按照电路结构和工作原理的不同，数字电路可分为组合逻辑电路和时序逻辑电路。组合逻辑电路没有记忆功能，其输出信号只与当时的输入信号有关，而与电路以前的状态无关。时序逻辑电路具有记忆功能，其输出信号不仅和当时的输入信号有关，而且与电路以前的状态有关。

9.2　数制

　　数制是指多位数码中每一位的构成方法以及从低位到高位的进位规则。常见的数制有十进制、二进制、八进制和十六进制，每种数制均包括数码、基数、运算规律和不同数位的权，不同数制的构成如表 9-1 所示。

　　不同数制的表示方式不同，以 111 为例，$(111)_{10}=1\times10^2+1\times10^1+1\times10^0=111$，$(111)_2=1\times2^2+1\times2^1+1\times2^0=7$，$(111)_8=1\times8^2+1\times8^1+1\times8^0=73$，$(111)_{16}=1\times16^2+1\times16^1+1\times16^0=273$。

　　因此，任意一个不同数制的数都可以表示为各个数位上的数码与其对应的权的乘积之和，这种表达式称为按权展开式。

表 9 - 1　不同数制的构成

数制	十进制	二进制	八进制	十六进制
数码	0～9	0、1	0～7	0～9、A～F
基数	10	2	8	16
运算规律	逢十进一	逢二进一	逢八进一	逢十六进一
不同数位的权	10^n	2^n	8^n	16^n

1. 十进制数转换为二进制数

整数部分采用基数连除法，先得到的余数为低位，后得到的余数为高位。小数部分采用基数连乘法，先得到的整数为高位，后得到的整数为低位。以 $(44.375)_{10}$ 转换为二进制数为例进行分析。

第一步，整数部分计算，具体过程如下：

$$
\begin{array}{r}
2 \,|\, 44 \qquad\qquad \text{余数} \qquad 低位 \\
2 \,|\, 22 \cdots\cdots\ 0 = K_0 \\
2 \,|\, 11 \cdots\cdots\ 0 = K_1 \\
2 \,|\, 5 \cdots\cdots\ 1 = K_2 \\
2 \,|\, 2 \cdots\cdots\ 1 = K_3 \\
2 \,|\, 1 \cdots\cdots\ 0 = K_4 \\
0 \cdots\cdots\ 1 = K_5 \qquad 高位
\end{array}
$$

第二步，小数部分计算，具体过程如下：

$$
\begin{array}{r}
0.375 \qquad\qquad \text{整数} \qquad 高位 \\
\times\ 2 \\
\hline
0.750 \cdots\cdots\ 0 = K_{-1} \\
0.750 \\
\times\ 2 \\
\hline
1.500 \cdots\cdots\ 1 = K_{-2} \\
0.500 \\
\times\ 2 \\
\hline
1.000 \cdots\cdots\ 1 = K_{-3} \qquad 低位
\end{array}
$$

由此，得到 $(44.375)_{10} = (101100.011)_2$。特别地，小数部分在用基权连乘法乘基取整时，需要反复进行，直到小数部分为"0"，或满足要求的精度为止。

2. 非十进制数转换为十进制数

将相应进制的数按权展成多项式，按十进制求和即可。以 $(F8C.B)_{16}$ 为例，具体转换计算如下：

$$(F8C.B)_{16} = F \times 16^2 + 8 \times 16^1 + C \times 16^0 + B \times 16^{-1} = 3840 + 128 + 12 + 0.6875$$
$$= (3980.6875)_{10}$$

3. 二进制数转换为八进制数

从小数点开始，将二进制数的整数和小数部分每 3 位分为一组，不足 3 位的分别在整数的最高位前和小数的最低位后加"0"补足，然后每组用等值的八进制数码替代，即得目的数。以 $(11010111.0100111)_2$ 为例，具体转换计算如下：

$$\underset{3\quad 2\quad 7\;.\;2\quad 3\quad 4}{\underbrace{011}\;\underbrace{010}\;\underbrace{111}\;.\;\underbrace{010}\;\underbrace{011}\;\underbrace{100}}{}_2=(327.234)_8$$

4. 八进制数转换为二进制数

将每一位八进制数码用 3 位二进制数表示。以 $(374.26)_8$ 为例，具体转换计算如下：

$$(374.26)_8=(011\ 111\ 100\ .\ 010\ 110)_2$$

5. 二进制数转换为十六进制数

从小数点开始，将二进制数的整数和小数部分每 4 位分为一组，不足 4 位的分别在整数的最高位前和小数的最低位后加"0"补足，然后每组用等值的十六进制数码替代，即得目的数。以 $(111011.10101)_2$ 为例，具体转换计算如下：

$$\underset{3\quad B\;.\;A\quad 8}{\underbrace{0011}\;\underbrace{1011}\;.\;\underbrace{1010}\;\underbrace{1000}}{}_2=(3B.A8)_{16}$$

6. 十六进制数转换为二进制数

将每一位十六进制数码用 4 位二进制数表示。以 $(AF4.76)_{16}$ 为例，具体转换计算如下：

$$(AF4.76)_{16}=(1010\ 1111\ 0100\ .\ 0111\ 0110)_2$$

9.3　基本门电路

在数字电路中，研究的是电路的输入与输出之间的逻辑关系，因此，数字电路又称为逻辑电路。其中，逻辑是指事物的因果关系，或者说条件和结果的关系。在逻辑电路中包括几个基本概念：逻辑变量、逻辑运算、逻辑函数和逻辑门。

* 逻辑变量：逻辑变量的取值只有两种，即"1"和"0"。这里的"1"和"0"并不表示数量的大小，而是表示两种完全对立的状态，如电位的高、低(0 表示低电位，1 表示高电位)，开关的开、合等。

* 逻辑运算：数字电路中对输入信号和输出信号进行的运算称为逻辑运算，基本的逻辑运算有与、或和非。

* 逻辑函数：若以逻辑变量为输入，通过逻辑运算，得到的结果作为逻辑电路的输出。输出与输入之间构成了一种函数关系，这种函数关系称为逻辑函数，记作：$Y=F(A,B,C,\cdots)$。若输入变量的取值确定，则输出的取值随之而定。

* 逻辑门：实现各类逻辑运算的电路称为门电路，门电路是数字电路中最基本的逻辑单元。基本逻辑关系包括"与"逻辑、"或"逻辑和"非"逻辑，对应的门电路分别为与门、或门和非门。下面具体介绍三种不同的逻辑门。

1. 与运算和与门

与逻辑的定义：仅当决定事件(Y)发生的所有条件(A，B，$\cdots$)均满足时，事件(Y)才能发生。

例如，开关 A、B 串联控制灯泡 Y，电路如图 9 - 3 所示。两个开关必须同时接通，灯泡才亮。

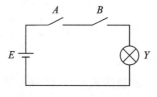

图 9 - 3　"与"运算电路

图 9 - 3 的电路中，灯泡 Y 和开关 A、B 为逻辑变量。开关 A、B 为输入变量，分别有开（"0"）、合（"1"）两种状态；灯泡 Y 为输出变量，有亮（"1"）与灭（"0"）两种状态。该电路共包括 4 种情况，如表 9 - 2 所示，该表称为与逻辑功能表，将表 9 - 2 中所有可能的输入变量组合及其对应结果一一列出来的表格称为与逻辑真值表，如表 9 - 3 所示。

表 9 - 2　与逻辑功能表

开关 A	开关 B	灯泡 Y
开	开	灭
开	合	灭
合	开	灭
合	合	亮

表 9 - 3　与逻辑真值表

A	B	Y
0	0	0
0	1	0
1	0	0
1	1	1

实现与逻辑的电路称为"与门"，与门的逻辑符号如图 9 - 4 所示。

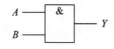

图 9 - 4　"与"逻辑符号

与逻辑的逻辑函数式为 $Y = A \cdot B = AB$。式中，"·"为与逻辑的运算符，读作"与"。

2. 或运算和或门

或逻辑的定义：在决定事件（Y）发生的各种条件（A，B，…）中，只要有一个或多个条件具备，事件（Y）就能发生。

例如，开关 A、B 并联控制灯泡 Y，电路如图 9 - 5 所示。两个开关只要有一个接通，灯就会亮。

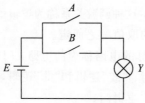

图 9 - 5　"或"运算电路

图 9 - 5 的电路中，灯泡 Y 和开关 A、B 为逻辑变量，开关 A、B 为输入变量。该电路共包括 4 种情况，或逻辑功能表如表 9 - 4 所示，或逻辑真值表如表 9 - 5 所示。

表 9-4　或逻辑功能表			表 9-5　或逻辑真值表		
开关 A	开关 B	灯泡 Y	A	B	Y
开	开	灭	0	0	0
开	合	亮	0	1	1
合	开	亮	1	0	1
合	合	亮	1	1	1

实现或逻辑的电路称为"或门",或门的逻辑符号如图 9-6 所示。

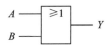

图 9-6　"或"逻辑符号

或逻辑的逻辑函数式为 $Y=A+B$。式中,"$+$"为或逻辑的运算符,读作"或"。

3. 非运算和非门

非逻辑的定义:非逻辑指的是逻辑的否定。当决定事件(Y)发生的条件(A)满足时,事件不发生;当条件不满足时,事件反而发生。

例如,开关 A 控制灯泡 Y,电路如图 9-7 所示。开关合,灯不亮,开关开,灯亮。

图 9-7　"非"运算电路

图 9-7 的电路中,灯泡 Y 和开关 A 为逻辑变量,开关 A 为输入变量。该电路共包括两种情况,非逻辑功能表如表 9-6 所示,非逻辑真值表如表 9-7 所示。

表 9-6　非逻辑功能表		表 9-7　非逻辑真值表	
开关 A	灯泡 Y	A	Y
开	灭	0	1
合	亮	1	0

实现非逻辑的电路称为"非门",非门的逻辑符号如图 9-8 所示。

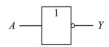

图 9-8　"非"逻辑符号

非逻辑的逻辑函数式为 $Y=\overline{A}$。式中,A 上方的"$-$"为非逻辑的运算符,读作"非"。

9.4　复合逻辑门电路

由三种基本逻辑运算可构成不同的复合运算,常见的复合运算有:与非、或非、与或非、异或和同或。

1. 与非门

与非运算是在与运算的基础上，加入了非运算。假定输入变量为 A、B，输出变量为 Y，与非运算的逻辑函数式为 $Y=\overline{AB}$。逻辑符号如图 9-9 所示。真值表如表 9-8 所示。

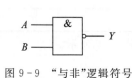

图 9-9 "与非"逻辑符号

表 9-8 与非逻辑真值表

A	B	Y
0	0	1
0	1	1
1	0	1
1	1	0

2. 或非门

或非运算是在或运算的基础上，加入了非运算。假定输入变量为 A、B，输出变量为 Y，或非运算的逻辑函数式为 $Y=\overline{A+B}$。逻辑符号如图 9-10 所示。真值表如表 9-9 所示。

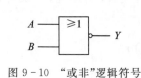

图 9-10 "或非"逻辑符号

表 9-9 或非逻辑真值表

A	B	Y
0	0	1
0	1	0
1	0	0
1	1	0

3. 与或非门

与或非运算是与运算和或运算的基础上，加入了非运算。假定输入变量为 A、B、C、D，输出变量为 Y，与或非运算的逻辑函数式为 $Y=\overline{AB+CD}$。逻辑符号如图 9-11 所示。简化的真值表如表 9-10 所示。

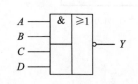

图 9-11 "与或非"逻辑符号

表 9-10 与或非逻辑真值表

A	B	C	D	Y
$\times$	$\times$	1	1	0
1	1	$\times$	$\times$	0
其余状态				

4. 异或门

假定输入变量为 A、B，输出变量为 Y，若 A 和 B 的状态不相同，则 Y 为高电平（"1"）；若 A 和 B 的状态相同，则 Y 为低电平（"0"）。异或运算的逻辑函数式为 $Y=A\oplus B=A\overline{B}+\overline{A}B$。逻辑符号如图 9-12 所示。真值表如表 9-11 所示。

表 9–11 异或逻辑真值表

A	B	Y
0	0	0
0	1	1
1	0	1
1	1	0

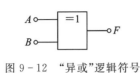

图 9–12 "异或"逻辑符号

5．同或门

假定输入变量为 A、B，输出变量为 Y，若 A 和 B 的状态相同，则 Y 为高电平（"1"）；若 A 和 B 的状态不相同，则 Y 为低电平（"0"）。同或运算的逻辑函数式为 $Y=A\odot B=AB+\overline{A}\,\overline{B}$。逻辑符号如图 9–13 所示。真值表如表 9–12 所示。

表 9–12 同或逻辑真值表

A	B	Y
0	0	1
0	1	0
1	0	0
1	1	1

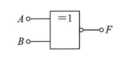

图 9–13 "同或"逻辑符号

特别地，根据异或运算与同或运算的真值表可以看出，两种运算互为反运算，即 $Y=A\odot B=\overline{A\oplus B}$。

9.5 逻辑代数及运算规律

基本逻辑运算及复合逻辑运算均属于逻辑代数，逻辑代数是一种描述对象逻辑关系的数学方法。与常规算术不同的是，逻辑变量的取值只能为 0 和 1 两种，0 和 1 并不代表数值，而是表示逻辑状态。与常规算术相同的是，逻辑代数也具有运算规则和运算规律，具体包括以下几类。

1．常量之间的运算

与运算：$0 \cdot 0=0$　$0 \cdot 1=0$　$1 \cdot 0=0$　$1 \cdot 1=1$

或运算：$0+0=0$　$0+1=1$　$1+0=1$　$1+1=1$

非运算：$\overline{1}=0$　$\overline{0}=1$

2．基本公式

0–1 律：$\begin{cases} A+0=A \\ A \cdot 1=A \end{cases}$　$\begin{cases} A+1=1 \\ A \cdot 0=0 \end{cases}$

互补律：$A+\overline{A}=1$　$A \cdot \overline{A}=0$

等幂律：$A+A=A$　$A \cdot A=A$

双重否定律：$\overline{\overline{A}}=A$

3. 基本定理

交换律：$\begin{cases} A \cdot B = B \cdot A \\ A + B = B + A \end{cases}$

结合律：$\begin{cases} (A \cdot B) \cdot C = A \cdot (B \cdot C) \\ (A + B) + C = A + (B + C) \end{cases}$

分配律：$\begin{cases} A \cdot (B + C) = A \cdot B + A \cdot C \\ A + B \cdot C = (A + B) \cdot (A + C) \end{cases}$

反演律（摩根定律）：$\begin{cases} \overline{A \cdot B} = \overline{A} + \overline{B} \\ \overline{A + B} = \overline{A} \cdot \overline{B} \end{cases}$

还原律：$\begin{cases} A \cdot B + A \cdot \overline{B} = A \\ (A + B) \cdot (A + \overline{B}) = A \end{cases}$

吸收律：$\begin{cases} A + A \cdot B = A \\ A \cdot (A + B) = A \end{cases}$ $\begin{cases} A \cdot (\overline{A} + B) = A \cdot B \\ A + \overline{A} \cdot B = A + B \end{cases}$

冗余律：$AB + \overline{A}C + BC = AB + \overline{A}C$

【例题 9 - 1】 证明吸收律 $A + \overline{A}B = A + B$。

证明　　　　　　$A + \overline{A}B = (A + \overline{A})(A + B) = 1 \cdot (A + B) = A + B$

【例题 9 - 2】 证明冗余律 $AB + \overline{A}C + BC = AB + \overline{A}C$。

证明　　$\begin{aligned} AB + \overline{A}C + BC &= AB + \overline{A}C + (A + \overline{A})BC \\ &= AB + \overline{A}C + ABC + \overline{A}BC \\ &= AB(1 + C) + \overline{A}C(1 + B) = AB + \overline{A}C \end{aligned}$

【例题 9 - 3】 证明分配率 $A + BC = (A + B)(A + C)$。

证明　　$\begin{aligned} (A + B)(A + C) &= AA + AB + AC + BC = A + AB + AC + BC \\ &= A(1 + B + C) + BC = A + BC \end{aligned}$

9.6　逻辑函数表示与化简

逻辑函数的表示方式有真值表、逻辑表达式、逻辑电路图和波形图，它们之间均可以相互转换。逻辑函数最简，意味着逻辑电路图最简单，在降低电路元器件成本的基础上，提高了电路的工作速度和可靠性，因此化简逻辑函数是重要的。逻辑函数的化简方法主要有两种：公式法化简和卡诺图法化简。

1. 公式法化简

公式法化简是指利用逻辑代数的基本公式和基本定理对逻辑函数式进行化简，常用的方法有并项法、吸收法、配项法和消去冗余项法。

1) 并项法

利用公式 $A + \overline{A} = 1$，将两项合并为一项，并消去一个变量。例如：

$$Y = ABC + \overline{A}BC + B\overline{C} = (A + \overline{A})BC + B\overline{C}$$
$$= BC + B\overline{C} = B(C + \overline{C}) = B$$

2）吸收法

利用公式 $A + AB = A$，消去多余的项；或者利用公式 $A + \overline{A}B = A + B$，消去多余的变量。例如：

$$Y = \overline{A}BC + \overline{A}BCD(E + F) = \overline{A}BC$$
$$Y = AB + \overline{A}C + \overline{B}C = AB + (\overline{A} + \overline{B})C = AB + \overline{AB}C = AB + C$$

3）配项法

利用公式 $A = A(B + \overline{B})$，为某项配上其所缺的变量，以便用其他方法进行化简；或者利用公式 $A + A = A$，为某项配上其所能合并的项。例如：

$$Y = A\overline{B} + B\overline{C} + \overline{B}C + \overline{A}B$$
$$= A\overline{B} + B\overline{C} + (A + \overline{A})\overline{B}C + \overline{A}B(C + \overline{C})$$
$$= A\overline{B} + B\overline{C} + A\overline{B}C + \overline{A}\,\overline{B}C + \overline{A}BC + \overline{A}B\overline{C}$$
$$= A\overline{B}(1 + C) + B\overline{C}(1 + \overline{A}) + \overline{A}C(\overline{B} + B)$$
$$= A\overline{B} + B\overline{C} + \overline{A}C$$
$$Y = ABC + AB\overline{C} + A\overline{B}C + \overline{A}BC$$
$$= (ABC + AB\overline{C}) + (ABC + A\overline{B}C) + (ABC + \overline{A}BC)$$
$$= AB + AC + BC$$

4）消去冗余项法

利用冗余律 $AB + \overline{A}C + BC = AB + \overline{A}C$，将冗余项 BC 消去。例如：

$$Y = A\overline{B} + AC + ADE + \overline{C}D$$
$$= A\overline{B} + (AC + \overline{C}D + ADE)$$
$$= A\overline{B} + AC + \overline{C}D$$
$$Y = AB + \overline{B}C + AC(DE + FG)$$
$$= AB + \overline{B}C$$

2. 卡诺图法化简

卡诺图是由美国工程师卡诺首先提出的一种用来描述逻辑函数的特殊方格图。卡诺图的特点是：相邻单元输入变量的取值只能有一位不同，即逻辑相邻性；在方格图中，每个小方格代表逻辑函数的一个最小项（各变量进行与运算）；几何相邻的小方格具有逻辑相邻性，即两相邻小方格所代表的最小项只有一个变量取值不同。

1）卡诺图

（1）若输入变量为 A 和 B，输出变量为 Y，则真值表如表 9 - 13 所示，卡诺图如图 9 - 14 所示。

表 9 - 13　真　值　表

A	B	Y
0	0	1
0	1	1
1	0	1
1	1	0

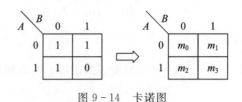

图 9 - 14　卡诺图

由于 $m_3 = 0$，由此得出

$$Y = m_0 + m_1 + m_2 = \overline{AB} + \overline{A}B + A\overline{B}$$

（2）若输入变量为 A、B、C，输出变量为 Y，则真值表如表 9 - 14 所示，卡诺图如图 9 - 15 所示。

表 9 - 14　真　值　表

A	B	C	Y
0	0	0	0
0	1	1	0
0	0	0	0
0	1	1	0
1	0	0	0
1	0	1	1
1	1	0	1
1	1	1	1

図 9 - 15　卡诺图

由于 $m_0 = m_1 = m_2 = m_3 = m_4 = 0$，由此得出

$$Y = m_5 + m_6 + m_7 = A\overline{B}C + ABC + AB\overline{C}$$

（3）若输入变量为 A、B、C、D，输出变量为 Y，则真值表如表 9 - 15 所示，卡诺图如图 9 - 16 所示。

由于 $m_3 = m_5 = m_{12} = m_{11} = m_{13} = m_{15} = 0$，由此得出

$$Y = m_0 + m_1 + m_2 + m_4 + m_6 + m_7 + m_8 + m_9 + m_{10} + m_{14}$$
$$= \overline{A}\,\overline{B}\,\overline{C}\,\overline{D} + \overline{A}\,\overline{B}\,C\overline{D} + \overline{A}\,B\overline{C}D + \overline{A}BC\,\overline{D} + \overline{A}BCD + \overline{A}BCD + A\overline{B}\,\overline{C}\,\overline{D} + A\overline{B}\,\overline{C}D +$$
$$A\overline{B}C\overline{D} + ABC\overline{D}$$

表 9 - 15　真　值　表

A	B	C	D	Y
0	0	0	0	1
0	0	0	1	1
0	0	1	0	1
0	0	1	1	0
0	1	0	0	1
0	1	0	1	0
0	1	1	0	1
0	1	1	1	1
1	0	0	0	1
1	0	0	1	1
1	0	1	0	1
1	0	1	1	0
1	1	0	0	0
1	1	0	1	0
1	1	1	0	1
1	1	1	1	0

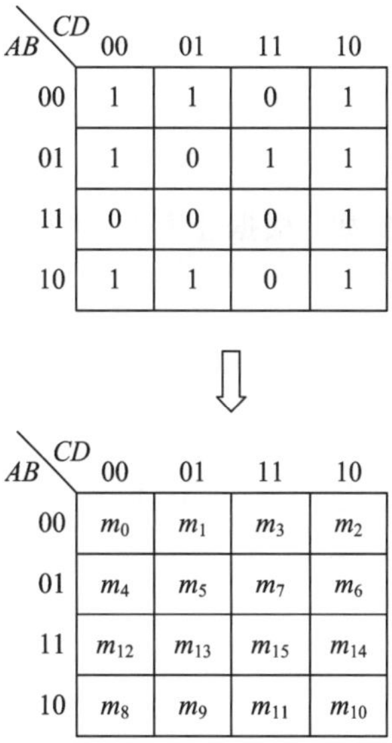

AB＼CD	00	01	11	10
00	1	1	0	1
01	1	0	1	1
11	0	0	0	1
10	1	1	0	1

⇩

AB＼CD	00	01	11	10
00	m_0	m_1	m_3	m_2
01	m_4	m_5	m_7	m_6
11	m_{12}	m_{13}	m_{15}	m_{14}
10	m_8	m_9	m_{11}	m_{10}

图 9 - 16　卡诺图

2）化简

性质 1："并 2 消 1"。卡诺图中两个相邻"1"格的最小项可以合并成 1 个"与"项，并消去 1 个取值不同的变量。

例如，根据性质 1，可得到图 9 - 17 所示卡诺图对应的最简逻辑表达式为 $F = \overline{B}C$。

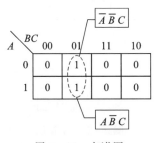

图 9 - 17　卡诺图

例如，根据性质 1，可得到图 9-18 所示卡诺图对应的最简逻辑表达式为 $F = A\overline{C}$。

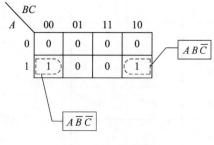

图 9-18　卡诺图

例如，根据性质 1，可得到图 9-19 所示卡诺图对应的最简逻辑表达式为 $F = \overline{B}CD$。

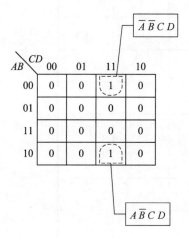

图 9-19　卡诺图

性质 2："并 4 消 2"。卡诺图中 4 个相邻"1"格的最小项可以合并成 1 个"与"项，并消去两个取值不同的变量。

例如，根据性质 2，可得到图 9-20 所示卡诺图对应的最简逻辑表达式为 $F = C$。

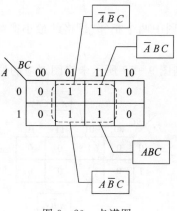

图 9-20　卡诺图

例如，根据性质 2，可得到图 9-21 所示卡诺图对应的最简逻辑表达式为 $F = \overline{B}D$。

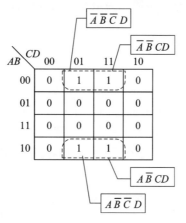

图 9-21　卡诺图

例如，根据性质 2，可得到图 9-22 所示卡诺图对应的最简逻辑表达式为 $F = \overline{B}\,\overline{D}$。

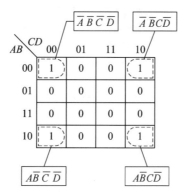

图 9-22　卡诺图

性质 3："并 8 消 3"。卡诺图中 8 个相邻"1"格的最小项可以合并成 1 个"与"项，并消去 3 个取值不同的变量。

例如，根据性质 3，可得到图 9-23 所示卡诺图对应的最简逻辑表达式为 $F = \overline{B}$。

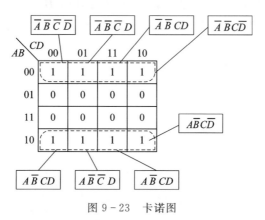

图 9-23　卡诺图

根据以上性质，卡诺图化简法步骤如下：

(1) 得到函数的真值表，或将函数化为最小项之和的标准形式；

(2) 画出函数的卡诺图；

(3) 合并最小项（即"画圈"）。

"画圈"规则主要包括以下 5 条。

规则 1："1"格一个也不能漏，否则表达式与函数不等；

规则 2："1"格允许被一个以上的圈包围，因为 $A+A=A$；

规则 3：卡诺圈的个数应尽可能少，因为一个圈对应一个与项，即与项最少；

规则 4：圈的面积越大越好，但必须为 $2k$ 个方格。因为圈越大，消去的变量就越多，与项中的变量数就越少。

规则 5：每个圈至少应包含一个新的"1"格，否则这个圈是多余的，即增加了冗余项。

【例题 9-4】 用卡诺图化简函数 $F = \overline{A}\,\overline{B}\,\overline{C} + \overline{A}CD + \overline{A}BCD + A\overline{B}\,\overline{C}$。

解 画卡诺图，并"画圈"，如图 9-24 所示。

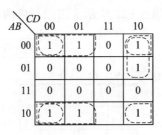

图 9-24 卡诺图

得出最简逻辑表达式为 $F = \overline{A}C\overline{D} + \overline{B}\,\overline{C} + \overline{B}\,\overline{D}$。

 实战演练

综合实战演练 1：填空题。

(1) 如果 $A=0$，$B=1$，$C=1$，那么，$F=(A+B)\odot C=$ ___1___ 。

(2) 如果 $A=0$，$B=1$，$C=0$，那么，$F=(AC+B)\odot B=$ ___1___

(3) 如果 A 同或 B 为 1，那么，A 异或 B 为 ___0___ 。

综合实战演练 2：计算题。

(1) 求 1001 与 1010 之和。

(2) 求 1101 与 1011 之差。

(3) 求 1001 与 1011 的积。

(4) 求 10010001 与 1011 的商。

解 (1) 10011；

(2) 0010；

(3) 1100011；

(4) 1101。

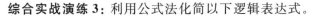

综合实战演练 3：利用公式法化简以下逻辑表达式。

(1) $Y = A\bar{B}\bar{C}D + AB\bar{C}D$

(2) $Y = A\bar{B}\bar{C} + AB\bar{C} + ABC + A\bar{B}C$

(3) $Y = AB + \bar{A}C + \bar{B}C$

(4) $Y = \bar{A} + AB\bar{C}D + C$

(5) $Y = AC + \bar{A}D + \bar{B}D + B\bar{C}$

(6) $Y = ABC + A\bar{B} + A\bar{C}$

解 (1) $Y = A\bar{B}\bar{C}D + AB\bar{C}D = A\bar{C}D$

(2) $Y = A\bar{B}\bar{C} + AB\bar{C} + ABC + A\bar{B}C = A(\bar{B}\bar{C} + B\bar{C}) + A(BC + \bar{B}C) = A\bar{C} + AC = A$

(3) $Y = AB + \bar{A}C + \bar{B}C = AB + (\bar{A} + \bar{B})C = AB + \overline{AB}C = AB + C$

(4) $Y = \bar{A} + AB\bar{C}D + C = \bar{A} + BD + C$

(5) $Y = AC + \bar{A}D + \bar{B}D + B\bar{C} = AC + B\bar{C} + (\bar{A} + \bar{B})D$

$\quad = AC + B\bar{C} + AB + \overline{AB}D = AC + B\bar{C} + AB + D$

$\quad = AC + B\bar{C} + D$

(6) $Y = ABC + A\bar{B} + A\bar{C} = ABC + A(\bar{B} + \bar{C}) = ABC + A\overline{BC} = A(BC + \overline{BC}) = A$

 ## 知识小结

1. 数字信号是指信号的幅度值随时间的变化而发生不连续变化，具有离散变化的特性，即在时间上和数值上不连续的信号。对数字信号进行传输、存储、变换、运算的电子电路称为数字电路。

2. 数制是指多位数码中每一位的构成方法以及从低位到高位的进位规则。常见的数制有十进制、二进制、八进制和十六进制，每种数制均包括数码、基数、运算规律和不同数位的权。常见数制转换有十进制数转换为二进制数、非十进制数转换为十进制数、二进制数转换为八进制数、八进制数转换为二进制数、二进制数转换为十六进制数、十六进制数转换为二进制数。

3. 逻辑电路中的基础概念有逻辑变量、逻辑运算、逻辑函数和逻辑门。基本逻辑门包括与门、或门、非门，复合逻辑门包括与非门、或非门、与或非门、异或门、同或门。

4. 基本逻辑运算包括与、或、非运算。逻辑运算规则有 0-1 律、互补律、等幂律、双重否定律。基本定理有交换率、结合率、分配律、反演律、还原律、吸收律、冗余律。

5. 逻辑函数的表示方式有真值表、逻辑表达式、逻辑电路图和波形图，它们之间均可以相互转换。逻辑函数的化简方法主要有公式法化简和卡诺图法化简。其中，公式法化简的常用方法有并项法、吸收法、配项法、消去冗余项法。卡诺图的特点如下：相邻单元输入变量的取值只能有一位不同，即逻辑相邻性；在方格图中，每个小方格代表逻辑函数的一个最小项(各变量进行与运算);几何相邻的小方格具有逻辑相邻性,即两相邻小方格所代表的最小项只有一个变量取值不同。

 课后练习

1. 填空题。

(1) 已知 $A=1$,$B=0$,$C=1$,分别计算如下表达式的值。

$Y=ABC=$ _____;$Y=A+B+C=$ _____;$Y=A\oplus B\oplus C=$ _____;
$Y=A\odot B\odot C=$ _____;$Y=(A\oplus B)C=$ _____;$Y=(A\odot B)+C=$ _____;
$Y=A+BC=$ _____。

(2) 已知 $A=1$,$B=1$,$C=0$,分别计算如下表达式的值。

$Y=(A+BC)\oplus C=$ _____;$Y=(A+B\odot C)\odot C=$ _____;
$Y=A+B\oplus C=$ _____;$Y=A\odot B\oplus C=$ _____;
$Y=A\odot B\odot C=$ _____;$Y=A\oplus B+C=$ _____。

(3) 进制转换。

$(30.25)_{10}=($ _____$)_2=($ _____$)_{16}$

$(34.2)_8=($ _____$)_2$

$(101000110101.11)_2=($ _____$)_8=($ _____$)_{16}$

2. 用公式法化简下列逻辑表达式。

(1) $Y=\overline{A}\ \overline{B}+A\overline{B}+\overline{A}\ \overline{B}$

(2) $Y=\overline{A}\ \overline{B}+\overline{A}BC$

(3) $Y=\overline{ABC+\overline{A}BC}+B$

(4) $Y=ABC+\overline{A}B+A\overline{C}$

(5) $Y=A\overline{B}+BD+B+BCDE+BD$

(6) $Y=AB+\overline{AB}+\overline{A}BC$

3. 写出下列逻辑表达式的真值表。

(1) $Y=\overline{\overline{AB}+\overline{BC}+\overline{AC}}$

(2) $Y=\overline{A+\overline{A}+B}+\overline{B+\overline{B+A}}$

4. 用代数法证明下列等式。

(1) $\overline{A\overline{B}+B\overline{C}+C\overline{A}}=ABC+\overline{A}\ \overline{B}\ \overline{C}$

(2) $A+\overline{\overline{B}+\overline{CD}}+\overline{\overline{ADB}}=A+B$

5. 写出图 9-25 中各逻辑图的逻辑函数式,并化简为最简与或式。

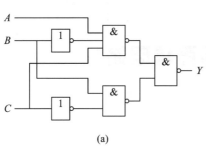

(a)

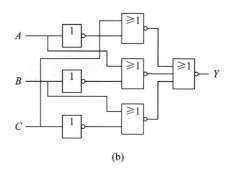

(b)

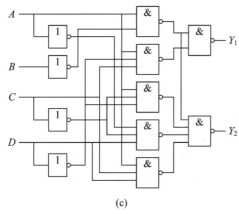

(c)

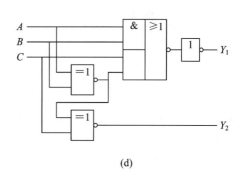

(d)

图 9 - 25

6. 求下列函数的反函数，并化为最简与或形式。

(1) $Y = AB + C$

(2) $Y = (A + BC)\overline{C}D$

(3) $Y = \overline{(A + \overline{B})(\overline{A} + C)AC} + BC$

(4) $Y = \overline{\overline{A\overline{B}C} + \overline{C}D(AC + BD)}$

(5) $Y = A\overline{D} + \overline{A}\,\overline{C} + \overline{B}\,\overline{C}D + C$

(6) $Y = \overline{E}\,\overline{F}\,\overline{G} + \overline{E}\,\overline{F}G + \overline{E}F\overline{G} + \overline{E}FG + E\overline{F}\,\overline{G} + E\overline{F}G + EF\overline{G} + EFG$

7. 化简下列逻辑函数。

(1) $Y = A\overline{B} + \overline{A}C + \overline{C}\,\overline{D} + D$

(2) $Y = \overline{A}(C\overline{D} + \overline{C}D) + B\overline{C}D + A\overline{C}D + \overline{A}C\overline{D}$

(3) $Y = \overline{(\overline{A} + \overline{B})}D + (\overline{A}\,\overline{B} + BD)\overline{C} + \overline{A}\,\overline{C}BD + \overline{D}$

8. 证明下列逻辑恒等式。

(1) $(A + \overline{C})(B + D)(B + \overline{D}) = AB + B\overline{C}$

(2) $\overline{\overline{(A + B + \overline{C})\overline{C}D} + \overline{(B + \overline{C})(A\overline{B}D + \overline{B}\,\overline{C})}} = 1$

第 10 章　组合逻辑电路

 章节导读

数字电路包括组合逻辑电路和时序逻辑电路。其中，组合逻辑电路在任一时刻的输出状态由该时刻的输入状态决定，与电路的原状态无关，即组合逻辑电路无记忆功能，如表决器电路、火灾报警电路、交通灯故障检测电路等。本章首先介绍数字电路中的组合逻辑电路的分析与设计方法；然后介绍常见的组合逻辑电路，包括加法器、编码器、译码器、比较器、选择器、分配器等。

知识情景化

通过本章学习，完成下列组合逻辑电路的设计和分析。

（1）给某房间设计一个火灾报警电路，共放置 3 个火灾探测器，即烟雾探测器、温度探测器和紫外光探测器，具体要求如下。

① 当大于等于 2 个探测器检测到信号，并发出信号时，电路报警，如图 10 - 1 所示。

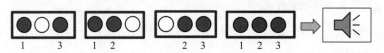

图 10 - 1　电路报警时的探测器状态

② 若小于 2 个探测器检测到信号，并发出信号，则电路不报警，如图 10 - 2 所示。

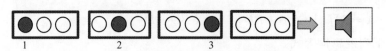

图 10 - 2　电路不报警时的探测器状态

（2）设计一个交通灯故障检测和报警电路，已知交通灯共有 3 种显示状态，即红、绿、黄，电路设计要求如下。

① 正常工作情况：如图 10 - 3 所示，有且只有一盏灯亮。

图 10 - 3　正常工作时的交通灯状态

② 故障情况：如图 10 - 4 所示，说明电路发生故障，要求发出故障信号，以提醒维护人员前去修理。

图 10 - 4　故障情况下的交通灯状态

（3）给定如图 10 - 5 所示的逻辑电路图，分析该电路实现的逻辑功能。

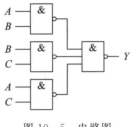

图 10 - 5　电路图

 # 内容详解

10.1　逻辑电路基础

　　根据逻辑功能的不同，逻辑电路可分为组合逻辑电路和时序逻辑电路两大类。组合逻辑电路的特点：其输出状态只取决于当前的输入状态，而与输入前的电路状态无关，即无反馈电路和记忆单元。而时序逻辑电路具有记忆性，即输出状态不仅与当前输入状态有关，而且与输入前的电路状态有关，该部分内容在下一章进行详细介绍。

　　组合逻辑电路由逻辑门电路组成，其输出与输入之间不存在反馈电路和记忆单元。图 10 - 6 为组合逻辑电路的框图。

图 10 - 6　组合逻辑电路的框图

10.2　组合逻辑电路的分析

　　组合逻辑电路分析的目的是找出已知电路输入和输出的逻辑关系，即电路实现的逻辑功能。组合逻辑电路的分析步骤如下：

（1）根据组合逻辑电路图逐级写出逻辑表达式。

（2）采用卡诺图法或公式法化简逻辑表达式。

（3）由最简表达式列出真值表。

（4）通过真值表分析逻辑功能。

上述组合逻辑电路的分析步骤可用图 10-7 来表示。

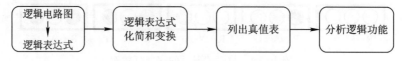

图 10-7　组合逻辑电路的分析步骤

【**例题 10-1**】　分析图 10-8 所示电路的逻辑功能。

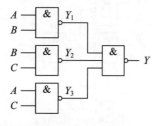

图 10-8　电路图

解　（1）根据电路图写出逻辑表达式。

第一级电路的输出分别为

$$Y_1 = \overline{AB}, \ Y_2 = \overline{BC}, \ Y_3 = \overline{AC}$$

输出变量 Y 的表达式为

$$Y = \overline{Y_1 \cdot Y_2 \cdot Y_3} = \overline{\overline{AB} \cdot \overline{BC} \cdot \overline{AC}}$$

（2）化简逻辑表达式，即

$$Y = \overline{\overline{AB} \cdot \overline{BC} \cdot \overline{AC}} = AB + BC + AC$$

（3）列真值表，如表 10-1 所示。

表 10-1　真　值　表

A	B	C	Y
0	0	0	0
0	0	1	0
0	1	0	0
0	1	1	1
1	0	0	0
1	0	1	1
1	1	0	1
1	1	1	1

（4）分析逻辑功能。由真值表可以看到，当输入变量 A、B、C 中为 1（高电平）的个数大于等于 2 时，输出为 1（高电平）。

10.3 组合逻辑电路的设计

"设计"即根据实际逻辑问题，得出实现该逻辑功能的最简逻辑电路。其中，"最简"是指所用器件的数量最少、种类最少，而且器件之间的连接也最少。设计过程实际上为分析的逆过程，主要包括以下步骤：

（1）根据设计要求选定逻辑变量，以及它们的取值为 1 和 0 时所表示的状态。

（2）根据需求分析，列真值表。

（3）根据真值表写出表达式，并化简，得到最简逻辑函数表达式。

（4）根据设计要求，把逻辑函数表达式转换成相应的形式。

（5）根据逻辑函数表达式画出逻辑电路图。

【例题 10-2】 试设计一个产生报警控制信号的火灾报警电路，该电路有烟雾、温度、紫外光三种不同类型的火灾探测器，为了防止误报警，需满足如下条件，报警系统才产生报警控制信号。报警条件是大于等于 2 个探测器检测到信号，并发出信号；不报警条件是小于 2 个探测器检测到信号，并发出信号。试利用"与非"门完成电路的设计。

解 （1）根据设计需求，分析电路的输入、输出变量。

输入变量 A、B、C 分别表示烟雾、温度、紫外光探测器是否发出了探测信号，"1"代表探测器检测并发出了探测信号；"0"代表探测器未检测到信号。

输出变量 Y 表示是否发出报警信号，"1"代表发出报警信号，"0"代表无报警信号。

（2）根据需求分析，列真值表，如表 10-2 所示。

表 10-2 真 值 表

A	B	C	Y
0	0	0	0
0	0	1	0
0	1	0	0
0	1	1	1
1	0	0	0
1	0	1	1
1	1	0	1
1	1	1	1

（3）根据真值表写出表达式，并化简。

第一种方法：首先，选定输出为"1"的所有行；然后，将每行的输入变量写成乘积的形式（遇到"0"的输入变量加非号）；最后，将各乘积项相加。

第二种方法：首先，选定输出为"0"的所有行；然后，将每行的输入变量写成和的形式（遇到"1"的输入变量加非号）；最后，将各和项相乘即可。

现选用第一种方法写出表达式，即

$$Y = \overline{A}BC + A\overline{B}C + AB\overline{C} + ABC = AB + BC + AC$$

（4）根据表达式画出逻辑电路图。

分析表达式，需要 3 个"与"门，两个"或"门，电路图如图 10-9 所示。

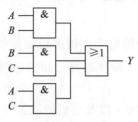

图 10-9　电路图

题目中要求用"与非"门设计电路，需进行表达式转换，即

$$Y = AB + BC + AC = \overline{\overline{AB} \cdot \overline{BC} \cdot \overline{AC}}$$

转换后的电路图如图 10-10 所示。

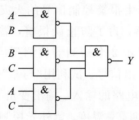

图 10-10　转换后的电路图

10.4　加法器

加法器是为了实现加法运算，即计算数的和的电路。作为计算机中算术运算器的基本单元，加法器主要是以二进制运算的，执行逻辑操作、移位与指令调用。加法器分为一位加法器（包括半加器、全加器）和多位加法器（包括串行进位加法器、超前进位加法器）。

1. 一位加法器

1）半加器

一位加法器可以实现两个一位二进制数的相加运算。若不需要考虑低位的进位，只进行本位求和，则该类一位加法器属于半加器。若两个加数分别表示为 A、B，本位和为 S，本位向高位的进位为 CO，则半加器实现的运算如下：

$$\begin{array}{r} A \\ +\ \ B \\ \hline CO\ \ S \end{array}$$

按照组合逻辑电路的设计思路，设计半加器电路，步骤如下。

（1）根据需求，分析电路的输入、输出变量。输入变量 A、B 分别表示两个一位二进制数中的加数和被加数，输出变量 S 表示相加后的和数，输出变量 CO 表示本位向高位的进位数。其中，A、B 的取值可以为"0"或"1"；只有当 A、B 都取"1"时，和才为"0"，本位向高位进"1"，其余情况无进位。

（2）根据需求分析，列真值表，如表 10-3 所示。

表 10 - 3　半加器的真值表

A	B	S	CO
0	0	0	0
0	1	1	0
1	0	1	0
1	1	0	1

（3）根据真值表写出表达式，并化简。首先，选定输出为"1"的所有行；然后，将每行的输入变量写成乘积的形式（遇到"0"的输入变量加非号）；最后，将各乘积项相加。得到如下表达式：

$$S = A\bar{B} + \bar{A}B = A \oplus B$$
$$CO = AB$$

（4）根据表达式画出逻辑电路图，如图 10 - 11 所示。

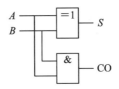

图 10 - 11　半加器电路图

半加器的逻辑符号如图 10 - 12 所示。

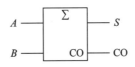

图 10 - 12　半加器逻辑符号

2）全加器

若考虑到低位的进位，则该类一位加法器属于全加器。若两个加数分别表示为 A_i、B_i，本位和为 S_i，低位向本位的进位为 C_{i-1}，本位向高位的进位为 C_i，则全加器实现的运算如下：

$$
\begin{array}{r}
A_i \\
B_i \\
+\quad C_{i-1} \\
\hline
C_i \quad S_i
\end{array}
$$

按照组合逻辑电路的设计思路，设计全加器电路，步骤如下。

（1）根据设计需求，分析电路的输入、输出变量。输入变量 A_i、B_i 分别表示两个一位二进制数中的加数和被加数，输入变量 C_{i-1} 表示低位的进位数，输出变量 S_i 表示本位和，输出变量 C_i 表示本位向高位的进位数。

（2）根据需求分析，列真值表，如表 10 - 4 所示。

表 10-4 全加器的真值表

A_i	B_i	C_{i-1}	S_i	C_i
0	0	0	0	0
0	0	1	1	0
0	1	0	1	0
0	1	1	0	1
1	0	0	1	0
1	0	1	0	1
1	1	0	0	1
1	1	1	1	1

（3）根据真值表写出表达式，并化简。得到如下表达式：

$$S_i = \overline{A_i}\,\overline{B_i}C_{i-1} + \overline{A_i}B_i\overline{C_{i-1}} + A_i\overline{B_i}\,\overline{C_{i-1}} + A_iB_iC_{i-1} = A_i \oplus B_i \oplus C_{i-1}$$

$$C_i = \overline{A_i}B_iC_{i-1} + A_i\overline{B_i}C_{i-1} + A_iB_i\overline{C_{i-1}} + A_iB_iC_{i-1} = (A_i \oplus B_i)C_{i-1} + A_iB_i$$

（4）根据表达式画出逻辑电路图，如图 10-13 所示。全加器的逻辑符号如图 10-14 所示。

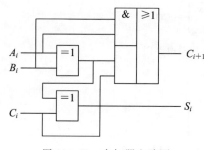

图 10-13 全加器电路图

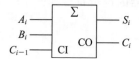

图 10-14 全加器逻辑符号

2. 多位加法器

多位加法器可以实现两个多位二进制数的相加。根据电路结构的不同，常见的多位加法器分为串行进位加法器和超前进位加法器。下面以串行进位加法器为例，介绍多位加法器。图 10-15 为四位串行进位加法器，该加法器实现的运算为

$$(1110)_2 + (0111)_2 = (10101)_2$$

该加法器在运算时，进位信号是由低位向高位逐级传递的，低位运算完成后，将进位送到高一位。虽然该加法器的结构简单，但是其运算慢。

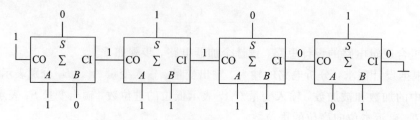

图 10-15 四位串行进位加法器

10.5　编码器

　　数字电路只能识别 0 和 1，那么怎样才能表示更多的数码、符号、字母呢？用一定位数的数码来表示特定信息(如十进制数、符号、文字等)的过程称为编码。完成编码操作的电路称为编码器，常见的编码器包括二进制编码器和二–十进制编码器。

1. 二进制编码器

1) 二进制普通编码器

　　用 n 位二进制代码对 2^n 个互斥信号进行编码的电路称为二进制普通编码器。下面以 3 位二进制编码器为例，介绍二进制普通编码器的原理。表 10-5 为 3 位二进制编码器的真值表。从表 10-5 中可以看出，该类编码器只能对某一个输入信号进行编码，不能对两个或两个以上的输入信号进行编码。例如，当输入 $I_2=1$，其他信号只能为 0，则对 I_2 编码的输出信号为 010。

表 10-5　3 位二进制普通编码器的真值表

输　　　入	输　　　　出		
	Y_2	Y_1	Y_0
I_0	0	0	0
I_1	0	0	1
I_2	0	1	0
I_3	0	1	1
I_4	1	0	0
I_5	1	0	1
I_6	1	1	0
I_7	1	1	1

　　根据表 10-5 所示的真值表，可以写出编码器的逻辑表达式，即

$$Y_2=I_4+I_5+I_6+I_7=\overline{\overline{I_4}\,\overline{I_5}\,\overline{I_6}\,\overline{I_7}}$$

$$Y_1=I_2+I_3+I_6+I_7=\overline{\overline{I_2}\,\overline{I_3}\,\overline{I_6}\,\overline{I_7}}$$

$$Y_0=I_1+I_3+I_5+I_7=\overline{\overline{I_1}\,\overline{I_3}\,\overline{I_5}\,\overline{I_7}}$$

　　根据编码器的逻辑表达式，画出逻辑电路图，如图 10-16 所示。

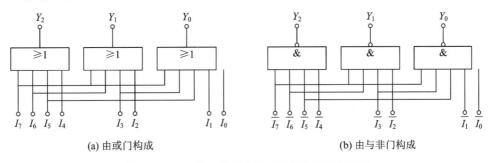

(a) 由或门构成　　　　　　　　　　　(b) 由与非门构成

图 10-16　3 位二进制普通编码器的逻辑电路图

2）二进制优先编码器

为了解决二进制普通编码器中输入信号必须互斥的条件约束问题，设计了二进制优先编码器。其设计思想是：当多个输入端同时有信号时，电路只对其中优先级别最高的信号进行编码。在优先编码器中优先级别高的信号排斥级别低的，即具有单方面排斥的特性。假设输入 I_7 的优先级别最高，I_6 次之，依次类推，I_0 最低。3 位二进制优先编码器的真值表如表 10-6 所示。

表 10-6 3 位二进制优先编码器的真值表

输 入								输 出		
I_7	I_6	I_5	I_4	I_3	I_2	I_1	I_0	Y_2	Y_1	Y_0
1	×	×	×	×	×	×	×	1	1	1
0	1	×	×	×	×	×	×	1	1	0
0	0	1	×	×	×	×	×	1	0	1
0	0	0	1	×	×	×	×	1	0	0
0	0	0	0	1	×	×	×	0	1	1
0	0	0	0	0	1	×	×	0	1	0
0	0	0	0	0	0	1	×	0	0	1
0	0	0	0	0	0	0	1	0	0	0

根据表 10-6 所示的真值表，可以写出编码器的逻辑表达式，即

$$Y_2 = I_7 + \overline{I_7}I_6 + \overline{I_7}\,\overline{I_6}I_5 + \overline{I_7}\,\overline{I_6}\,\overline{I_5}I_4$$
$$= I_7 + I_6 + I_5 + I_4$$
$$Y_1 = I_7 + \overline{I_7}I_6 + \overline{I_7}\,\overline{I_6}\,\overline{I_5}\,\overline{I_4}I_3 + \overline{I_7}\,\overline{I_6}\,\overline{I_5}\,\overline{I_4}\,\overline{I_3}I_2$$
$$= I_7 + I_6 + \overline{I_5}\,\overline{I_4}I_3 + \overline{I_5}\,\overline{I_4}I_2$$
$$Y_0 = I_7 + \overline{I_7}\,\overline{I_6}I_5 + \overline{I_7}\,\overline{I_6}\,\overline{I_5}\,\overline{I_4}I_3 + \overline{I_7}\,\overline{I_6}\,\overline{I_5}\,\overline{I_4}\,\overline{I_3}\,\overline{I_2}I_1$$
$$= I_7 + \overline{I_6}I_5 + \overline{I_6}\,\overline{I_4}I_3 + \overline{I_6}\,\overline{I_4}\,\overline{I_2}I_1$$

根据编码器的逻辑表达式，画出逻辑电路图，如图 10-17 所示。

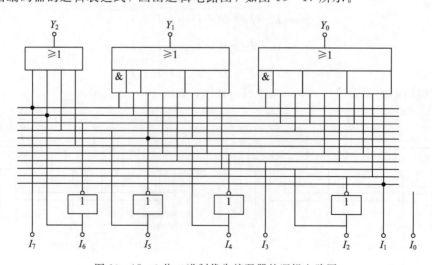

图 10-17 3 位二进制优先编码器的逻辑电路图

3 位二进制优先编码器的集成芯片为 74LS148，其逻辑图如图 10-18 所示。

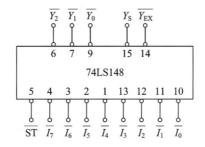

图 10-18　3 位二进制优先编码器的逻辑图

图 10-18 中，$\overline{\text{ST}}$ 为使能输入端，低电平有效。当 $\overline{\text{ST}}=0$ 时，允许编码器工作，对输入信号进行编码；当 $\overline{\text{ST}}=1$ 时，禁止编码器工作，所有的输出端均锁定在高电平，没有编码输出。$\overline{Y_{\text{EX}}}$ 为扩展输出端，是控制标志，$\overline{Y_{\text{EX}}}=0$ 表示是编码输出，$\overline{Y_{\text{EX}}}=1$ 表示不是编码输出。Y_{S} 为使能输出端，通常接至低位芯片，通过 Y_{S} 和 $\overline{\text{ST}}$ 的配合可实现多级编码器之间的优先级别的控制。

2. 二-十进制优先编码器

用一定位数的二进制数表示十进制数的过程称为二-十进制编码(简称 BCD 码)，即用 4 位二进制数 $b_3 b_2 b_1 b_0$ 来表示十进制数中的 $0\sim9$ 十个数码。N 位二进制代码有 2^N 个状态，可以表示 2^N 个对象。二-十进制编码主要包括 8421BCD 码、2421BCD 码、5421BCD 码和余 3 码，具体如表 10-7 所示。

表 10-7　常见 BCD 码

十进制数	8421BCD 码	2421BCD 码	5421BCD 码	余 3 码
0	0000	0000	0000	0011
1	0001	0001	0001	0100
2	0010	0010	0010	0101
3	0011	0011	0011	0110
4	0100	0100	0100	0111
5	0101	1011	1000	1000
6	0110	1100	1001	1001
7	0111	1101	1010	1010
8	1000	1110	1011	1011
9	1001	1111	1100	1100
权值	8 4 2 1	2 4 2 1	5 4 2 1	

8421BCD 码的权值依次为 8、4、2、1，它是用四位自然二进制码中的前十个码组来表示十进制数码的。8421BCD 码的位权是按 2 的次幂设置的，和自然二进制码一致，故常称其为自然 BCD 码，其应用最为广泛。2421BCD 码的权值依次为 2、4、2、1。2421BCD 码的 0 和 9、1 和 8、2 和 7、3 和 6、4 和 5 互为反码，即具有反射特性。这样不仅方便记忆，而且做加法时，若两数之和为 10，其和正好等于二进制数的 16，于是便能从高位自动产生进位信号。5421BCD 码的权值依次为 5、4、2、1。余 3 码由 8421 码加 0011 得到。前三种编码均有固定权值，属于有权码，而余 3 码为无权码。

若在一个电路中，10 个输入信号有优先级，则该电路称为二-十进制优先编码器。假设 I_9 的优先级别最高，I_8 次之，依次类推，I_0 最低。二-十进制优先编码器的真值表如表 10-8 所示。

表 10-8 二-十进制优先编码器的真值表

十进制数	输入										输出			
	I_9	I_8	I_7	I_6	I_5	I_4	I_3	I_2	I_1	I_0	Y_3	Y_2	Y_1	Y_0
9	1	×	×	×	×	×	×	×	×	×	1	0	0	1
8	0	1	×	×	×	×	×	×	×	×	1	0	0	0
7	0	0	1	×	×	×	×	×	×	×	0	1	1	1
6	0	0	0	1	×	×	×	×	×	×	0	1	1	0
5	0	0	0	0	1	×	×	×	×	×	0	1	0	1
4	0	0	0	0	0	1	×	×	×	×	0	1	0	0
3	0	0	0	0	0	0	1	×	×	×	0	0	1	1
2	0	0	0	0	0	0	0	1	×	×	0	0	1	0
1	0	0	0	0	0	0	0	0	1	×	0	0	0	1
0	0	0	0	0	0	0	0	0	0	1	0	0	0	0

根据表 10-8 的真值表，可以得到编码器的逻辑表达式，即

$$Y_3 = I_9 + \overline{I}_9 I_8 = I_9 + I_8$$

$$Y_2 = \overline{I}_9 \overline{I}_8 I_7 + \overline{I}_9 \overline{I}_8 \overline{I}_7 I_6 + \overline{I}_9 \overline{I}_8 \overline{I}_7 \overline{I}_6 I_5 + \overline{I}_9 \overline{I}_8 \overline{I}_7 \overline{I}_6 \overline{I}_5 I_4$$

$$= \overline{I}_9 \overline{I}_8 I_7 + \overline{I}_9 \overline{I}_8 I_6 + \overline{I}_9 \overline{I}_8 I_5 + \overline{I}_9 \overline{I}_8 I_4$$

$$Y_1 = \overline{I}_9 \overline{I}_8 I_7 + \overline{I}_9 \overline{I}_8 \overline{I}_7 I_6 + \overline{I}_9 \overline{I}_8 \overline{I}_7 \overline{I}_6 \overline{I}_5 \overline{I}_4 I_3 + \overline{I}_9 \overline{I}_8 \overline{I}_7 \overline{I}_6 \overline{I}_5 \overline{I}_4 \overline{I}_3 I_2$$

$$= \overline{I}_9 \overline{I}_8 I_7 + \overline{I}_9 \overline{I}_8 I_6 + \overline{I}_9 \overline{I}_8 \overline{I}_5 \overline{I}_4 I_3 + \overline{I}_9 \overline{I}_8 \overline{I}_5 \overline{I}_4 I_2$$

$$Y_0 = I_9 + \overline{I}_9 \overline{I}_8 I_7 + \overline{I}_9 \overline{I}_8 \overline{I}_7 \overline{I}_6 I_5 + \overline{I}_9 \overline{I}_8 \overline{I}_7 \overline{I}_6 \overline{I}_5 \overline{I}_4 I_3 + \overline{I}_9 \overline{I}_8 \overline{I}_7 \overline{I}_6 \overline{I}_5 \overline{I}_4 \overline{I}_3 \overline{I}_2 I_1$$

$$= I_9 + \overline{I}_8 I_7 + \overline{I}_8 \overline{I}_6 I_5 + \overline{I}_8 \overline{I}_6 \overline{I}_4 I_3 + \overline{I}_8 \overline{I}_6 \overline{I}_4 \overline{I}_2 I_1$$

根据编码器的逻辑表达式，画出逻辑电路图，如图 10-19 所示，其引脚图如图 10-20 所示。

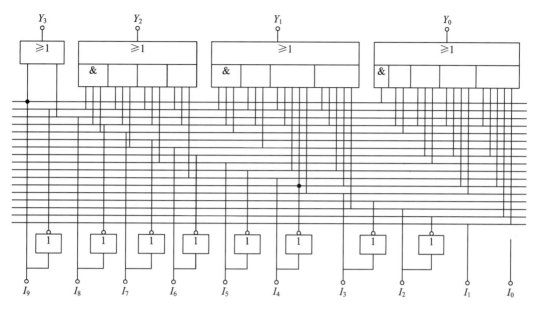

图 10-19 二-十进制优先编码器的逻辑电路图

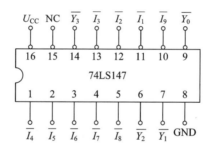

图 10-20 二-十进制优先编码器的引脚图

10.6 译码器

把代码状态的特定含义翻译出来的过程称为译码,完成译码操作的电路称为译码器。译码器是把一种代码转换为另一种代码的电路。常见的译码器有二进制译码器、二-十进制译码器、显示译码器。

1. 二进制译码器

假设二进制译码器的输入端有 n 个,则其输出端有 2^n 个,且对应于输入代码的每一种状态,2^n 个输出中只有一个为 1(或为 0),其余全为 0(或为 1)。二进制译码器可以译出输入变量的全部状态,故又称为变量译码器。下面以 3 位二进制译码器 74LS138 为例,介绍这一类电路的功能,其逻辑符号如图 10-21 所示。

图 10-21 中,A_2、A_1、A_0 为译码器的输入端,$\overline{Y_7} \sim \overline{Y_0}$ 为译码器的输出端(低电平有效),G_1、$\overline{G_{2A}}$、$\overline{G_{2B}}$ 为使能控制端。当 $G_1 = 1$,$\overline{G_{2A}} + \overline{G_{2B}} = 0$ 时,译码器处于工作状态;当 $G_1 = 0$,$\overline{G_{2A}} + \overline{G_{2B}} = 1$ 时,译码器处于禁止状态。其真值表见表 10-9。

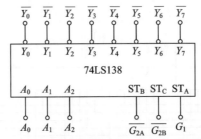

图 10-21 3 位二进制译码器 74LS138 的逻辑符号

表 10-9 3 位二进制译码器 74LS138 的真值表

输 入					输 出							
使 能		选 择										
G_1	$\overline{G_{2A}}+\overline{G_{2B}}$	A_2	A_1	A_0	$\overline{Y_7}$	$\overline{Y_6}$	$\overline{Y_5}$	$\overline{Y_4}$	$\overline{Y_3}$	$\overline{Y_2}$	$\overline{Y_1}$	$\overline{Y_0}$
$\times$	1	$\times$	$\times$	$\times$	1	1	1	1	1	1	1	1
0	$\times$	$\times$	$\times$	$\times$	1	1	1	1	1	1	1	1
1	0	0	0	0	1	1	1	1	1	1	1	0
1	0	0	0	1	1	1	1	1	1	1	0	1
1	0	0	1	0	1	1	1	1	1	0	1	1
1	0	0	1	1	1	1	1	1	0	1	1	1
1	0	1	0	0	1	1	1	0	1	1	1	1
1	0	1	0	1	1	1	0	1	1	1	1	1
1	0	1	1	0	1	0	1	1	1	1	1	1
1	0	1	1	1	0	1	1	1	1	1	1	1

根据表 10-9 的真值表,译码器在工作状态下,其逻辑表达式为

$$Y_0=\overline{A_2}\,\overline{A_1}\,\overline{A_0}, \ Y_1=\overline{A_2}\,\overline{A_1}A_0, \ Y_2=\overline{A_2}A_1\overline{A_0}, \ Y_3=\overline{A_2}A_1A_0$$

$$Y_4=A_2\overline{A_1}\,\overline{A_0}, \ Y_5=A_2\overline{A_1}A_0, \ Y_6=A_2A_1\overline{A_0}, \ Y_7=A_2A_1A_0$$

2. 二-十进制译码器

把二进制代码翻译成 10 个十进制数字信号的电路,称为二-十进制译码器。输入是十进制数的 4 位二进制编码(BCD 码),分别用 A_3、A_2、A_1、A_0 表示;输出是与 10 个十进制数字相对应的 10 个信号,分别用 $\overline{Y_9}\sim\overline{Y_0}$ 表示。下面以二-十进制译码器 74LS42 为例,介绍这一类电路的功能,其逻辑符号如图 10-22 所示,其真值表如表 10-10 所示。

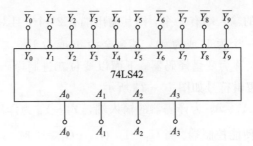

图 10-22 二-十进制译码器 74LS42 的逻辑符号

表 10-10 二-十进制译码器 74LS42 的真值表

十进制数	输入				输出									
	A_3	A_2	A_1	A_0	$\overline{Y_9}$	$\overline{Y_8}$	$\overline{Y_7}$	$\overline{Y_6}$	$\overline{Y_5}$	$\overline{Y_4}$	$\overline{Y_3}$	$\overline{Y_2}$	$\overline{Y_1}$	$\overline{Y_0}$
0	0	0	0	0	1	1	1	1	1	1	1	1	1	0
1	0	0	0	1	1	1	1	1	1	1	1	1	0	1
2	0	0	1	0	1	1	1	1	1	1	1	0	1	1
3	0	0	1	1	1	1	1	1	1	1	0	1	1	1
4	0	1	0	0	1	1	1	1	1	0	1	1	1	1
5	0	1	0	1	1	1	1	1	0	1	1	1	1	1
6	0	1	1	0	1	1	1	0	1	1	1	1	1	1
7	0	1	1	1	1	1	0	1	1	1	1	1	1	1
8	1	0	0	0	1	0	1	1	1	1	1	1	1	1
9	1	0	0	1	0	1	1	1	1	1	1	1	1	1

根据表 10-10 的真值表，译码器在工作状态下，其逻辑表达式为

$$Y_0 = \overline{A_3}\,\overline{A_2}\,\overline{A_1}\,\overline{A_0}, \ Y_1 = \overline{A_3}\,\overline{A_2}\,\overline{A_1}\,A_0, \ Y_2 = \overline{A_3}\,\overline{A_2}\,A_1\,\overline{A_0}, \ Y_3 = \overline{A_3}\,\overline{A_2}\,A_1\,A_0$$

$$Y_4 = \overline{A_3}\,A_2\,\overline{A_1}\,\overline{A_0}, \ Y_5 = \overline{A_3}\,A_2\,\overline{A_1}\,A_0, \ Y_6 = \overline{A_3}\,A_2\,A_1\,\overline{A_0}, \ Y_7 = \overline{A_3}\,A_2\,A_1\,A_0$$

$$Y_8 = A_3\,\overline{A_2}\,\overline{A_1}\,\overline{A_0}, \ Y_9 = A_3\,\overline{A_2}\,\overline{A_1}\,A_0$$

3. 显示译码器

用来驱动各种显示器件，并将用二进制代码表示的数字、文字、符号以人们习惯的形式直观地显示出来的电路，称为显示译码器。

1) 数码显示器

数码显示器是数码显示电路的末级电路，数码显示器可以将输入的数码还原成数字形式。在数字电路中，使用较多的数码显示器有液晶显示器(LCD)和发光二极管显示器(或称为半导体数码管、LED 数码管)。半导体数码管的基本单元是 PN 结，目前采用较多的是磷砷化镓做成的 PN 结，当外加正向电压时，半导体数码管就能发出清晰的光线。单个 PN 结可以封装成一个发光二极管，多个 PN 结可以按分段式封装成半导体数码管，其管脚排列如图 10-23 所示。发光二极管的工作电压为 1.5~3 V，工作电流为几毫安到十几毫安，发光二极管的寿命很长。

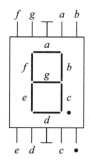

图 10-23 半导体数码管管脚排列图

半导体数码管将十进制数码分成七个字段，每段为一个发光二极管，其字形结构如图 10-23 所示。当选择不同字段发光时，可显示出不同的字形。例如，当 a、b、c、d、e、f、g 七个字段全亮时，显示出"8"。

半导体数码管中的七个发光二极管有共阴极和共阳极两种接法，如图 10-24 所示。采用共阳极接法的半导体数码管中，某一字段接高电平时发光；采用共阴极接法的数码管中，某一字段接低电平时发光。

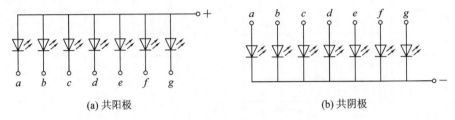

(a) 共阳极　　　　　　　　　　　　　　　(b) 共阴极

图 10-24　半导体数码管的两种接法

2）七段显示译码器

将二进制数码作为半导体数码管的驱动信号，使得七段数码管显示出 0～9 十个数码的电路为七段显示译码器。七段显示译码器的真值表如表 10-11 所示。

表 10-11　七段显示译码器的真值表

显示数字	输　入				输　出						
	A_3	A_2	A_1	A_0	Y_a	Y_b	Y_c	Y_d	Y_e	Y_f	Y_g
0	0	0	0	0	1	1	1	1	1	1	0
1	0	0	0	1	0	1	1	0	0	0	0
2	0	0	1	0	1	0	1	1	1	0	1
3	0	0	1	1	1	1	1	1	0	0	0
4	0	1	0	0	0	1	1	0	0	1	1
5	0	1	0	1	1	0	1	1	0	1	1
6	0	1	1	0	0	0	1	1	1	1	1
7	0	1	1	1	1	1	1	0	0	0	0
8	1	0	0	0	1	1	1	1	1	1	1
9	1	0	0	1	1	1	1	1	0	1	1

七段显示译码器的引脚图如图 10-25 所示，$A_3 \sim A_0$ 为译码器的输入，$Y_a \sim Y_g$ 为译码器的输出，$\overline{\text{LT}}$ 为试灯输入端，$\overline{\text{RBI}}$ 为灭零输入端，$\overline{\text{BI}}/\overline{\text{RBO}}$ 为灭灯输入/灭零输出端。当 $\overline{\text{LT}}=0$ 时，数码管的七段同时点亮，达到检查数码管各段能否正常发光的目的。$\overline{\text{RBI}}=0$ 时，数码管各段熄灭。$\overline{\text{BI}}/\overline{\text{RBO}}$ 为双功能的输入/输出端，当作为输入端使用时，$\overline{\text{BI}}=0$ 时，可将驱动数码管的各段同时熄灭；当作为输出端使用时，若 $\overline{\text{RBI}}=0$，则 $\overline{\text{RBO}}=0$，本该显示具体数字的数码管全部熄灭。

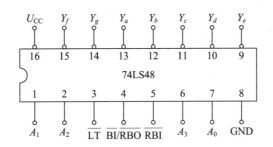

图 10-25　七段显示译码器的引脚图

10.7　数据比较器

用来比较两个二进制数的大小的逻辑电路称为数值比较器，简称比较器。比较器包括一位比较器和多位比较器。

1. 一位比较器

用来比较两个一位二进制数 A、B 的大小的逻辑电路称为一位比较器。一位比较器的比较结果有三种：$A>B$、$A<B$ 和 $A=B$。

一位比较器的真值表见表 10-12。

表 10-12　一位比较器的真值表

A	B	$Y_{(A<B)}$	$Y_{(A=B)}$	$Y_{(A>B)}$
0	0	0	1	0
0	1	1	0	0
1	0	0	0	1
1	1	0	1	0

根据表 10-12 的真值表，可以得到一位比较器的逻辑表达式，即

$$Y_{(A<B)} = \overline{A}B$$

$$Y_{(A=B)} = \overline{A}\,\overline{B} + AB$$

$$Y_{(A>B)} = A\overline{B}$$

根据一位比较器的逻辑表达式，画出逻辑电路图，如图 10-26 所示。

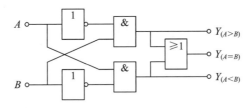

图 10-26　一位比较器的电路图

2. 多位比较器

用来比较两个多位二进制数的大小的电路称为多位比较器。以 4 位比较器为例，介绍

这一类电路的功能。两个二进制数分别为 A 和 B，$A = A_3 A_2 A_1 A_0$，$B = B_3 B_2 B_1 B_0$，要求从高位往低位逐位进行比较，当高位相等时才能继续比较下一低位。将比较过程转化为真值表，见表 10 - 13。

表 10 - 13　多位比较器的真值表

比较输入				级联输入			输　　出		
A_3　B_3	A_2　B_2	A_1　B_1	A_0　B_0	$I_{(A'>B')}$	$I_{(A'<B')}$	$I_{(A'=B')}$	$Y_{(A>B)}$	$Y_{(A<B)}$	$Y_{(A=B)}$
$A_3 > B_3$	×	×	×	×	×	×	1	0	0
$A_3 < B_3$	×	×	×	×	×	×	0	1	0
$A_3 = B_3$	$A_2 > B_2$	×	×	×	×	×	1	0	0
$A_3 = B_3$	$A_2 < B_2$	×	×	×	×	×	0	1	0
$A_3 = B_3$	$A_2 = B_2$	$A_1 > B_1$	×	×	×	×	1	0	0
$A_3 = B_3$	$A_2 = B_2$	$A_1 < B_1$	×	×	×	×	0	1	0
$A_3 = B_3$	$A_2 = B_2$	$A_1 = B_1$	$A_0 > B_0$	×	×	×	1	0	0
$A_3 = B_3$	$A_2 = B_2$	$A_1 = B_1$	$A_0 < B_0$	×	×	×	0	1	0
$A_3 = B_3$	$A_2 = B_2$	$A_1 = B_1$	$A_0 = B_0$	1	0	0	1	0	0
$A_3 = B_3$	$A_2 = B_2$	$A_1 = B_1$	$A_0 = B_0$	0	1	0	0	1	0
$A_3 = B_3$	$A_2 = B_2$	$A_1 = B_1$	$A_0 = B_0$	0	0	1	0	0	1

4 位比较器的逻辑符号如图 10 - 27 所示。其中，$I_{(A'<B')}$、$I_{(A'=B')}$、$I_{(A'>B')}$ 为级联端，用于多集成块的连接。

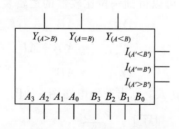

图 10 - 27　4 位比较器的逻辑符号

10.8　数据选择器

从多个输入数据中选择其中一个进行传输的电路称为数据选择器。根据输入端的个数，数据选择器分为四选一数据选择器、八选一数据选择器等。数据选择器由地址端、控制端、数据输入端和使能信号端组成。以四选一数据选择器为例，介绍这一类电路的功能，其逻辑符号如图 10 - 28 所示。

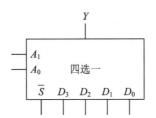

图 10 - 28　四选一数据选择器逻辑符号

图 10 - 28 中，$D_0 \sim D_3$ 为数据输入端；A_1 和 A_0 为地址端，地址端决定了从 4 路输入中选择的输出路径。Y 为输出端，$\overline{S}$ 为使能端，低电平有效，当 $\overline{S} = 1$ 时，选择器不工作，输出为 0。

四选一数据选择器的真值表见表 10 - 14。

表 10 - 14　四选一数据选择器的真值表

输 　入				输 　出
$\overline{S}$	D	A_1	A_0	Y
1	$\times$	$\times$	$\times$	0
0	D_0	0	0	D_0
0	D_1	0	1	D_1
0	D_2	1	0	D_2
0	D_3	1	1	D_3

根据表 10 - 14 的真值表，可写出其逻辑表达式，即

$$Y = \overline{A_1} \cdot \overline{A_0} D_0 + \overline{A_1} A_0 D_1 + A_1 \overline{A_0} D_2 + A_1 A_0 D_3 = \sum_{i=0}^{3} D_i m_i$$

根据表达式，画出逻辑电路图，如图 10 - 29 所示。

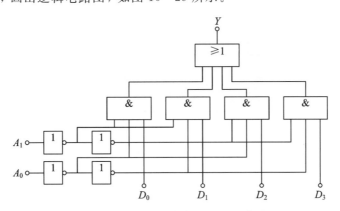

图 10 - 29　四选一数据选择器电路图

双四选一数据选择器 74LS153 的引脚图如图 10 - 30 所示。其中，引脚中的选通控制端 $\overline{S}$ 为低电平有效，即当 $\overline{S} = 0$ 时，芯片被选中，处于工作状态；当 $\overline{S} = 1$ 时，芯片被禁止，输出 $Y = 0$。

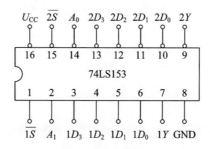

图 10-30 双四选一数据选择器 74LS153 的引脚图

10.9 数据分配器

利用地址端,可将输入信号从多个输出通道中的某一个通道输出的电路称为分配器。以 1 路-4 路分配器为例,介绍这一类电路的功能,其真值表见表 10-15。

表 10-15 1 路-4 路分配器的真值表

	输 入		输 出			
	A_1	A_0	Y_0	Y_1	Y_2	Y_3
	0	0	D	0	0	0
D	0	1	0	D	0	0
	1	0	0	0	D	0
	1	1	0	0	0	D

根据 10-15 的真值表,可得到 1 路-4 路分配器的逻辑表达式,即

$$Y_0 = D\overline{A}_1\overline{A}_0,\ Y_1 = D\overline{A}_1 A_0$$

$$Y_2 = DA_1\overline{A}_0,\ Y_3 = DA_1 A_0$$

根据 1 路-4 路分配器的逻辑表达式,画出逻辑电路图,如图 10-31 所示。

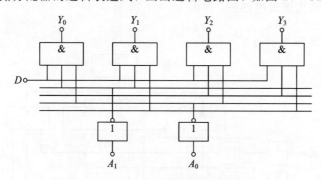

图 10-31 1 路-4 路分配器的电路图

 实战演练

综合实战演练 1:分析图 10-32 所示逻辑电路图的逻辑功能。

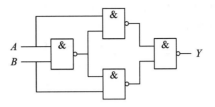

图 10-32　电路图

解
$$Y = \overline{\overline{\overline{AB} \cdot A} \cdot \overline{\overline{AB} \cdot B}} = \overline{AB} \cdot A + \overline{AB} \cdot B$$
$$= A(\overline{A} + \overline{B}) + B(\overline{A} + \overline{B}) = A\overline{B} + \overline{A}B$$

其真值表如表 10-16 所示。

表 10-16　真　值　表

A	B	Y
0	0	0
0	1	1
1	0	1
1	1	0

因此，此电路的逻辑功能为"异或"。

综合实战演练 2：某港口对进港的船只分为 A、B、C 三类，每次只允许一类船只进港，且 A 类船优先于 B 类，B 类优先于 C 类。A、B、C 三类船只可以进港的信号分别是 F_A、F_B、F_C。设输入信号 1 表示船只要求进港，0 表示不要求进港；输出信号 1 表示允许进港，0 表示不允许进港。试设计能实现上述要求的逻辑电路，要求写出逻辑表达式即可。

解　真值表如表 10-17 所示。

表 10-17　真　值　表

A	B	C	F_A	F_B	F_C
0	0	0	0	0	0
0	0	1	0	0	1
0	1	0	0	1	0
0	1	1	0	1	0
1	0	0	1	0	0
1	0	1	1	0	0
1	1	0	1	0	0
1	1	1	1	0	0

由此，可得出其逻辑表达式，即
$$F_A = A\overline{B}\,\overline{C} + A\overline{B}C + AB\overline{C} + ABC = A\overline{B} + AB = A$$
$$F_B = \overline{A}B\overline{C} + \overline{A}BC = \overline{A}B$$
$$F_C = \overline{A} \cdot \overline{B}C$$

综合实战演练 3：试用半加器和基本逻辑电路设计全加器，要求绘制出电路图即可。

解　电路图如图 10-33 所示。

图 10-33　电路图

 知识小结

1. 组合逻辑电路的分析和设计步骤。

（1）组合逻辑电路的分析步骤：首先，根据组合逻辑电路图逐级写出逻辑函数表达式；其次，采用卡诺图法或公式法化简逻辑表达式；再次，由最简表达式列出真值表；最后，通过真值表分析逻辑功能。

（2）组合逻辑电路的设计步骤：首先，根据设计要求选定逻辑变量，以及它们的取值为 1 和 0 时所表示的状态；其次，根据需求分析，列出真值表；再次，根据真值表写出表达式，并化简，得到最简逻辑函数表达式；随后，根据设计要求，把逻辑函数表达式转换成相应的形式；最后，根据逻辑函数表达式画出逻辑电路图。

2. 常用组合逻辑电路包括加法器、编码器、译码器、比较器、选择器和分配器。

3. 加法器分为一位加法器（包括半加器、全加器）和多位加法器（包括串行进位加法器、超前进位加法器）。

4. 用一定位数的数码来表示特定信息（如十进制数、符号、文字等）的过程称为编码。常见的编码器包括二进制编码器和二-十进制编码器。

5. 把代码状态的特定含义翻译出来的过程称为译码，完成译码操作的电路称为译码器。译码器是把一种代码转换为另一种代码的电路。常见的译码器有二进制译码器、二-十进制译码器、显示译码器。

 课后练习

1. 根据图 10-34 的逻辑电路图，写出逻辑表达式，并化简。

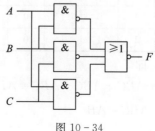

图 10-34

2. 用与非门设计一个举重裁判表决电路。设举重比赛有 3 名裁判，一个主裁判和两个副裁判。杠铃完全举上的裁决由每一个裁判按一下自己面前的按钮来确定。只有当两个或两个以上裁判判明成功，并且其中有一个为主裁判时，表明成功的灯才亮。

3. 有三个班的学生上自习，共有两间教室，其中，大教室能容纳两个班的学生，小教室能容纳一个班的学生。设计两个教室是否开灯的逻辑控制电路，要求写出逻辑表达式即可。该电路需满足如下条件：

(1) 一个班的学生上自习，开小教室的灯；

(2) 两个班的学生上自习，开大教室的灯；

(3) 三个班的学生上自习，两个教室均开灯。

4. 试设计一个故障显示电路，要求写出逻辑表达式即可。该电路需满足如下条件：

(1) 当两台电动机 A 和 B 正常工作时，绿灯 Y_1 亮；

(2) 当 A 或 B 发生故障时，黄灯 Y_2 亮；

(3) 当 A 和 B 都发生故障时，红灯 Y_3 亮。

5. 试用与非门设计一个组合逻辑电路，要求写出逻辑表达式即可。该电路的输入是 4 位二进制数 $B_3B_2B_1B_0$。该电路需满足如下条件：

(1) 当 $2 < B < 9$ 时，输出 Y 为 1，否则为 0；

(2) 当 B 能被 2 整除时，输出 Y 为 1，否则为 0。

6. 试用全加器完成两个 2 位二进制数 A 和 B 的相乘运算电路的设计。假定 $A = A_1A_0$，$B = B_1B_0$，$Y = AB = (A_1A_0)(B_1B_0)$。

7. 试用图 10 - 35 所示的比较器设计一位十进制数的四舍五入判定电路，要求用 8421BCD 码判定十进制数是否四舍五入。

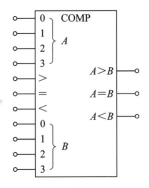

图 10 - 35　比较器逻辑符号

8. 用与非门分别设计如下逻辑电路：

(1) 三变量的多数表决电路（三个变量中有多个 1 时，输出为 1）。

(2) 三变量的判奇电路（三个变量中有奇数个 1 时，输出为 1）。

第 11 章　触发器和时序逻辑电路

 章节导读

时序逻辑电路与组合逻辑电路存在根本区别，主要是时序逻辑电路的输出与输入之间存在反馈电路和记忆单元。在分析与设计时序逻辑电路时，不仅需要考虑当前时刻的输入信号，还需要考虑电路原来的状态。门电路是组合逻辑电路的基本单元电路，触发器是时序逻辑电路的基本单元电路。本章首先介绍时序逻辑电路中起记忆作用的各类触发器的工作原理及逻辑功能，然后重点介绍时序逻辑电路的分析与设计方法，以及常见时序逻辑电路（包括寄存器和计数器）的功能与应用。

 知识情景化

（1）你能列举出生活中涉及计数功能的实例吗？
（2）你能列举出生活中涉及寄存功能的实例吗？
（3）试结合所学的模拟电路和数字电路相关知识，解释数字万年历的工作原理。

内容详解

11.1　触发器

触发器是能够存储 1 位二进制信号的电路。按照触发器的稳定工作状态的不同，触发器可分为双稳态触发器、单稳态触发器、无稳态触发器（或称为多谐振荡器）等。本书主要介绍双稳态触发器，双稳态触发器有 0 和 1 两种稳定状态，在一定条件下两种状态可互相转换，这种转换称为触发器状态的翻转，当输入信号消失后，所置成的状态能够保持不变。按照电路结构形式的不同，触发器可分为基本触发器、同步触发器、主从触发器和边沿触发器。根据逻辑功能的不同，触发器可分为 RS 触发器、D 触发器、JK 触发器、T 触发器。下面介绍不同类型的触发器的工作原理。

1. 基本 RS 触发器

图 11 - 1(a)、(b)分别为两个"与非"门、两个"或非"门组成的基本 RS 触发器的逻辑电路图，图 11 - 2 为基本 RS 触发器的逻辑符号。特别地，如果用 Q^n 表示触发器原来的状态（称为初态），那么 Q^{n+1} 表示新的状态（称为次态）。

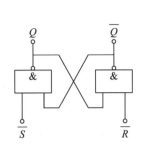
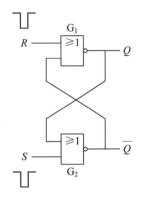

(a)　"与非"门组成的基本RS触发器　　　　(b)　"或非"门组成的基本RS触发器

图 11 - 1　基本 RS 触发器的逻辑电路图

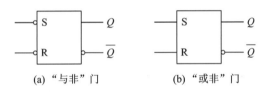

(a)　"与非"门　　　　　　(b)　"或非"门

图 11 - 2　基本 RS 触发器的逻辑符号

以"与非"门构成的基本 RS 触发器为例，介绍基本 RS 触发器的工作原理。

（1）当电路无输入信号，即 $\overline{S}=\overline{R}=1$ 时，电路保持稳定状态不变，即：若初态 $Q^n=0$，则次态 $Q^{n+1}=0$，此时称电路为"0"态；若初态 $Q^n=1$，则次态 $Q^{n+1}=1$，此时称电路为"1"态。

（2）当电路有输入信号，且 $\overline{S}=1$，$\overline{R}=0$ 时，无论电路初态 Q^n 是 0 还是 1，都有次态 $Q^{n+1}=0$，电路被置 0 或复位。

（3）当电路有输入信号，且 $\overline{S}=0$，$\overline{R}=1$ 时，无论电路初态 Q^n 是 0 还是 1，都有次态 $Q^{n+1}=1$，电路被置 1 或置位。

（4）当电路输入信号消失，即 $\overline{S}=\overline{R}=0$ 时，电路次态 $Q^{n+1}=\overline{Q^{n+1}}=1$，不符合逻辑，故 $\overline{S}+\overline{R}=1$ 是基本 RS 触发器的约束条件。

由此，得到"与非"门构成的基本 RS 触发器的特性表，见表 11 - 1。本书中不再介绍"或非"门构成的基本 RS 触发器的原理，其逻辑功能也是置 0、置 1 和保持；唯一不同的是"或非"门构成的基本 RS 触发器是高电平有效，即约束条件是 $RS=0$，而"与非"门构成的基本 RS 触发器是低电平有效，即约束条件是 $\overline{S}+\overline{R}=1$。

表 11-1 基本 RS 触发器的特性表

$\overline{S}$	$\overline{R}$	Q^n	Q^{n+1}	功能
0	0	0		不允许
0	0	1		
0	1	0	0	置0
0	1	1	0	
1	0	0	1	置1
1	0	1	1	
1	1	0	0	保持
1	1	1	1	

根据特性表，得到触发器的特性方程，即触发器次态 Q^{n+1} 与输入及初态 Q^n 之间的逻辑关系式：

$$\begin{cases} Q^{n+1}=\overline{(\overline{S})}+\overline{R}Q^n=S+\overline{R}Q^n \\ \overline{R}+\overline{S}=1 \quad (约束条件) \end{cases}$$

反映触发器输入信号取值和状态之间对应关系的波形图如图 11-3 所示。

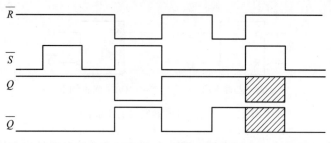

图 11-3 基本 RS 触发器的波形图

可见基本 RS 触发器实现了记忆功能，但触发器在稳定状态下两个输出端的状态和必须是互补关系，即有约束条件，使用不便。基本 RS 触发器不仅抗干扰能力差，而且不能实现多个触发器的同步工作。

2. 同步 RS 触发器

为解决基本 RS 触发器不能同步工作的问题，在基本 RS 触发器的前端加入了输入控制电路，同时在触发器中加入了时钟控制端 CP，当 CP 端出现时钟脉冲时，触发器的状态也会发生变化，即触发器的状态与时钟脉冲同步，即构成了同步 RS 触发器。图 11-4 为同步 RS 触发器的逻辑电路图，图 11-5 为同步 RS 触发器的逻辑符号。

同步 RS 触发器的工作原理如下：

(1) 当 CP=0，即 G_3 和 G_4 门的输出 $\overline{S}=\overline{R}=1$ 时，电路保持稳定状态不变，即：若初态 $Q^n=0$，则次态 $Q^{n+1}=0$，此时称电路为"0"态；若初态 $Q^n=1$，则次态 $Q^{n+1}=1$，此时称电路为"1"态。

(2) 当 CP=1 时，工作原理与基本 RS 触发器的工作原理相同。

由此，得到同步 RS 触发器的特性表，见表 11-2。

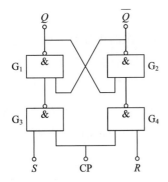

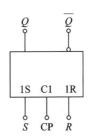

图 11-4　同步 RS 触发器的逻辑电路图　　　图 11-5　同步 RS 触发器的逻辑符号

表 11-2　同步 RS 触发器的特性表

CP	R	S	Q^n	Q^{n+1}	功　　能
0	×	×	×	Q^n	$Q^{n+1}=Q^n$，保持
1	0	0	0	0	$Q^{n+1}=Q^n$，保持
1	0	0	1	1	
1	0	1	0	1	$Q^{n+1}=1$，置 1
1	0	1	1	1	
1	1	0	0	0	$Q^{n+1}=0$，置 0
1	1	0	1	0	
1	1	1	0	不用	不允许
1	1	1	1	不用	

根据特性表，得到触发器的特性方程：

$$\begin{cases} Q^{n+1}=S+\overline{R}Q^n \\ RS=0（CP=1 \text{ 期间有效}） \end{cases}$$

同步 RS 触发器的波形图如图 11-6 所示。同步 RS 触发器在 CP 高电平期间，R、S 状态多次发生变化，触发器的状态也随之变化，该现象称为空翻，空翻会影响触发器的抗干扰能力。

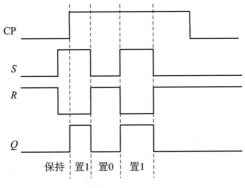

图 11-6　同步 RS 触发器的波形图

3. 边沿触发器

为了避免同步触发器的空翻现象，提高触发器工作的可靠性，增强抗干扰能力，在设计触发器时希望次态仅仅取决于 CP 下降沿（或上升沿）时刻的输入信号状态。为此，人们设计了边沿触发器，实现了只在脉冲沿到来时刻，触发器的状态才会响应输入信号，产生翻转。边沿触发器的次态仅仅取决于 CP 下降沿（或上升沿）时刻的输入信号状态，与之前和之后的状态变化没有关系。该部分内容重点介绍常用的边沿 D 触发器、下降沿 JK 触发器和下降沿 T 触发器。

1）边沿 D 触发器

图 11-7 为下降沿 D 触发器的逻辑电路图，图 11-8 为下降沿 D 触发器的逻辑符号，表 11-3 为边沿 D 触发器的特性表。在边沿触发器的逻辑符号中，符号"△"表示触发器是边沿触发器，CP 端的符号"○"表示触发器是下降沿触发器，若无符号"○"，则表示触发器是上升沿触发器。

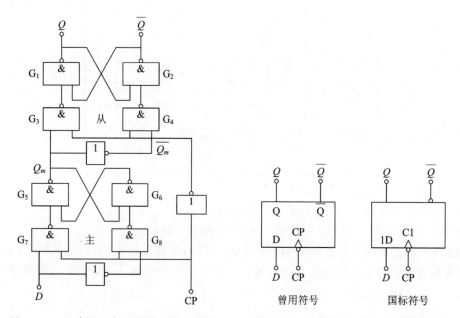

图 11-7 下降沿 D 触发器的逻辑电路图   图 11-8 下降沿 D 触发器的逻辑符号

表 11-3 边沿 D 触发器的特性表

D	Q^n	Q^{n+1}	功能
0	0	0	置0
0	1	0	
1	0	1	置1
1	1	1	

分析图 11-7，边沿 D 触发器的工作原理为：当 CP=1 时，门 G_7、G_8 打开，门 G_3、G_4

被封锁。从触发器状态不变，主触发器的状态随输入信号 D 的变化而变化，即在 CP＝1 期间，$Q_m＝D$。当 CP＝0 时，门 G_7、G_8 被封锁，门 G_3、G_4 打开，从触发器的状态取决于主触发器，$Q＝Q_m$，此时，输入信号 D 不再起作用。CP 下降沿到来时，封锁门 G_7、G_8，打开门 G_3、G_4，主触发器锁存 CP 下降沿时刻 D 的值，即 $Q_m＝D$，然后，该状态进入从触发器，使 $Q＝D$。CP 下降沿过后，主触发器锁存的 CP 下降沿时刻 D 的值被保存下来，而从触发器的状态也将保持不变。

　　由此，得到边沿 D 触发器的特征方程为 $Q^{n+1}＝D$，CP 下降沿时刻有效。

　　下降沿 D 触发器的波形图如图 11-9 所示。

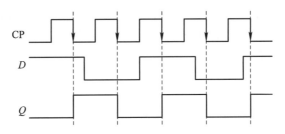

图 11-9　下降沿 D 触发器的波形图

　　总之，边沿 D 触发器在 CP 的上升沿或下降沿触发，在触发沿瞬间，根据输入信号 D 的状态更新输出状态，其功能齐全，具有置 0、置 1 功能。

　　2）下降沿 JK 触发器

　　图 11-10 为下降沿 JK 触发器的逻辑电路图，图 11-11 为下降沿 JK 触发器的逻辑符号。

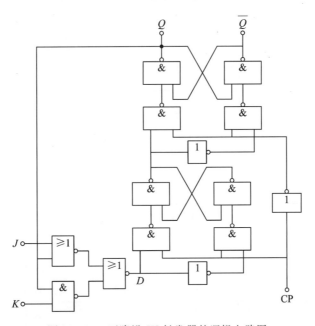

图 11-10　下降沿 JK 触发器的逻辑电路图

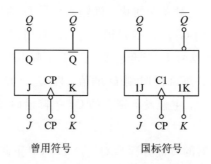

图 11-11　下降沿 JK 触发器的逻辑符号

从图 11-10 中可以看出，下降沿 JK 触发器是在边沿 D 触发器的输入前端加入了一个子电路，将输入 D 转换为 J、K，该子电路的逻辑表达式为

$$D = \overline{\overline{J+Q^n} + \overline{KQ^n}} = (J+Q^n)\overline{KQ^n} = (J+Q^n)(\overline{K}+\overline{Q^n})$$
$$= J\overline{Q^n} + \overline{K}Q^n + J\overline{K} = J\overline{Q^n} + \overline{K}Q^n$$

基于边沿 D 触发器的特性方程，得到下降沿 JK 触发器的特性方程，即

$$Q^{n+1} = D = J\overline{Q^n} + \overline{K}Q^n \text{（CP 下降沿时刻有效）}$$

根据特性方程，下降沿 JK 触发器的工作原理如下：

(1) 当 $J=K=0$ 时，CP 下降沿作用后 Q 状态不变；

(2) 当 $J=K=1$ 时，CP 下降沿作用后 Q 状态和原来相反；

(3) 当 $J \neq K$ 时，CP 下降沿作用后 Q 状态和 J 端状态相同。

其特性表见表 11-4 和表 11-5。

表 11-4　边沿 JK 触发器的特性表

J	K	Q^n	Q^{n+1}	功能
0	0	0	0	$Q^{n+1}=Q^n$
0	0	1	1	保持
0	1	0	0	置 0
0	1	1	0	
1	0	0	1	置 1
1	0	1	1	
1	1	0	1	$Q^{n+1}=\overline{Q^n}$
1	1	1	0	翻转

表 11-5　JK 触发器的简化特性表

J	K	Q^{n+1}	功能
0	0	Q^n	保持
0	1	0	置 0
1	0	1	置 1
1	1	$\overline{Q^n}$	翻转

　　下降沿 JK 触发器的波形图如图 11-12 所示，从图中可以看出，CP 的上升沿或下降沿触发，Q 的状态除了与原来的状态有关，只取决于 CP 下降沿到来瞬间 J、K 的状态，和其他时刻 J、K 的状态无关。下降沿 JK 触发器的抗干扰能力强，工作速度高，在触发沿瞬间，更新状态，其功能齐全，具有保持、置 0、置 1、翻转功能，使用方便。

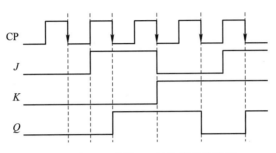

图 11-12　下降沿 JK 触发器的波形图

3）下降沿 T 触发器

图 11-13 为下降沿 T 触发器的逻辑符号，表 11-6 为 T 触发器的简化特性表。

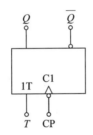

图 11-13　下降沿 T 触发器的逻辑符号

表 11-6　T 触发器的简化特性表

T	Q^n	Q^{n+1}	功能
0	0	0	$Q^{n+1}=Q^n$，保持
0	1	1	
1	0	1	$Q^{n+1}=\overline{Q^n}$，翻转
1	1	0	

　　从特性表可以看出，T 触发器具有保持和翻转两个功能，并由此可写出 T 触发器的特性方程：$Q^{n+1}=T\overline{Q^n}+\overline{T}Q^n$。

　　通过比较不同类型触发器的特性表可以发现，JK 触发器的逻辑功能最多，包含了 RS 触发器和 T 触发器的功能。进行不同类型触发器的转换时，利用已有触发器和待求触发器的特性方程相等的原则，求出转换逻辑即可。

11.2　时序逻辑电路的设计与分析

　　图 11-14 为时序逻辑电路的结构框图，由此看出，时序逻辑电路在任何时刻的稳定输

出，不仅与该时刻的输入信号有关，而且还与电路原来的状态有关。时序逻辑电路的表示方法有逻辑表达式、特性表、逻辑图、波形图等。

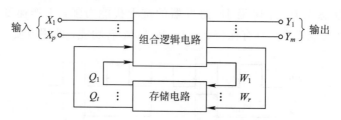

图 11-14　时序逻辑电路的结构框图

1. 时序逻辑电路的分类

1）根据时钟脉冲的作用方式分类

根据时钟脉冲作用方式的不同，时序逻辑电路分为同步时序电路和异步时序电路。同步时序电路是指各个触发器的时钟脉冲相同，即电路中有统一的时钟脉冲，每来一个时钟脉冲，电路的状态只改变一次。异步时序电路是指各个触发器的时钟脉冲不同，即电路中没有统一的时钟脉冲来控制电路状态的变化，电路状态改变时，电路中要更新状态的触发器的翻转有先有后，即翻转是异步进行的。

2）根据电路输出与电路状态及输入的关系分类

根据电路输出与电路状态及输入关系的不同，时序逻辑电路分为米里（Mealy）型时序电路和摩尔（Moore）型时序电路。米里型时序电路是指输出不仅与初态有关，而且还取决于电路当前的输入。摩尔型时序电路是指输出仅取决于电路的初态，与电路当前的输入无关。

2. 时序逻辑电路的分析

与组合逻辑电路一样，时序逻辑电路的分析是分析给定逻辑电路的逻辑功能。由于时序逻辑电路的逻辑状态是按时间顺序随输入信号的变化而变化的，因此，分析时序逻辑电路需要找出电路的输出状态随输入变量和时钟脉冲作用的变化规律。时序逻辑电路的分析步骤如图 11-15 所示。

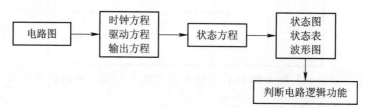

图 11-15　时序逻辑电路的分析步骤

11.3　寄存器

能够存储二进制数码的电路称为寄存器，一个触发器只能存放 1 位二进制数，若需存放 N 位二进制数，则需要用 N 个触发器组成的寄存器。按照功能不同，寄存器分为基本寄存器和移位寄存器。

1. 基本寄存器

基本寄存器的结构及原理较简单，采用的触发器具有置 1 或置 0 功能即可，图 11-16 为用上升沿 D 触发器组成的 4 位二进制数的数码寄存器的逻辑电路图。从图 11-16 中可以看出，数码 $D_3 \sim D_0$ 分别接到触发器 $FF_3 \sim FF_0$ 的 D 端，数码 $D_3 \sim D_0$ 信号同时输入，当 CP 脉冲到来时，触发器同时工作，触发器的输出 $Q_3 \sim Q_0$ 同时输出，若 CP 脉冲消失，寄存器的输出状态保持不变。因此，无论寄存器中原来的状态是什么，只要 CP 上升沿到来，加在并行数据输入端的数据 $D_0 \sim D_3$ 就会立即被送入寄存器中，这种工作方式称为"并行输入、并行输出"。

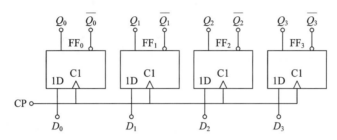

图 11-16 上升沿 D 触发器组成的数码寄存器

2. 移位寄存器

移位寄存器不仅具有存储数码的功能，而且还具有移位功能。"移位"是指在脉冲作用下，寄存器的数码向左或向右移位。数据既可以并行输入、并行输出，也可以串行输入、串行输出，还可以并行输入、串行输出，串行输入、并行输出。通过数码移位，可以实现两个二进制数的串行相加、相乘和其他的算术运算。因此，移位寄存器不仅用于寄存代码，而且还用于计算技术和数据处理技术等。移位寄存器可分为单向移位寄存器和双向移位寄存器。下面以单向移位寄存器为例，介绍这一类电路的功能。

单向移位寄存器可分为右移寄存器和左移寄存器两种。数码自左向右移的寄存器称为右移寄存器，数码自右向左移的寄存器称为左移寄存器。图 11-17 是由 D 触发器组成的 4 位数码右移寄存器的逻辑电路图。从该图可以看出，输入只加在触发器 F_A 的 D 端，是串行输入方式。4 位数码输出可以从四个触发器的 Q_A、Q_B、Q_C、Q_D 端得到，即并行输出；也可以依次从最后一个触发器 F_D 的 Q_D 端得到，即串行输出。

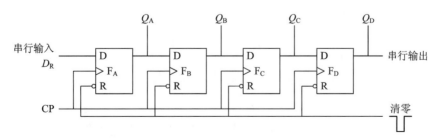

图 11-17 单向右移寄存器

根据图 11-17 可以写出各个触发器的状态方程，即 $Q_A^{n+1} = D_R$，$Q_B^{n+1} = Q_A^n$，$Q_C^{n+1} = Q_B^n$，$Q_D^{n+1} = Q_C^n$。图 11-18 是该寄存器的波形图。从状态方程和波形图可以看出，每加一

个移位脉冲，数码就向右移动一位，故该寄存器是一个右移寄存器。

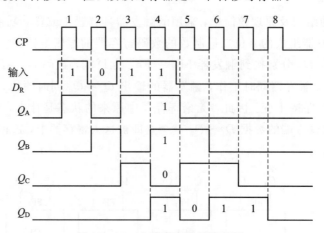

图 11-18　右移寄存器的波形图

11.4　计数器

计数器不仅具有计数功能，还可以用于分频、产生序列脉冲、定时等。计数器可以由 D 触发器或 JK 触发器组成。按计数脉冲方式的不同，计数器可分为同步计数器和异步计数器；按计数器数制的不同，计数器可分为二进制计数器和非二进制计数器；计数器还可分为加法计数器、减法计数器和可逆计数器。

1. 同步二进制加法计数器

由 JK 触发器组成 3 位同步二进制加法计数器，如图 11-19 所示。

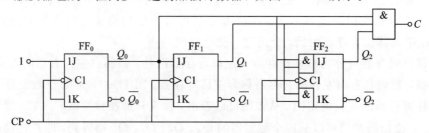

图 11-19　3 位同步二进制加法计数器

时钟方程：$CP_0 = CP_1 = CP_2 = CP$

输出方程：$C = Q_2^n Q_1^n Q_0^n$

状态转换图：见图 11-20。

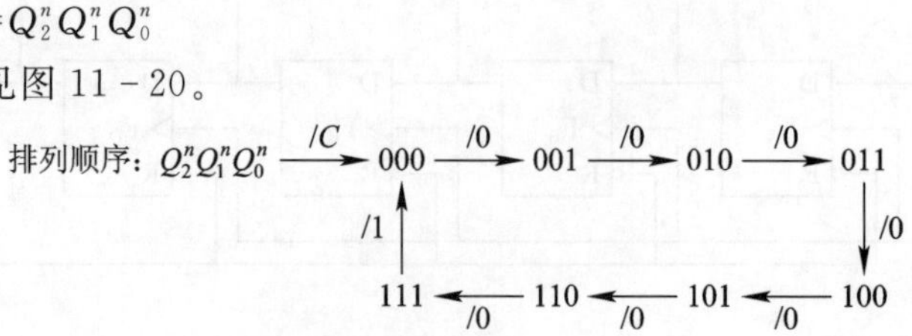

排列顺序：$Q_2^n Q_1^n Q_0^n$ $\xrightarrow{/C}$ 000 $\xrightarrow{/0}$ 001 $\xrightarrow{/0}$ 010 $\xrightarrow{/0}$ 011

111 $\xleftarrow{/0}$ 110 $\xleftarrow{/0}$ 101 $\xleftarrow{/0}$ 100

图 11-20　状态转换图

在 CP 时钟脉冲信号的作用下，每来一个脉冲，计数器就自动完成加 1 的工作，并按 000→001 →…→111→000 的规律循环。

集成同步 4 位二进制加法计数器 CT74LS163 的外引线排列图如图 11 - 21 所示。图中 Q_D、Q_C、Q_B、Q_A 为计数输出端；C_A 为进位输出端；P、T 为控制(使能)输入端，当 $P = T = 1$ 时，计数器进行 4 位二进制加法计数。$\overline{CR}$ 为清零端，当 $\overline{CR} = 0$ 且在 CP 上升沿作用之后，计数器被清零(这种清零方式称为同步清零)，不清零时应使 $\overline{CR} = 1$。D、C、B、A 为预置数输入端；$\overline{LD}$ 为置数控制端。当 $\overline{CR} = 1$，$\overline{LD} = 0$ 时，在 CP 上升沿作用后，加在 D、C、B、A 的数码被置入 Q_D、Q_C、Q_B、Q_A。有了置数功能，计数器就可以从任意状态开始计数。

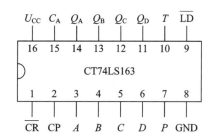

图 11 - 21　CT74LS163 的外引线排列图

表 11 - 7 是 CT74LS163 的功能表。

表 11 - 7　CT74LS163 的功能表

输　　入								输　　出				说明
CP	$\overline{CR}$	$\overline{LD}$	P	T	D	C	B	A	Q_D	Q_C	Q_B	Q_A	
0	×	×	×	×	×	×	×		0	0	0	0	清零
1	0	×	×	d	c	b	a		d	c	b	a	置数
1	1	1	1	×	×	×	×		按 4 位二进制数的规律加 1				计数
×	1	1	0	×	×	×	×		状态不变化				保持
×	1	1	×	0	×	×	×		状态不变化				保持

注：表中×表示任意状态。

　　利用集成 4 位二进制加法计数器 CT74LS163 可以组成十六进制以内的任意进制加法计数器。例如，图 11 - 22 是一个十二进制计数器，当计数器计数到第 11 个脉冲时，输出状态 $Q_D Q_C Q_B Q_A = 1011$，与非门输出为 0，即 $\overline{LD} = 0$，计数器处于预置状态。当第 12 个时钟脉冲到来之后，计数器预置数据，由于 $DCBA = 0000$，故计数器输出回到 0000，计数器重新从 0 开始计数。即计数器从 0000 至 1011 循环变化，12 个状态为一次循环。

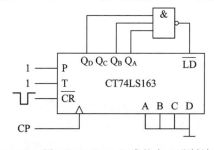

图 11 - 22　用 CT74LS163 组成的十二进制计数器

2. 异步二进制加法计数器

在异步计数器中，并不是每个触发器都受同一个时钟脉冲 CP 控制的，有的触发器直接受输入计数脉冲控制，有的触发器则是把其他触发器的输出作为自己的时钟脉冲。触发器状态的翻转有先有后，是异步的。

图 11-23 是由 4 个 JK 触发器组成的 4 位异步二进制加法计数器。触发器 J、K 端全部悬空，相当于接 1（高电平），故具有计数的功能。图 11-23 中右边第 1 个触发器 F_0 的 CP 端直接由输入计数脉冲控制，其他触发器（$F_1 \sim F_3$）的 CP 端由右邻触发器的输出端（Q 端）的进位信号控制。

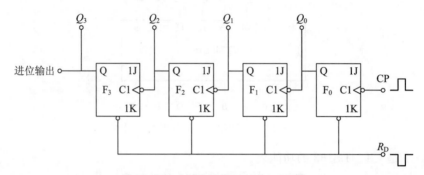

图 11-23　4 位异步二进制加法计数器

下面分析异步二进制加法计数器的计数功能。

计数脉冲输入前，先将负脉冲加到置 0 端 R_D 上，使各触发器置 0，然后输入计数脉冲。第 1 个计数脉冲下降沿来到触发器 F_0 的 CP 端时，Q_0 由 0 变 1，此时，触发器 F_1 的 CP 端得到 Q_0 脉冲的上升沿，其输出端状态不变，触发器 F_2 和 F_3 的 CP 端信号无变化，故其输出端的状态也保持不变。第 2 个计数脉冲到来时，Q_0 由 1 变 0，F_1 的 CP 端得到 Q_0 脉冲的下降沿（进位信号），使 Q_1 由 0 变 1，而 F_2 和 F_3 的输出状态不变。计数脉冲不断加入，各触发器的状态按规律不断变化，其工作波形如图 11-24 所示。表 11-8 为 4 位二进制加法计数器的状态表。

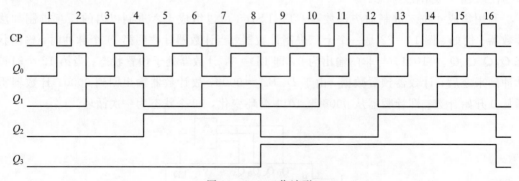

图 11-24　工作波形

由图 11-24 可知，输出信号 $Q_0 \sim Q_3$ 的周期逐次增加 1 倍，脉冲频率依次减半，故该计数器可称为分频器。由表 11-8 可知，4 位二进制加法计数器能计的最大十进制数为 $2^4 - 1 = 15$。同理 n 位二进制加法计数器能计的最大十进制数为 $2^n - 1$。

表 11-8　4 位二进制加法计数器的状态表

计数脉冲	Q_3	Q_2	Q_1	Q_0	十进制数	计数脉冲	Q_3	Q_2	Q_1	Q_0	十进制数
0	0	0	0	0	0	9	1	0	0	1	9
1	0	0	0	1	1	10	1	0	1	0	10
2	0	0	1	0	2	11	1	0	1	1	11
3	0	0	1	1	3	12	1	1	0	0	12
4	0	1	0	0	4	13	1	1	0	1	13
5	0	1	0	1	5	14	1	1	1	0	14
6	0	1	1	0	6	15	1	1	1	1	15
7	0	1	1	1	7	16	0	0	0	0	16
8	1	0	0	0	8						

3. 二进制减法计数器

图 11-25 是用 JK 触发器组成的同步二进制减法计数器。计数脉冲 CP 直接连在 FF_0、FF_1 和 FF_2 的时钟脉冲输入端，FF_0、FF_1 和 FF_2 的状态翻转几乎可以在同一时刻发生，所以称该计数器为同步计数器。

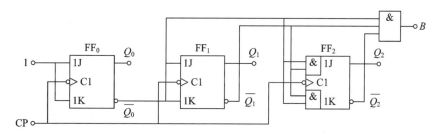

图 11-25　同步二进制减法计数器

时钟方程：$CP_0 = CP_1 = CP_2 = CP$

输出方程：$B = \overline{Q_2^n}\ \overline{Q_1^n}\ \overline{Q_0^n}$

状态转换图：见图 11-26。

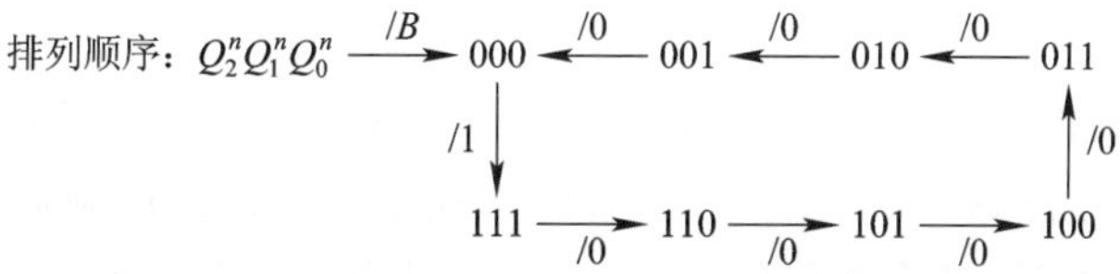

排列顺序：$Q_2^n Q_1^n Q_0^n$　$\xrightarrow{/B}$　$000 \xleftarrow{/0} 001 \xleftarrow{/0} 010 \xleftarrow{/0} 011$

$\Big\downarrow {/1}$　　　　　　　　　　　　　　　　$\Big\uparrow {/0}$

$111 \xrightarrow{/0} 110 \xrightarrow{/0} 101 \xrightarrow{/0} 100$

图 11-26　状态转换图

同步二进制减法计数器的工作波形如图 11-27 所示。

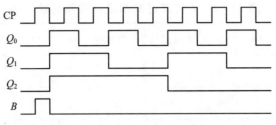

图 11-27　同步二进制减法计数器的波形图

4. 十进制计数器

二进制计数器的优点是电路结构简单、易于理解和掌握。但是在日常生活中，人们还是习惯使用十进制数。特别是当二进制数的位数较多时，读数就比较困难。因此在数字系统中，凡是需要直接观察计数结果的，如数字式显示仪表等，几乎都采用十进制计数器。在数字系统中，用二进制数码来表示十进制数码的方法称为二-十进制编码。其中最常用的是 8421BCD 码十进制加法计数器。表 11-9 是 8421 编码表。

表 11-9　8421 编码表

十进制数	8421 码			
0	0	0	0	0
1	0	0	0	1
2	0	0	1	0
3	0	0	1	1
4	0	1	0	0
5	0	1	0	1
6	0	1	1	0
7	0	1	1	1
8	1	0	0	0
9	1	0	0	1
权值	8	4	2	1

二-十进制编码是用 4 位二进制数码来表示十进制的 0~9 这 10 个数码的过程。从 4 位二进制数的 16 个状态中任意取其中的 10 个状态，可以得到多种不同的编码，这里只介绍常用的 8421 编码。由表 11-9 可见，这种编码方式是取 4 位二进制数的 16 个状态中的前 10 个状态来表示 0~9 这 10 个数码的。8、4、2、1 是指这种编码每一位所对应的权值。

图 11-28 是由 4 个 JK 触发器组成的 8421 码异步十进制加法计数器。下面分析该电路的计数过程。

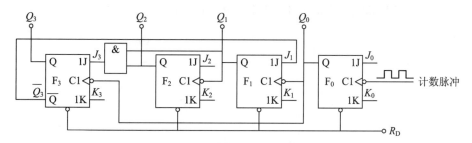

图 11-28　异步十进制加法计数器

计数前先清零，使 $Q_3 = Q_2 = Q_1 = Q_0 = 0$，即计数器为 0000 状态。这时各个触发器的输入条件为：$J_0 = K_0 = 1$；$K_1 = 1$，$J_1 = \overline{Q_3} = 1$；$J_2 = K_2 = 1$；$K_3 = 1$，$J_3 = Q_1 Q_2 = 0$。

可见在 F_3 翻转前，前三级（F_2、F_1、F_0）均处于计数触发状态，组成 3 位二进制计数器。计数开始后，前 7 个脉冲输入时，$\overline{Q_3}$ 均为 0，$J_1 = \overline{Q_3} = 1$。计数器的状态转换和普通二进制计数器相同，$Q_3 Q_2 Q_1 Q_0$ 由 0000→0001→0010→0110…0111。在这个过程中，Q_0 的输出脉冲虽然也同时送到 CP_3 端，但由于当 Q_0 由 1 变成 0 时，$J_3 = Q_1 Q_2 = 0$，故触发器 F_3 仍维持 0 态不变。

当第 8 个计数脉冲的下降沿到来时，F_0 翻转，Q_0 由 1 变成 0，使 F_1 翻转，Q_1 由 1 变成 0，Q_1 使 F_2 翻转，Q_2 由 1 变成 0。与此同时，因第 7 个计数脉冲已使 $J_3 = Q_1 Q_2 = 1$，故当 Q_0 由 1 变成 0 时，也使 F_3 翻转，Q_3 由 0 变成 1。整个计数器转换为 1000 状态，此时，$J_1 = \overline{Q_3} = 0$。

第 9 个计数脉冲下降沿使 F_0 翻转，计数器的状态为 1001。第 10 个计数脉冲下降沿又使 F_0 翻转到 0 态，并作用于 F_1、F_3 的 CP 端，此时 F_1 的 $J_1 = \overline{Q_3} = 0$，故 F_1 仍维持 0 态不变；与此相应，F_2 也维持 0 态不变；F_3 的 $K_3 = 1$，$J_3 = Q_1 Q_2 = 0$，故在 CP 作用后，F_3 翻转到 0 态，于是计数器由 1001 转换成 0000 状态，完成了十进制计数。由图 11-29 的波形图可知，每输入 10 个 CP 脉冲，Q_3 输出一个脉冲，故这个电路是一种十分频电路。

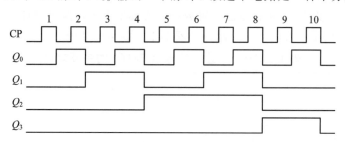

图 11-29　异步十进制加法计数器的波形图

11.5　中规模集成计数器组件及其应用

集成计数器产品的类型很多。例如，4 位二进制加法计数器 74LS161，双时钟 4 位二进制可逆计数器 74LS193，单时钟 4 位二进制可逆计数器 74LS191，单时钟十进制可逆计数器 74LS190，异步二-五-十进制计数器 74LS90 等。由于集成计数器功耗低、功能灵活、体积小，因此集成计数器在一些小型数字系统中得到了广泛应用。

图 11-30 是 74LS90 的内部电路原理图，图 11-31 是其引脚图。

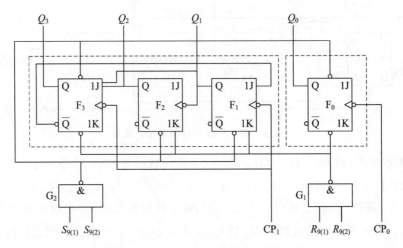

图 11-30　74LS90 的内部电路原理图

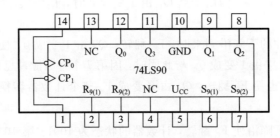

图 11-31　74LS90 的引脚图

能够实现 N 进制计数功能的计数器称为任意进制的计数器。在集成计数器中，只有二进制计数器和十进制计数器两大系列，但常要用到如七、十二、二十四和六十进制等计数。一般将二进制和十进制以外的进制统称为任意进制。要实现任意进制计数，只有利用集成二进制或十进制计数器，采用置零法或置数法来实现所需的任意进制计数。

表 11-10 给出了 4 位同步二进制计数器 74160 的主要功能。

表 11-10　二进制计数器 74160 的主要功能

CP	$\overline{R}_O$	$\overline{LD}$	$\overline{EP}$	$\overline{ET}$	工作状态
×	0	×	×	×	置零
	1	0	×	×	预置数
×	1	1	0	1	保持
×	1	1	×	0	保持(但 $C=0$)
	1	1	1	1	计数

该集成计数器除具有二进制加法计数功能外，还具有置零、预置数、保持等附加功能。其中 $D_0 \sim D_3$ 为数据输入端，C 为进位输出端，$\overline{R}_D$ 为异步置零(复位)端，$\overline{LD}$ 为预置数控制端，$\overline{EP}$ 和 $\overline{ET}$ 为工作状态控制端。

假设已有 N 进制计数器，而需要得到的是 M 进制计数器。这时有 $M<N$ 和 $M>N$ 两种可能的情况。下面分别讨论两种情况下构成任意一种进制计数器的方法。

（1）$M<N$ 的情况。

在 N 进制计数器的顺序计数过程中，设法跳越$(N\sim M)$个状态，就可以得到 M 进制计数器了。实现跳越的方法有置零法和置数法两种。

图 11-32(a)所示的置零法适用于有异步置零输入端的计数器。它的工作原理如下：设原有的计数器为 N 进制，当它从全零状态 S 开始计数并接收了 M 个计数脉冲后，电路进入 S_M 状态。如果将 S_M 状态译码产生一个置零信号加到计数器的异步置零输入端，那么计数器将立刻返回 S_0 状态，这样就可以跳过$(N\sim M)$个状态而得到 M 进制计数器。

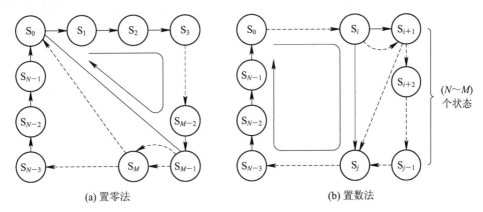

(a) 置零法　　　　　　　　　　(b) 置数法

图 11-32　获得任意进制计数器的两种方法

由于电路一进入 S_M 状态后立即被置成 S 状态，因此 S_M 状态仅在极短的瞬时出现，在稳定的状态循环中不包括 S_M 状态。

图 11-32(b)所示的置数法和置零法不同，它是通过给计数器重复置入某个数值的方法跳越$(N\sim M)$个状态，从而获得 M 进制计数器的。置数操作可以在电路的任何一个状态下进行。这种方法适用于有预置数功能的计数器电路。

【例 11-1】　试利用同步十进制计数器 74160 接成同步六进制计数器。

解　因为 74160 兼有异步置零和预置数功能，所以置零法和置数法均可被采用。图 11-33 是采用异步置零法接成的六进制计数器。当计数器计成 $Q_3Q_2Q_1Q_0=0110$ 状态时，担任译码器的门 G 输出低电平信号给 $\overline{R}_D$ 端，将计数器置零，回到 0000 状态。

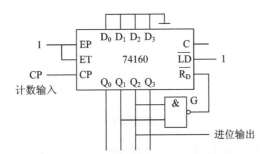

图 11-33　用置零法将 74160 接成六进制计数器

采用置数法时可以从计数循环中的任何一个状态置入适当的数值而跳越$(N\sim M)$个状态，从而得到 M 进制计数器。图 11 - 34 给出了两种不同的方案。其中图 11 - 34(a)是用 0100 状态译码产生 $\overline{LD}=0$ 信号的，下一个 CP 信号到来时置入 1001，从而跳过 0101～1000 这 4 个状态，得到六进制计数器。图 11 - 34(b)是用 $Q_3Q_2Q_1Q_0=0101$ 状态译码产生 $\overline{LD}=0$ 信号的，下一个 CP 信号到达时置入 0000，从而跳过 0110～1001 这 4 个状态，得到六进制计数器。

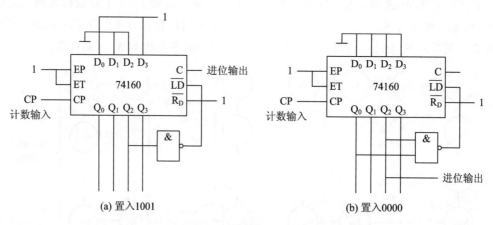

图 11 - 34　用置数法将 74160 接成六进制计数器

（2）$M>N$ 的情况。

必须将多片 N 进制计数器组合起来，才能构成 M 进制计数器。各片之间的连接方式可分为串行进位方式、并行进位方式、整体置零方式和整体置数方式等。下面仅以两级之间的连接为例加以说明。

【例 11 - 2】　试用两片同步十进制计数器接成百进制计数器。

解　图 11 - 35 的电路采用了并行进位方式的接法。以第(1)片的进位输出 C 作为第(2)片的 EP 和 ET 输入，每当第(1)片计成 9(1001)时，C 变为 1，下个 CP 信号到达时，第(2)片为计数工作状态，计入 1，而第(1)片计成 0(0000)，它的 C 端回到低电平。第(1)片的工作状态控制端 EP 和 ET 恒为 1，使计数器始终处在计数工作状态。

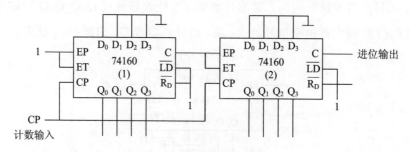

图 11 - 35　电路的并行进位方式

图 11 - 36 的电路采用了串行进位方式的连接方法。两片的 EP 和 ET 恒为 1，都工作在计数状态。第(1)片每计到 9(1001)时，C 端输出变为高电平，经反相器后使第(2)片的 CP

端为高电平。下个计数输入脉冲到达后，第(1)片计成 0(0000)状态，1 端跳回低电平，经反相后使第(2)片的输入端产生一个正跳变，于是第(2)片计入 1。

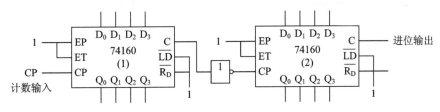

图 11-36　电路的串行进位方式

 ## 实战演练

综合实战演练 1：试将 JK 触发器转换为 T' 触发器，需写出转换过程及绘制逻辑电路图。

解　根据 JK 触发器和 T' 触发器的特征方程，将 JK 特征方程转换为 T' 的格式：

$$Q^{n+1} = \overline{Q}^n = 1 \cdot \overline{Q}^n + \overline{1}Q^n$$

根据 T' 触发器的特征方程，对比可得 T' 触发器逻辑电路图，如图 11-37 所示。

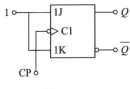

图 11-37

综合实战演练 2：试将 D 触发器转换为 JK 触发器，需写出转换过程及绘制逻辑电路图。

解　根据 D 触发器和 JK 触发器的特征方程，将 D 特征方程转换为 JK 的格式：

$$D = J\overline{Q}^n + \overline{K}Q^n$$

根据 JK 触发器的特征方程，对比可得 JK 触发器的逻辑电路图，如图 11-38 所示。

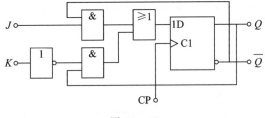

图 11-38

综合实战演练 3：分析图 11-39 中的时序逻辑电路。

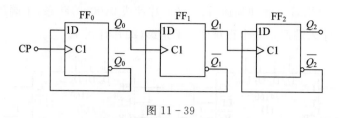

图 11 - 39

解 （1）异步时序电路，时钟方程为

$$CP_2 = Q_1, \ CP_1 = Q_0, \ CP_0 = CP$$

电路没有单独的输出，为摩尔型时序电路。驱动方程为

$$D_2 = \overline{Q_2^n}, \ D_1 = \overline{Q_1^n}, \ D_0 = \overline{Q_0^n}$$

（2）D 触发器的特性方程：$Q^{n+1} = D$

将各触发器的驱动方程代入，即得电路的状态方程：

$$\begin{cases} Q_2^{n+1} = D_2 = \overline{Q_2^n}（Q_1 \text{上升沿时刻有效}） \\ Q_1^{n+1} = D_1 = \overline{Q_1^n}（Q_0 \text{上升沿时刻有效}） \\ Q_0^{n+1} = D_0 = \overline{Q_0^n}（CP \text{上升沿时刻有效}） \end{cases}$$

（3）列状态表，见表 11 - 11。

表 **11 - 11**

现　态			次　态			注
Q_2^n	Q_1^n	Q_0^n	Q_2^{n+1}	Q_1^{n+1}	Q_0^{n+1}	时钟条件
0	0	0	1	1	1	CP_0 CP_1 $CP2$
0	0	1	0	0	0	CP_0
0	1	0	0	0	1	CP_0 CP_1
0	1	1	0	1	0	CP_0
1	0	0	0	1	1	CP_0 CP_1 CP_2
1	0	1	1	0	0	CP_0
1	1	0	1	0	1	CP_0 CP_1
1	1	1	1	1	0	CP_0

（4）画状态图、时序图，见图 11 - 40。

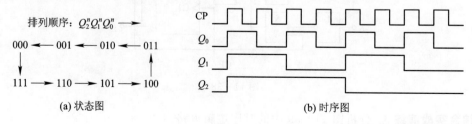

排列顺序：$Q_2^n Q_1^n Q_0^n \longrightarrow$

$000 \longleftarrow 001 \longleftarrow 010 \longleftarrow 011$

$111 \longrightarrow 110 \longrightarrow 101 \longrightarrow 100$

（a）状态图　　　　　　　（b）时序图

图 11 - 40

（5）分析电路功能。

由状态图可以看出，在时钟脉冲 CP 的作用下，电路的 8 个状态按递减规律循环变化，即按照 000→111→110→101→100→011→010→001→000→…的规律。

电路具有递减计数功能，是一个 3 位二进制异步减法计数器。

 ## 知识小结

1. 触发器是能够存储 1 位二进制信号的电路。按照电路结构形式的不同，触发器可分为基本触发器、同步触发器、主从触发器和边沿触发器。根据逻辑功能的不同，触发器可分为 RS 触发器、D 触发器、JK 触发器、T 触发器。

2. 常见的时序逻辑电路有寄存器和计数器。能够存储二进制数码的电路称为寄存器，一个触发器只能存放 1 位二进制数，若需存放 N 位二进制数，则需要用 N 个触发器组成的寄存器。按照功能不同，寄存器分为基本寄存器和移位寄存器。计数器可以由 D 触发器或 JK 触发器组成。按计数脉冲方式的不同，计数器可分为同步计数器和异步计数器；按计数器进制的不同，计数器可分为二进制计数器和非二进制计数器；计数器还分为加法计数器、减法计数器和可逆计数器。

3. 能够实现 N 进制计数功能的计数器称为任意进制的计数器。在集成计数器中，只有二进制计数器和十进制计数器两大系列，但常要用到如七、十二、二十四和六十进制等计数。

 ## 课后练习

1. 由或非门组成的基本 RS 触发器如图 11 - 41(a)所示，已知 R、S 的波形，如图 11 - 41(b)所示。试画出与之对应的 Q 和 $\overline{Q}$ 的波形。

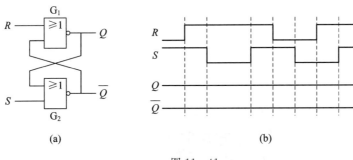

（a）　　　　　　　　　（b）

图 11 - 41

2. 绘制图 11 - 42 所示电路的波形。

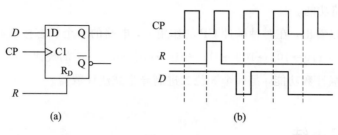

图 11-42

3. 绘制图 11-43 所示电路的波形。

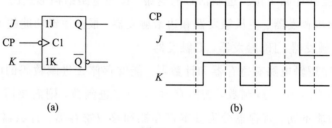

图 11-43

4. 分析图 11-44 所示时序逻辑电路的逻辑功能，要求包括：

（1）写出时钟方程、输出方程、驱动方程；

（2）写出状态方程；

（3）画出状态表；

（4）画出状态图和时序图；

（5）分析电路的逻辑功能。

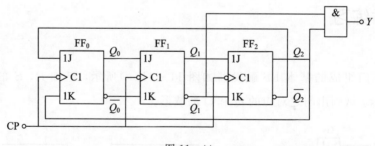

图 11-44

5. 试写出图 11-45 所示电路中 $C=0$ 和 $C=1$ 时的状态方程，并分析各自实现的电路功能。

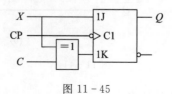

图 11-45

6. 已知 D 触发器是 CP 上升沿有效，CP 和 D 的输入波形如图 11-46 所示，试画出 Q 和 $\overline{Q}$ 的波形。

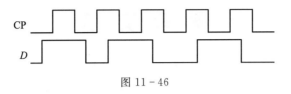

图 11-46

7. 分析图 11-47 所示电路，画出 Y_1、Y_2、Y_3 的波形。

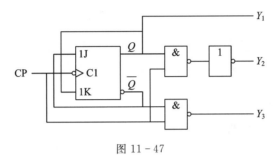

图 11-47

8. 试用 JK 触发器和逻辑电路设计一个 3 位二进制同步加法计数器，并判断电路是否可以自启动。

9. 试画出图 11-48 所示电路在 CP 时钟脉冲信号的作用下 Q_1、Q_2 和 Q_3 的波形。假定触发器的初始状态为 0。

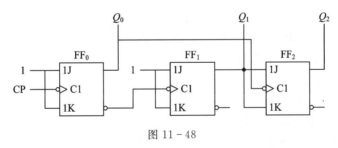

图 11-48

参 考 文 献

[1]　路勇. 模拟集成电路基础[M]. 3 版. 北京：中国铁道出版社，2010.

[2]　侯建军. 电子技术基础实验、综合设计实验与课程设计[M]. 北京：高等教育出版社，2007.

[3]　华成英. 模拟电子技术基本教程[M]. 北京：清华大学出版社，2013.

[4]　孙肖子. 模拟电子电路及技术基础[M]. 3 版. 西安：西安电子科技大学出版社，2017.

[5]　刘颖. 电子技术（模拟部分）[M]. 2 版. 北京：北京邮电大学出版社，2018.

[6]　刘颖. 模拟电子技术习题精解及考试真题选编[M]. 北京：北京交通大学出版社，2009.

[7]　刘颖. 模拟电子技术[M]. 北京：清华大学出版社 & 北京交通大学出版社，2008.

[8]　付扬，黎明. 电工电子技术基本教程[M]. 2 版. 北京：机械工业出版社，2019.

[9]　秦曾煌，姜三勇. 电工学简明教程[M]. 3 版. 北京：高等教育出版社，2015.

[10]　张晓杰，张宇波，周焱. 电工与电子技术[M]. 北京：中国电力出版社，2011.

[11]　叶挺秀，潘丽萍，张伯尧. 电工电子学[M]. 5 版. 北京：高等教育出版社，2021.

[12]　张俊利，马秋芝，寇雪芹. 电工电子学[M]. 西安：西安电子科技大学出版社，2015.

[13]　唐介，王宁. 电工学（少学时）[M]. 5 版. 北京：高等教育出版社，2020.

[14]　徐淑华. 电工电子技术[M]. 4 版. 北京：电子工业出版社，2017.

[15]　渠云田. 电工电子技术[M]. 北京：高等教育出版社，2008.

[16]　田慕琴. 电工技术基础[M]. 北京：电子工业出版社，2012.

[17]　王英. 电工技术基础（电工学Ⅰ）[M]. 北京：机械工业出版社，2011.

[18]　穆丽娟，任晓霞. 电工电子技术[M]. 徐州：中国矿业大学出版社，2018.